暖暖的家

好住宅设计解剖书

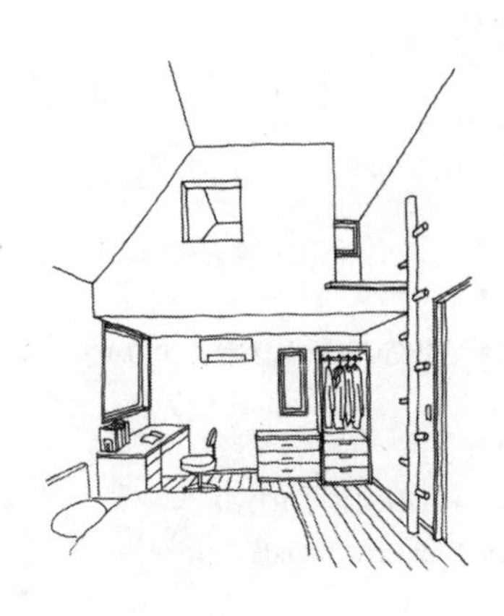

[日]岛田贵史 [日]德田英和 著
盛洋 译

華中科技大學出版社
http://www.hustp.com
中国·武汉

图书在版编目（CIP）数据

暖暖的家：好住宅设计解剖书/（日）岛田贵史，（日）德田英和 著；盛洋 译.
—武汉：华中科技大学出版社，2018.1
（漫时光）
ISBN 978-7-5680-3025-0

Ⅰ.①暖… Ⅱ.①岛… ②德… ③盛… Ⅲ.①住宅－室内装饰设计 Ⅳ.①TU241

中国版本图书馆CIP数据核字（2017）第143636号

暖暖的家：好住宅设计解剖书
NUANNUAN DE JIA: HAO ZHUZHAI SHEJI JIEPOUSHU

［日］岛田贵史 ［日］德田英和 著
盛洋 译

出版发行：华中科技大学出版社（中国·武汉）
武汉市东湖新技术开发区华工科技园
电话：(027)81321913
邮编：430223

责任编辑：赵　萌
责任校对：王丽丽
美术编辑：赵　娜
责任监印：朱　玢

印　刷：湖北新华印务有限公司
开　本：710 mm × 1000 mm 1/16
印　张：12
字　数：173千字
版　次：2018年1月 第1版 第1次印刷
定　价：49.80 元

华中出版

投稿邮箱：zhaomeng@hustp.com
本书若有印装质量问题，请向出版社营销中心调换
全国免费服务热线：400-6679-118 竭诚为您服务

序

有故事的细节

这还是成立事务所之后不久的事。

当时是在和业主交流，对方突然说道："厨房的操作台面最好能稍宽于下面的抽屉，这样用抹布清理台面时，另一只手就能轻松地接住所有碎屑。"（见第2章04节）听到这一源于生活经验且并无不妥的要求，未系统学习过住宅设计的我恍然大悟："这不就是在设计住宅吗？"

市面上关于住宅细节的书已经不胜枚举，参考学习当然非常重要。但我常常觉得，设计者还应该梳理实际情况，仔细思考，并且不时到现场，积极地向工程负责人和工匠咨询，不放过任何一个细节。其中最重要的还在于，这一系列过程所形成的细节方案应当是有说服力的。

这本书面向的读者，尤其是学生和经验较少的设计新人，看到"细节"两字可能会觉得有些抽象难懂。但本书的目的就是让你丢弃这样的看法，因此会尽可能具体地介绍各种细节设计诞生的契机和试错的过程。

实际上每个细节的背后，都有着各自的小故事。

在设计图上画出正中对方心意的方案，常常要花费大把的时间。正因如此，我想还是得经过反复讨论，再用自己的方式设计出"有故事的细节"。

岛田贵史

仔细画图，认真施工

“画设计图要仔细，现场施工得认真”是我上学时候领受到的教诲。毕竟有时即便已经向施工负责人口头说明了要求，等传到实际进行施工的人员那里时，其内容往往也会走了样（就像传话游戏一样）。

设计图当然比什么都重要。

在现场，以木工为中心的大量施工人员组成一个团队。而我们设计师的工作，就是把脑海中的想象转换为施工人员能够理解的线条和尺寸，也就相当于“画设计图”。

那么，如何才能画出好的设计图呢?

这就要向施工人员学习了。学生时代，我的老师还会手把手地教我；但现在已经没有这样的条件了，只能参考事务所前辈的图纸和相关书籍，到现场了解实际情况，通过回应施工人员的意见逐渐积累经验。可以说，这是画好设计图的第一步。

我自己仍然处在成长的过程中，若要说能否真真正正地画好设计图，还是会觉得有许多尚未学习和掌握的东西。但如果从经验传递的角度来看，这对有志于成为建筑师的人来说，无疑是极为有益的。正是抱着这样的想法，才有了这本书。

德田英和

目　录

第 3 章
不经意间聚集家人的场所 / 43

第 4 章
有序的用水空间 / 71

第 5 章
窗户设计决定空间品质 / 85

编写分工

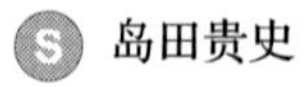

第 1 章

玄关与门廊的设计

玄关是个功能需求十分多样的场所，

既要存放雨伞、鞋子，又要便于收取快递，如此种种。

与此同时，为了让来访者欣然入内，也应具备一定的品质和特色。

不过分华美的外观下，往往藏着看似漫不经心实则独具匠心的设计。

01 玄关门廊外檐的高度应伸手可及

在学生时代，我住在京都，探访了许多神社、寺庙和町屋建筑。

在这些地方，我见过许多矮得伸手可及的外檐，它们像是在温柔地招呼“请进请进”，让人不由得心情大好。在设计住宅玄关的时候，我总会回想起这一经历，于是也会尽可能地把外檐设计得矮一些。

低矮的外檐不仅能让来访者感到亲切，还有利于挡风遮雨。设计前辈也曾经告诉我：“若将外檐的高度放低，建筑的视觉重心就会随之降低，外观和整个氛围瞬间都会变得更有感染力。”不过这样一来，想爬上房檐也变得更加容易，因此必须同时注意做好窗户等开口部的防盗措施。

Hidamari House 走道上方的矮檐
（照片：西川公朗）

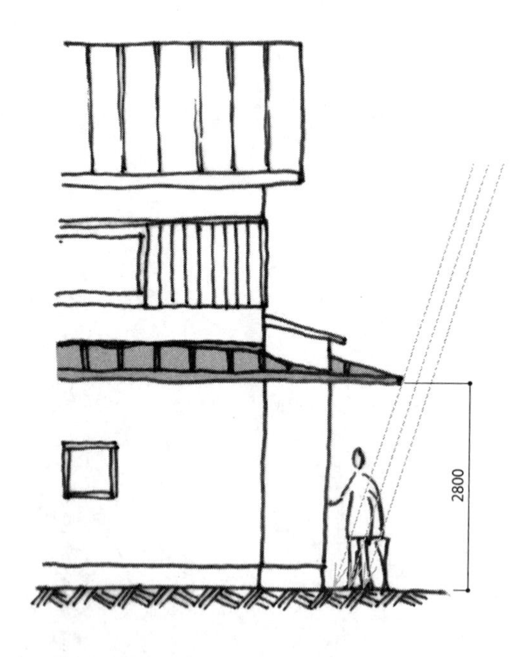

比较门廊外檐高度

低矮的外檐可以挡住更多雨水和阳光，同时降低建筑物在视觉上的重心，让人感觉更安心。

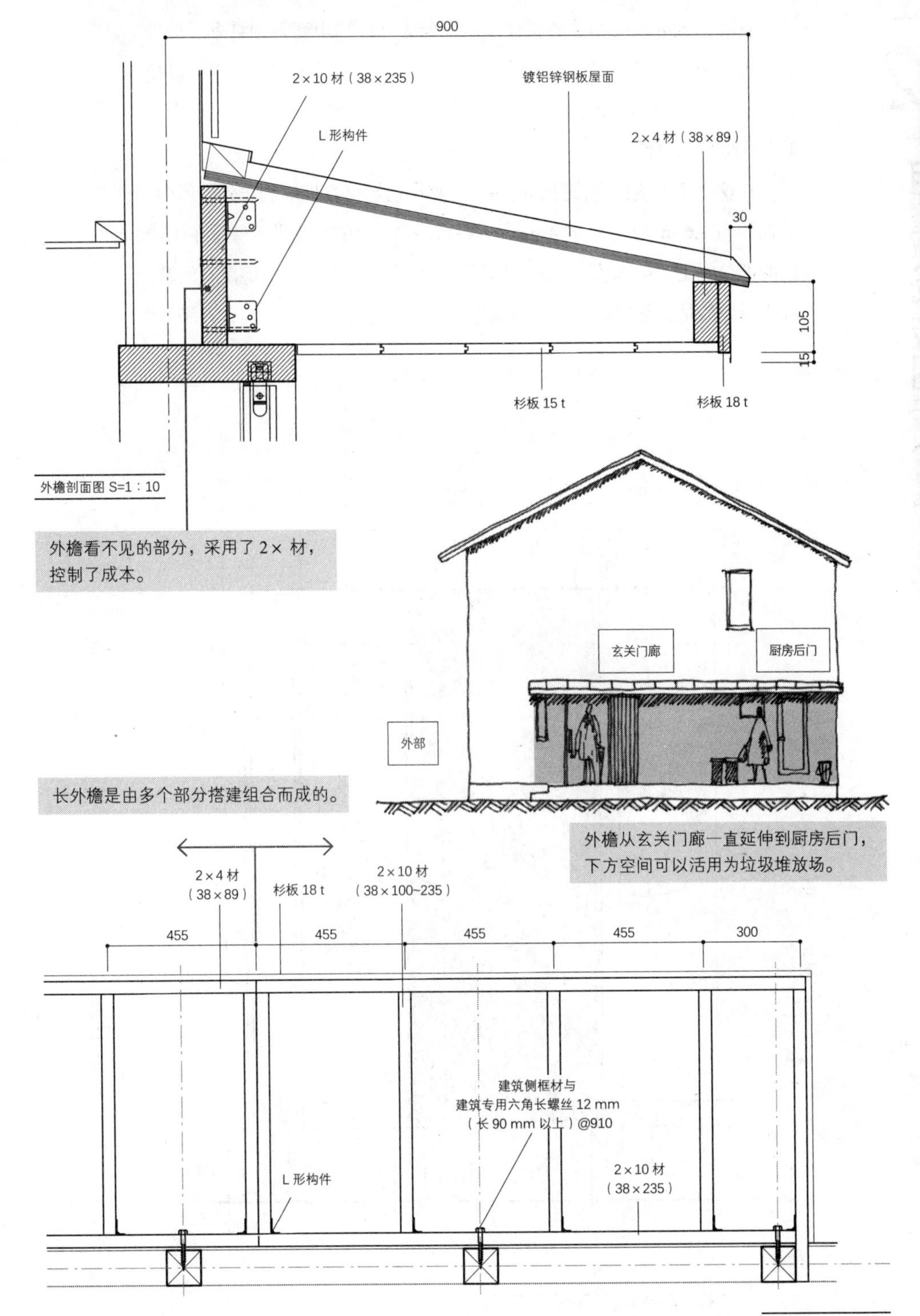
900
2×10 材（38×235）
镀铝锌钢板屋面
L 形构件
2×4 材（38×89）
30
105
15
杉板 15 t
杉板 18 t
外檐剖面图 S=1：10
外檐看不见的部分，采用了 2× 材，控制了成本。
玄关门廊
厨房后门
外部
长外檐是由多个部分搭建组合而成的。
外檐从玄关门廊一直延伸到厨房后门，下方空间可以活用为垃圾堆放场。
2×4 材
（38×89）
杉板 18 t
2×10 材
（38×100~235）
455
455
455
455
300
建筑侧框材与
建筑专用六角长螺丝 12 mm
（长 90 mm 以上）@910
L 形构件
2×10 材
（38×235）
外檐平面图 S=1：20

02

用整块钢板制作外檐

玄关前的外檐应当能够挡住雨水，使人站在其中而无须打伞。最理想的做法是将外墙凹进去一部分作为门廊，只是这并不容易实现。以前是把一部分木椽向外延伸作为廊檐，但在复杂的建筑结构中，难免会影响到住宅的气密性。

在这个住宅项目中，我们使用了一整块镀铝锌钢板来制作外檐屋面，其面积有 1.6 m² 以上，厚 4 mm，重量并不轻。好在用螺丝将留在墙壁内的部分固定于结构梁上，因此即便是一个大人站在上面也绝没有问题。而更重要的是，整块的钢板还可以保持高度洁净，这一点着实令人满意。

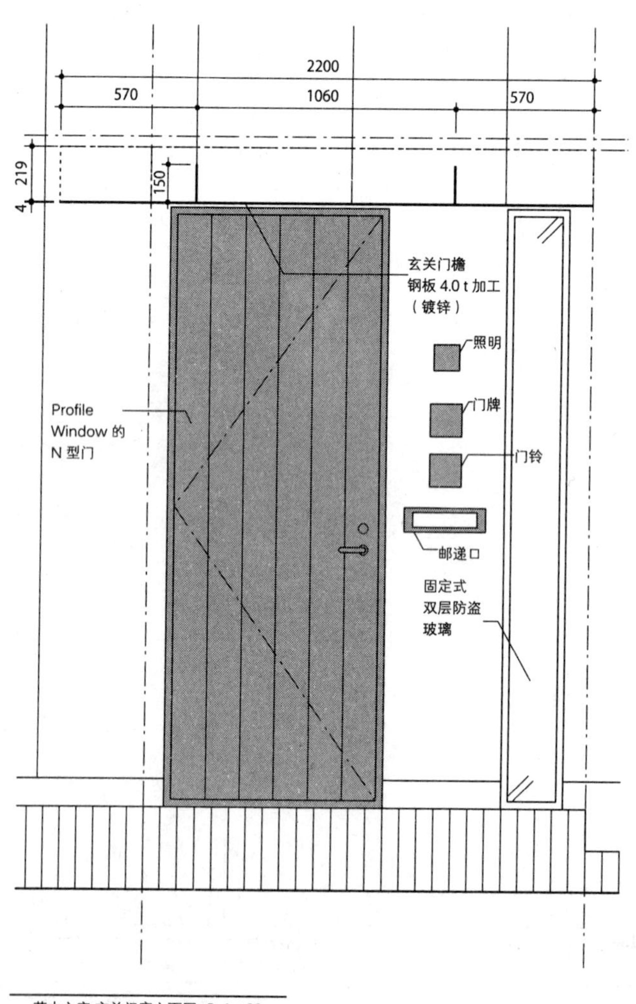

茨木之家 玄关门廊立面图 S=1：30

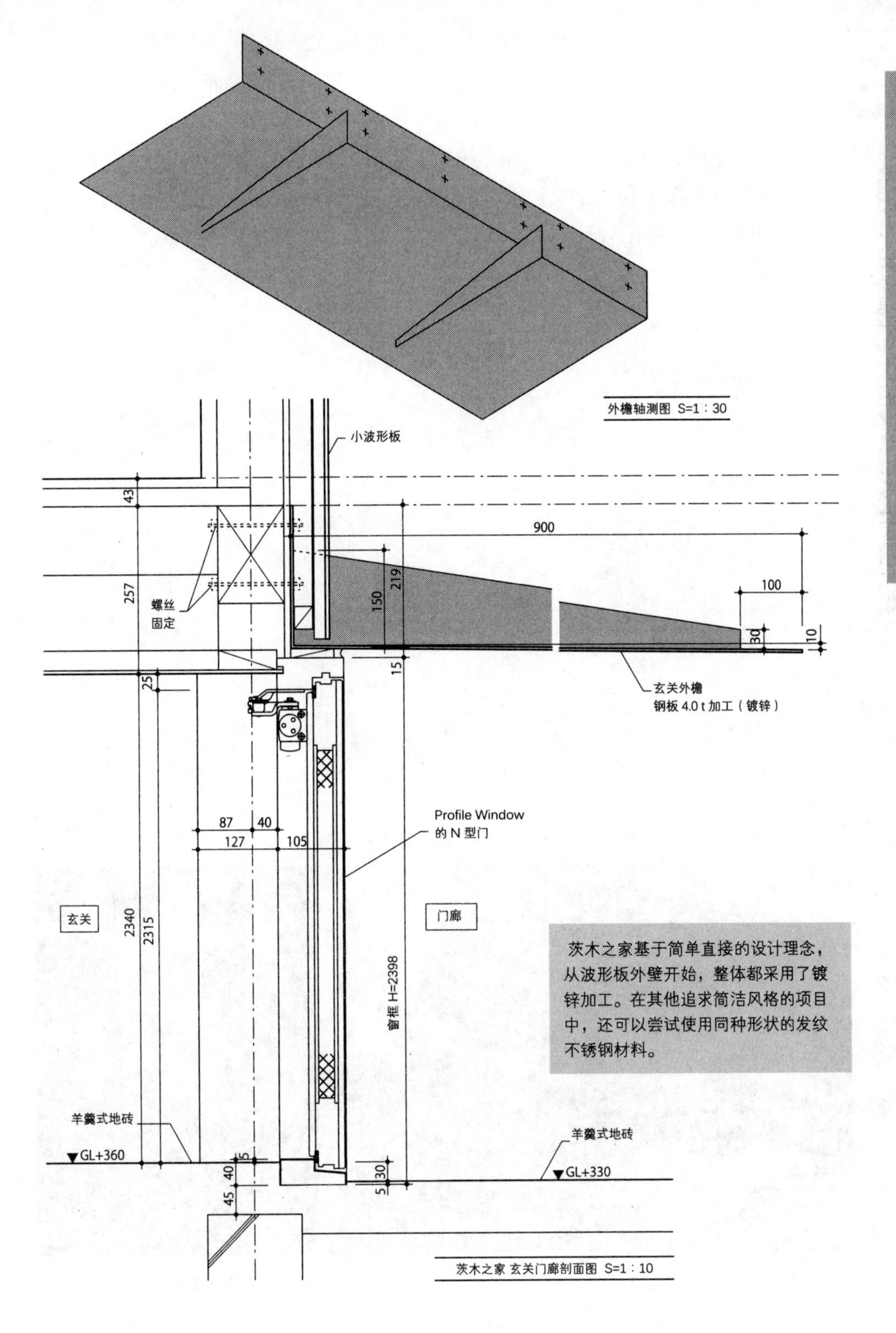

茨木之家基于简单直接的设计理念，从波形板外壁开始，整体都采用了镀锌加工。在其他追求简洁风格的项目中，还可以尝试使用同种形状的发纹不锈钢材料。

03 铺有羊羹式地砖的玄关门廊

不少玄关和门廊的地面选择铺砖块而非瓷砖。将不掺杂棕褐色的纯红砖块沿着长边切成两半（“羊羹式”切法），再仔细对齐拼接，就完成了颇具特色的玄关门廊。

这种使用同一规格砖块铺地的做法之所以能从很久以前延续到现在，且今后很可能也不会消失，是因为材料自身的魅力。虽然使用过程中多少存在缺陷，但看起来十分厚实，砖块本身在自然风化后，外表也会因历经沧桑而愈发耐人寻味。

砖块规格和尺寸

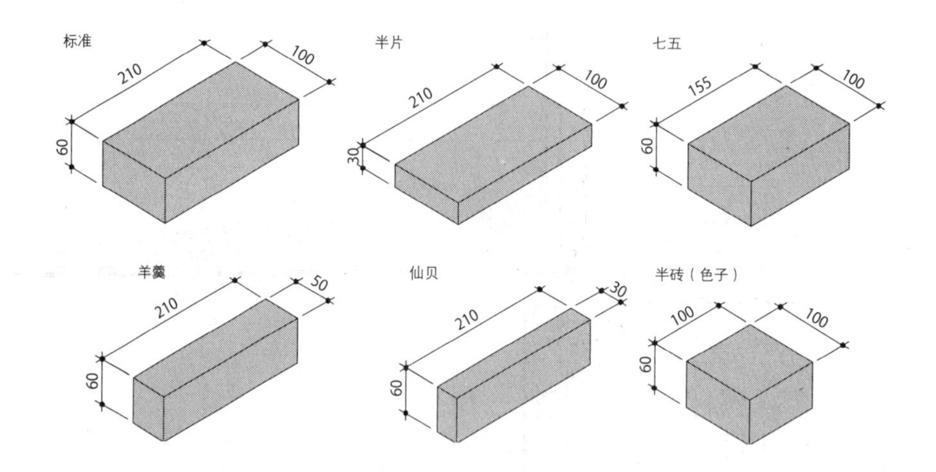

逗子之家的外墙采用凹进式，并用耐水地砖铺设门廊，自行车停放处则是由混凝土现浇而成的

羊羹式砖块

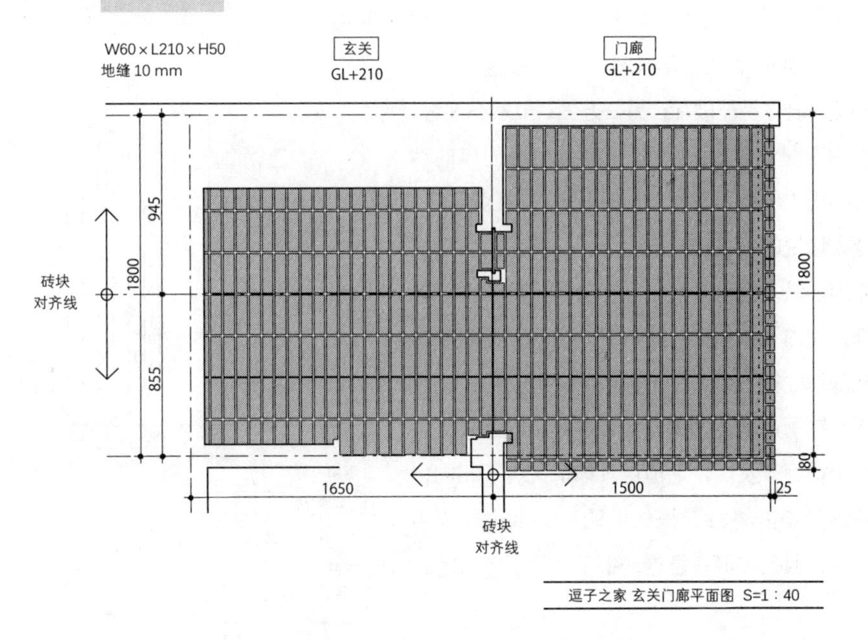

逗子之家 玄关门廊平面图 S=1：40

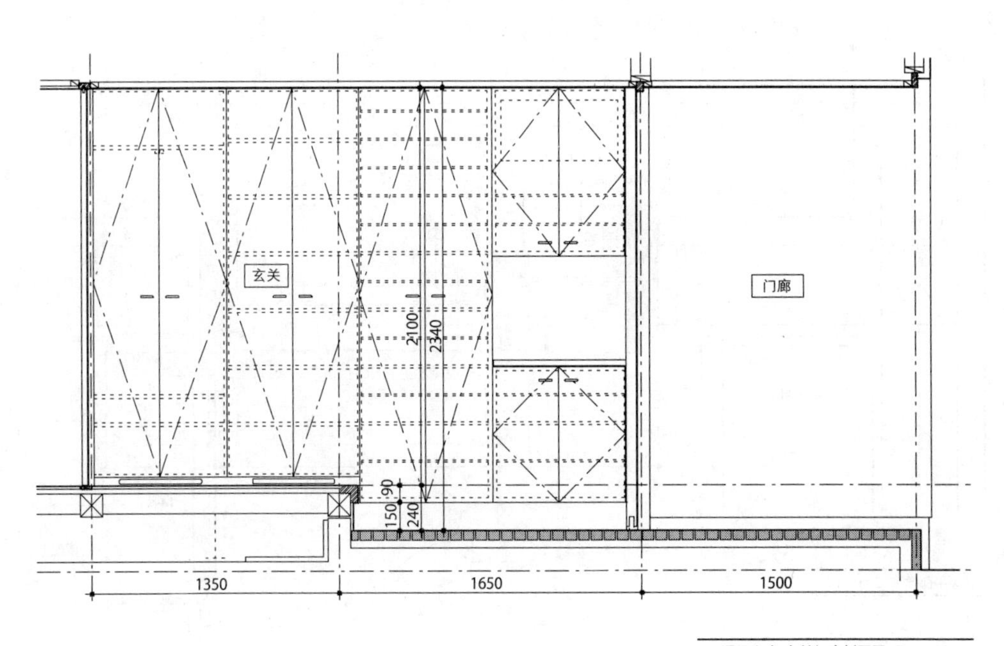

逗子之家 玄关门廊剖面图 S=1：40

04 内推式玄关门

日本的玄关门大部分采用外开式，我倒是主张将内开式作为标准。这样做，一方面可以增强防盗性，毕竟外推式的铰链暴露在外侧，很容易被破坏；另一方面，虽然在迎客，但由于是向外开门，有一种将站在门口的客人推出去的感觉，故个人并不喜欢。在我看来，令人愉悦的玄关应该向内开门，将客人"请进"屋内。纵观世界各地，大部分国家的玄关设计都采用内开式，然而日本受到土地面积限制，宅基地往往不大，加上进门脱鞋的文化——脱下的鞋子可能会妨碍开门，导致了内开式玄关无法得到普及。住宅项目具体情况各不相同，我固然不能将每一栋住宅的玄关都设计成内开式，但确实很在意这一细节。

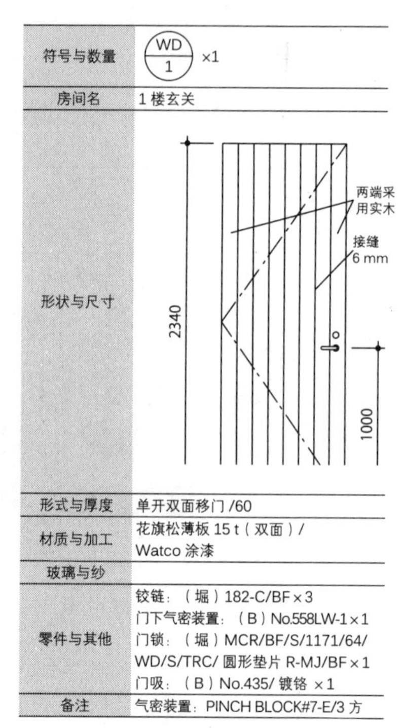

符号与数量	WD 1 ×1
房间名	1 楼玄关
形状与尺寸	（图）
形式与厚度	单开双面移门 /60
材质与加工	花旗松薄板 15 t（双面）/ Watco 涂漆
玻璃与纱	
零件与其他	铰链：（堀）182-C/BF×3 门下气密装置：（B）No.558LW-1×1 门锁：（堀）MCR/BF/S/1171/64/ WD/S/TRC/ 圆形垫片 R-MJ/BF×1 门吸：（B）No.435/ 镀铬 ×1
备注	气密装置：PINCH BLOCK#7-E/3 方

堀：堀商店　B=BEST

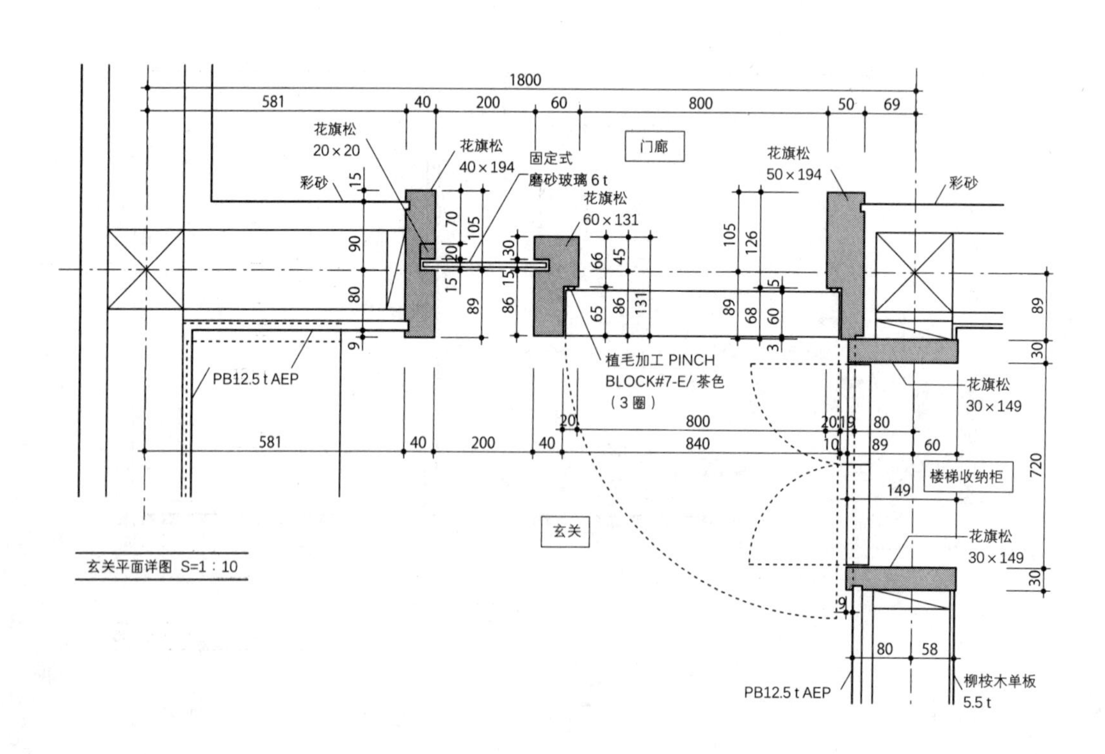

玄关平面详图 S=1：10

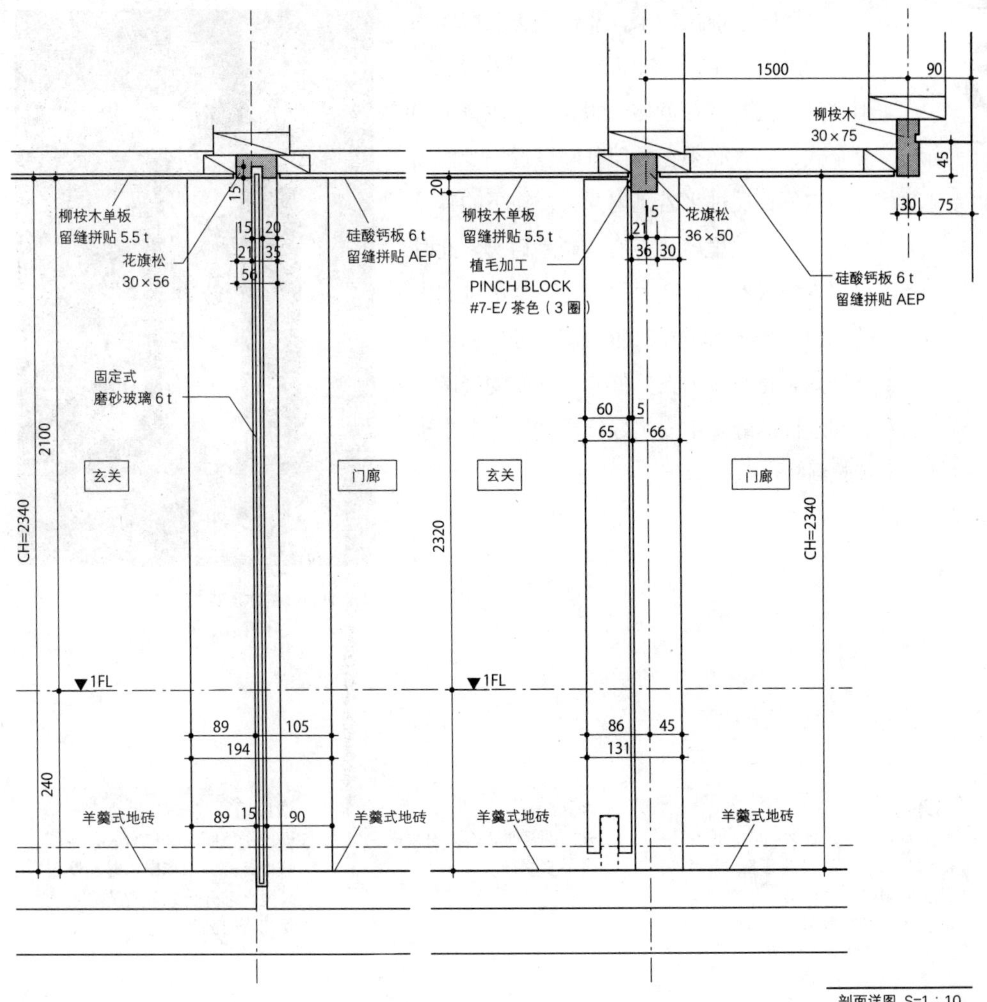

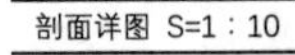
剖面详图 S=1：10

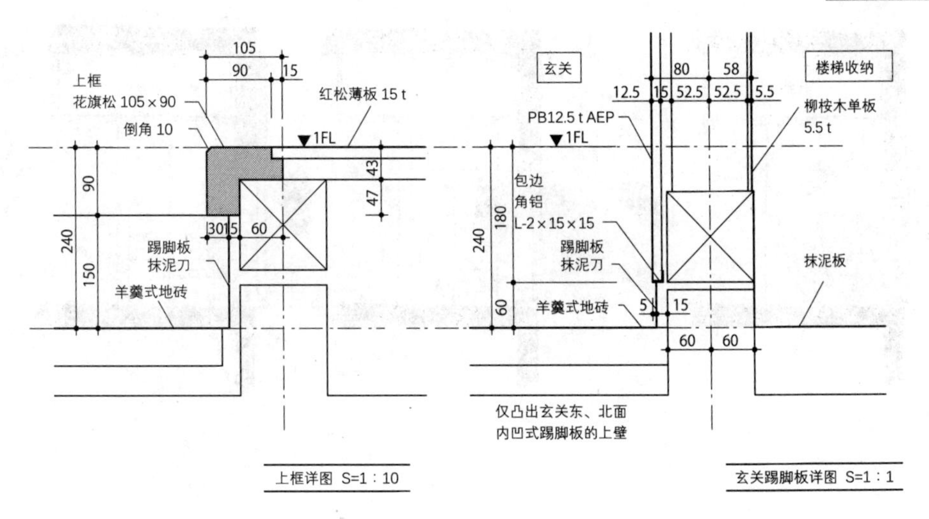

上框详图 S=1：10

玄关踢脚板详图 S=1：1

05

玄关的木质推拉门

尽管比起推拉门来，开合式玄关门作为目前的主流设计仍在数量上占有压倒性优势，但这种门同样存在问题。假如是比较普遍的外开式，客人必须在开门时向后退一步留出开门空间；反过来若是内开式，换下的鞋子在狭小的玄关里就显得有些碍手碍脚。此时采用推拉式的话，开关门时就不会影响到内外两侧的人或物。推拉式的问题在于气密性，不过如果花些精力在门框和门之间的缝隙、门和地面的缝隙中安装好气密装置，多少也能起到些作用。

Nest House 的木质推拉门玄关
（照片：牛尾幹太）

内开门
玄关宽敞的话没什么问题，但在不能保证玄关空间的情况下，开关门就会限制门内的活动，放在玄关处的鞋子也可能显得碍手碍脚。

外开门
开门迎客时，客人必须向后退一步才行。

推拉门
即便是空间狭小的玄关，也能够保证开关门和出入时的便利。只是比起开合式，需要尽量确保闭合时的气密性。

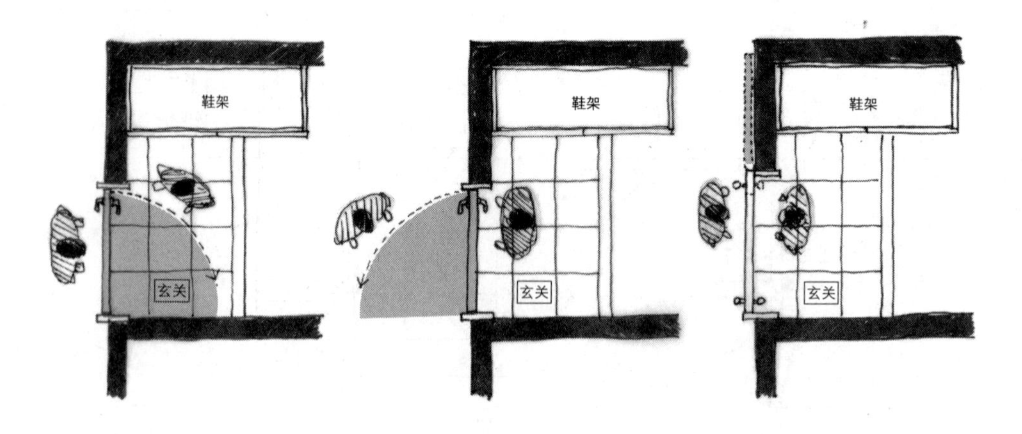

对于玄关门，如果觉得制造商的成品千篇一律，不妨考虑请门窗店根据图纸（虽然画图也有些费时）做个简洁的木质推拉门。

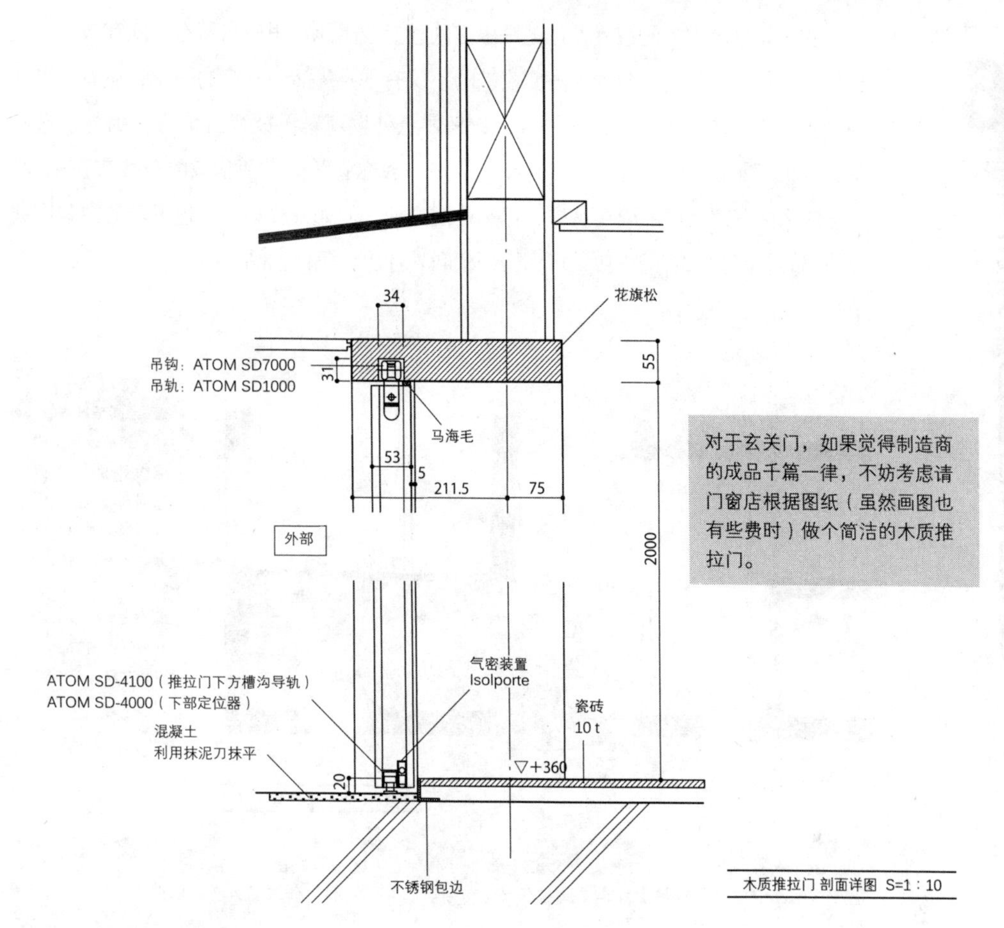

木质推拉门 剖面详图 S=1：10

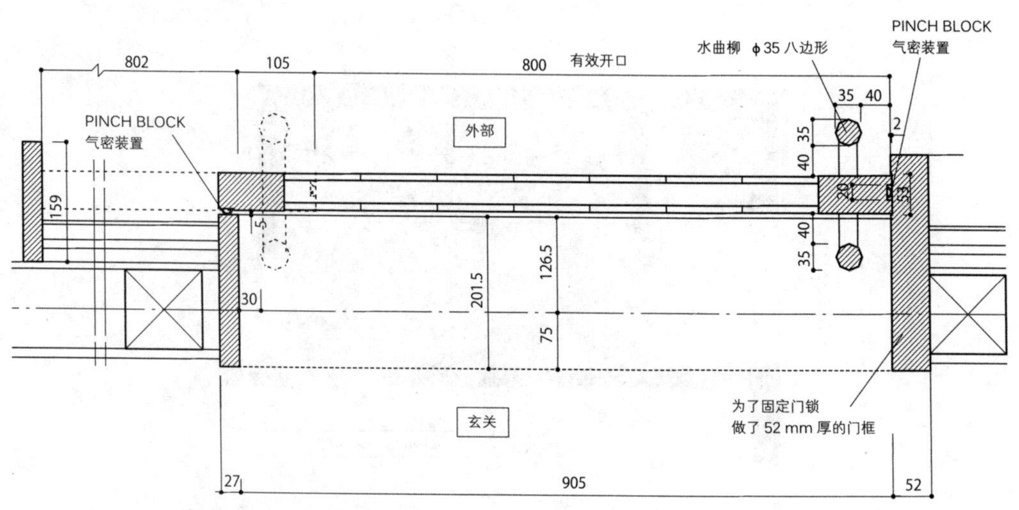

木质推拉门 平面详图 S=1：10

06

扩充玄关四周的收纳空间

玄关是住宅内外的边界，是进进出出的通道，因此这里应当留有空间存放各种在外使用的物件。首先是鞋架，需要收纳的不仅有平时生活中常穿的鞋子，还有长靴、凉鞋及婚丧祭祀时的专用鞋——这么数来才意外发现鞋子就很占地方；另外还有雨伞、清扫工具、儿童户外玩具、自行车气筒……放在玄关处以便拿取的东西实在不少。

这么多东西若都能放在这里，自然是很方便；但如果放不下，也可以考虑利用玄关外部的空间。只需花些功夫将廊檐稍稍向外伸出，确保物品不被雨水打湿，就能够安心地取放了。

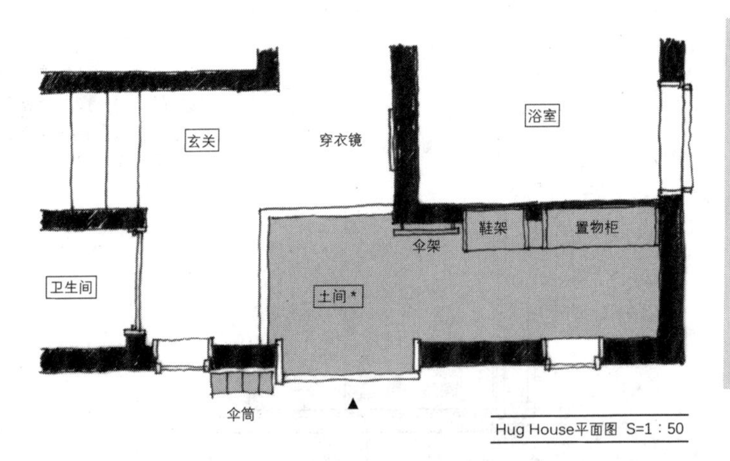

Hug House平面图 S=1：50

* 土间是日本的传统民家或仓库的室内空间中，与地面同高的素土地面或三合土地面部分。在现在的民宅建筑中，土间已经缩小为单纯用来区分屋外屋内的狭小空间玄关，成为纯粹用来脱放鞋子的地方。

Hug House 是个 1、2 楼总楼面面积仅 62.7 m^2 的小住宅。1 楼设有卧室、衣柜、浴室、洗脸更衣间和卫生间，玄关土间也由此被缩减了一半。因此，我们将鞋架部分嵌入墙壁之中，尽可能腾出空间以取放物品。

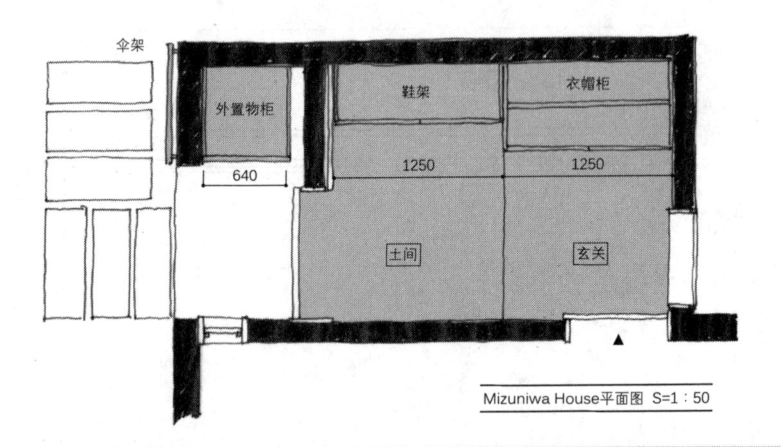

Mizuniwa House平面图 S=1：50

Mizuniwa House 住着一个育有 3 个孩子的五口之家。我们不仅在门廊部分设了外置物柜，而且在内部也留出了一间半的墙面，确保了鞋架和衣帽柜的空间。

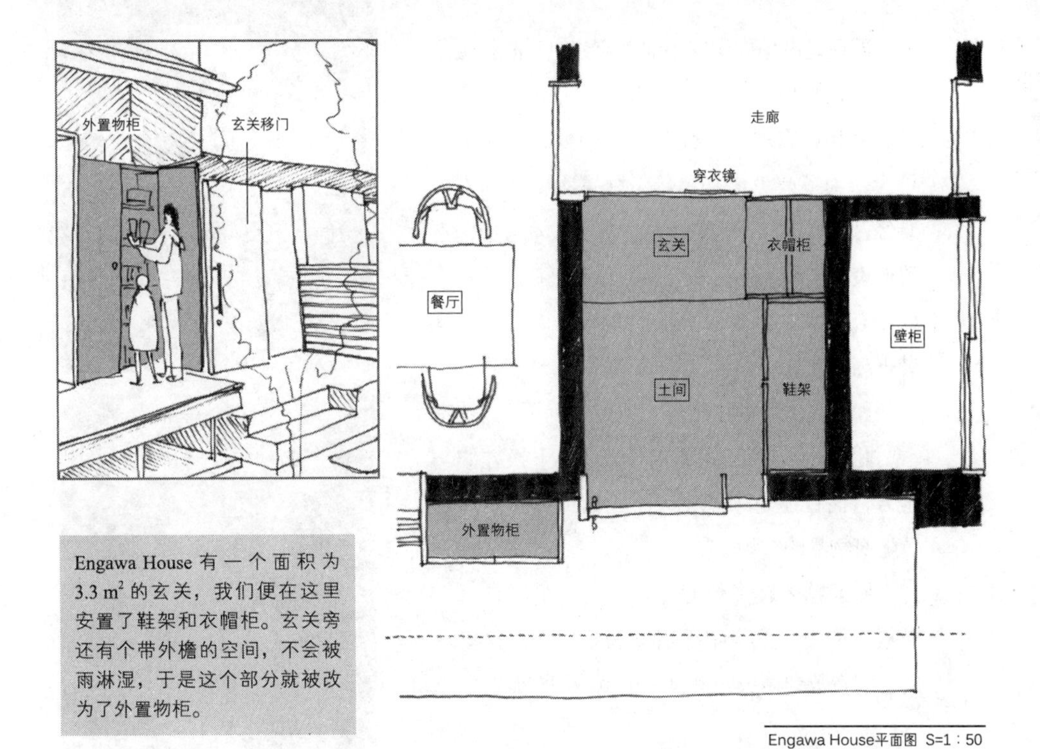

Engawa House 有一个面积为 3.3 m^2 的玄关，我们便在这里安置了鞋架和衣帽柜。玄关旁还有个带外檐的空间，不会被雨淋湿，于是这个部分就被改为了外置物柜。

Engawa House平面图 S=1：50

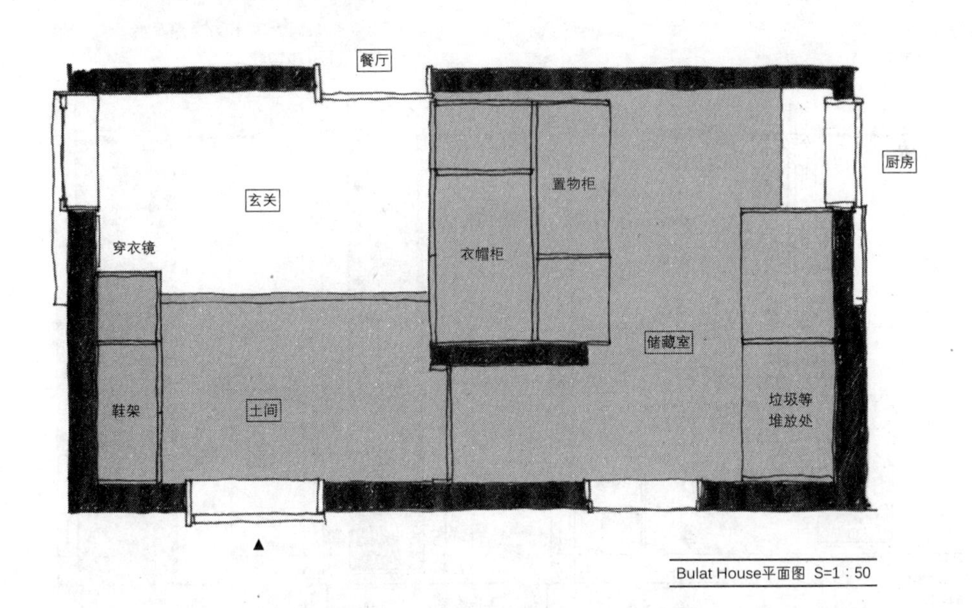

Bulat House平面图 S=1：50

在 Bulat House 项目中，除了鞋架和衣帽柜，我们还设计了一个连通玄关土间和厨房的储藏室。因为储藏室可以穿鞋进入，所以通常放在外置物柜里的清扫工具、园艺用具、户外器具等也都可以存放在这里。同时这里也作为厨房垃圾的临时堆放处，垃圾可以直接从玄关带出而不需要再经由室内。

07 带有土间收纳的玄关

即便是占地面积狭小的都市住宅，清扫工具之类需要收纳的物品也有不少。如果有个外置物柜，自然十分便利。然而处在准防火地区，为了避免火势蔓延，外置物柜必须安装经过防火标准认定的柜门。基于成本考量，我们设计了较大的玄关土间，并在此打造了一面相当于室内固定家具的收纳柜，大得可以装下高尔夫球袋、自行车或汽车的修理工具、清扫和园艺工具等物品。

此外，门口的矮凳也不仅是坐下换鞋的地方，而且还是个能让人出门前或回家后放置随身物品的宝地。

最近越来越多的业主希望将心爱的自行车放在屋内，这个案例就能满足要求：这里的土间宽敞到停放一辆自行车也绰绰有余。

上：稻口町之家 1 的土间收纳
下：鞋柜和矮凳

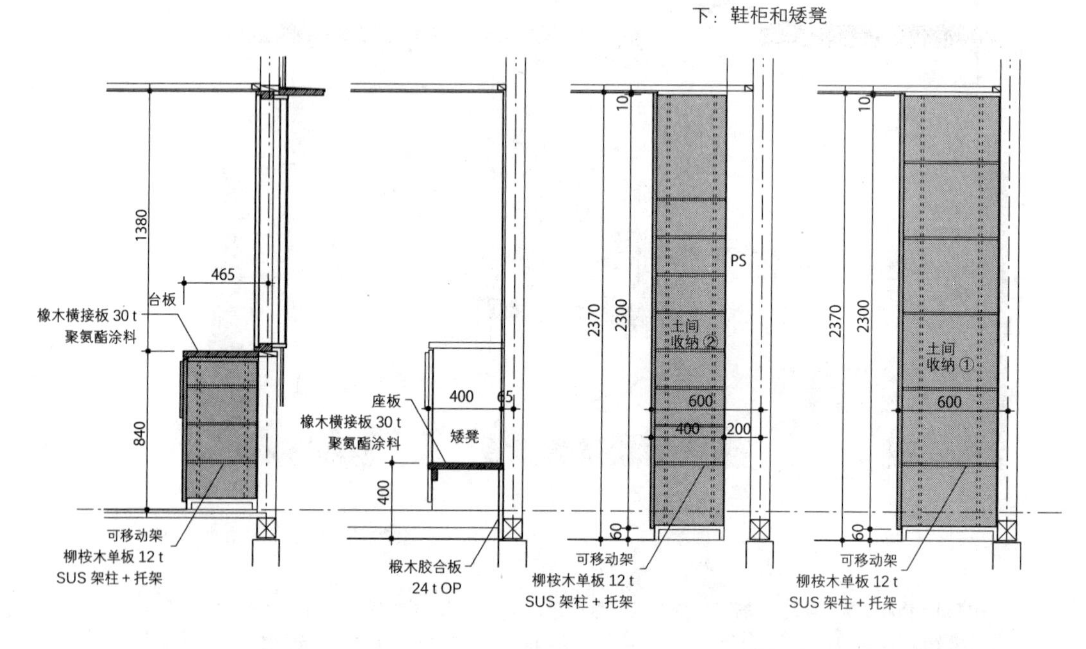

稻口町之家1 土间收纳剖面图 S=1：40

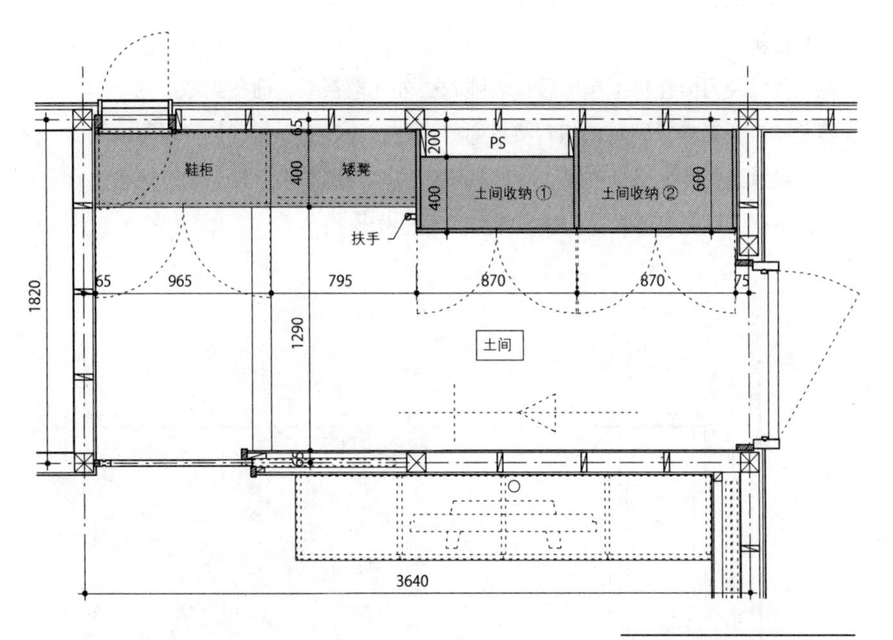

稻口町之家1 玄关平面图 S=1：40

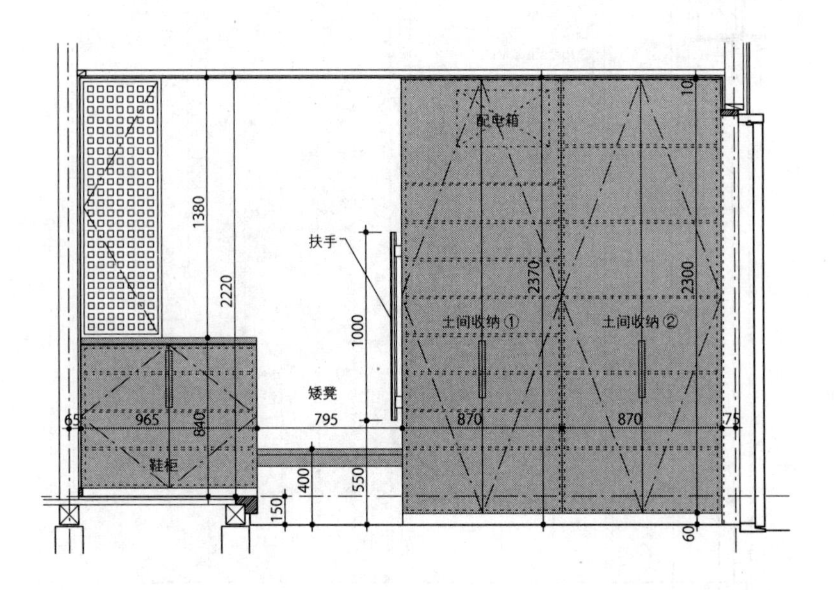

稻口町之家1 土间收纳立面图 S=1：40

08

能从室内取件的信箱

通常信箱都设在面对街道的外墙上，因此市面上大部分是和院墙嵌在一起、能够从墙内取件的信箱，或者是从墙外塞进去，再从墙外取出来的信箱。

我已经习惯在早上起床后穿着睡衣去外面取报纸，而冬天寒冷的早晨尤其令我为难，因此总想着将投递口设在玄关门的一侧，这样足不出户也能拿到邮件。意外的是，我竟找不到能够直接拿来这样用的现成信箱，不得已只能自己设计一款，并拜托工匠做出来。

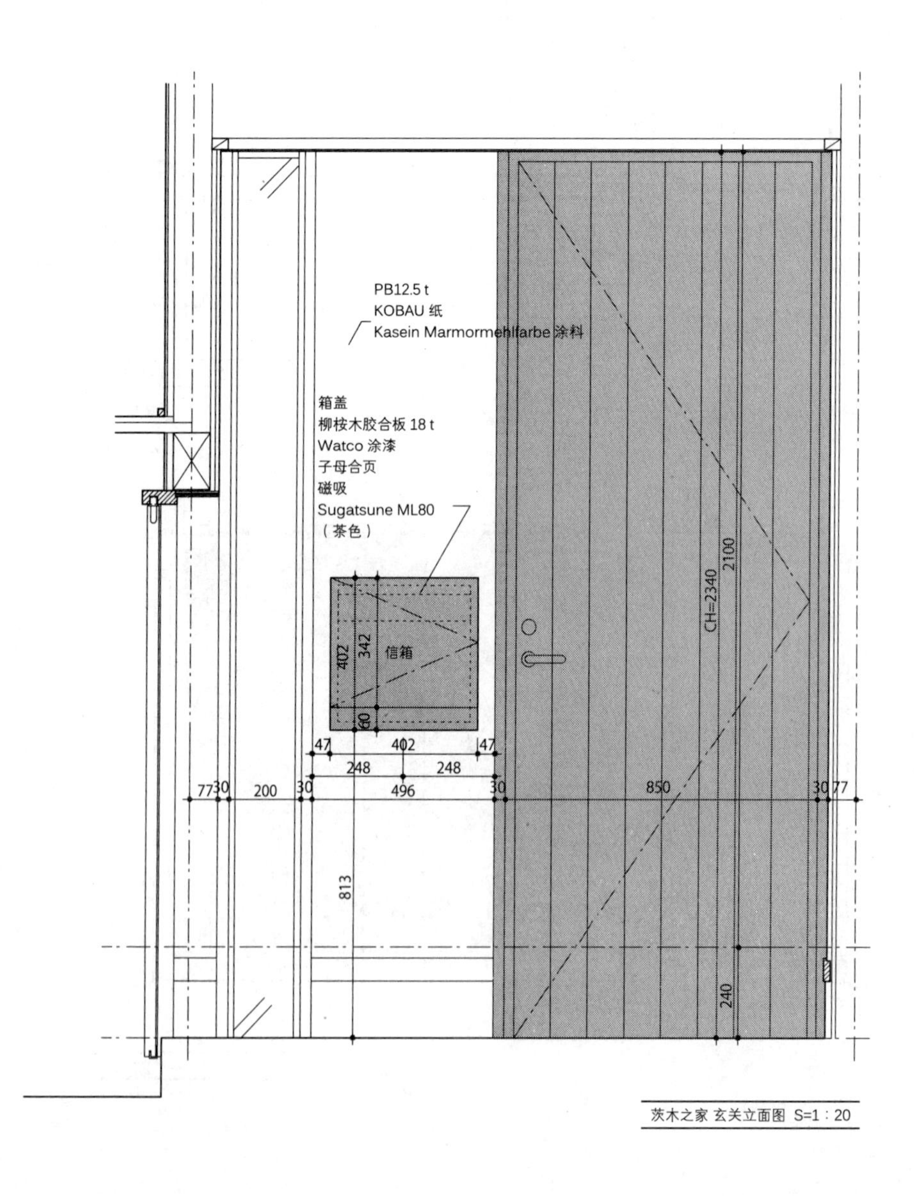

茨木之家 玄关立面图 S=1：20

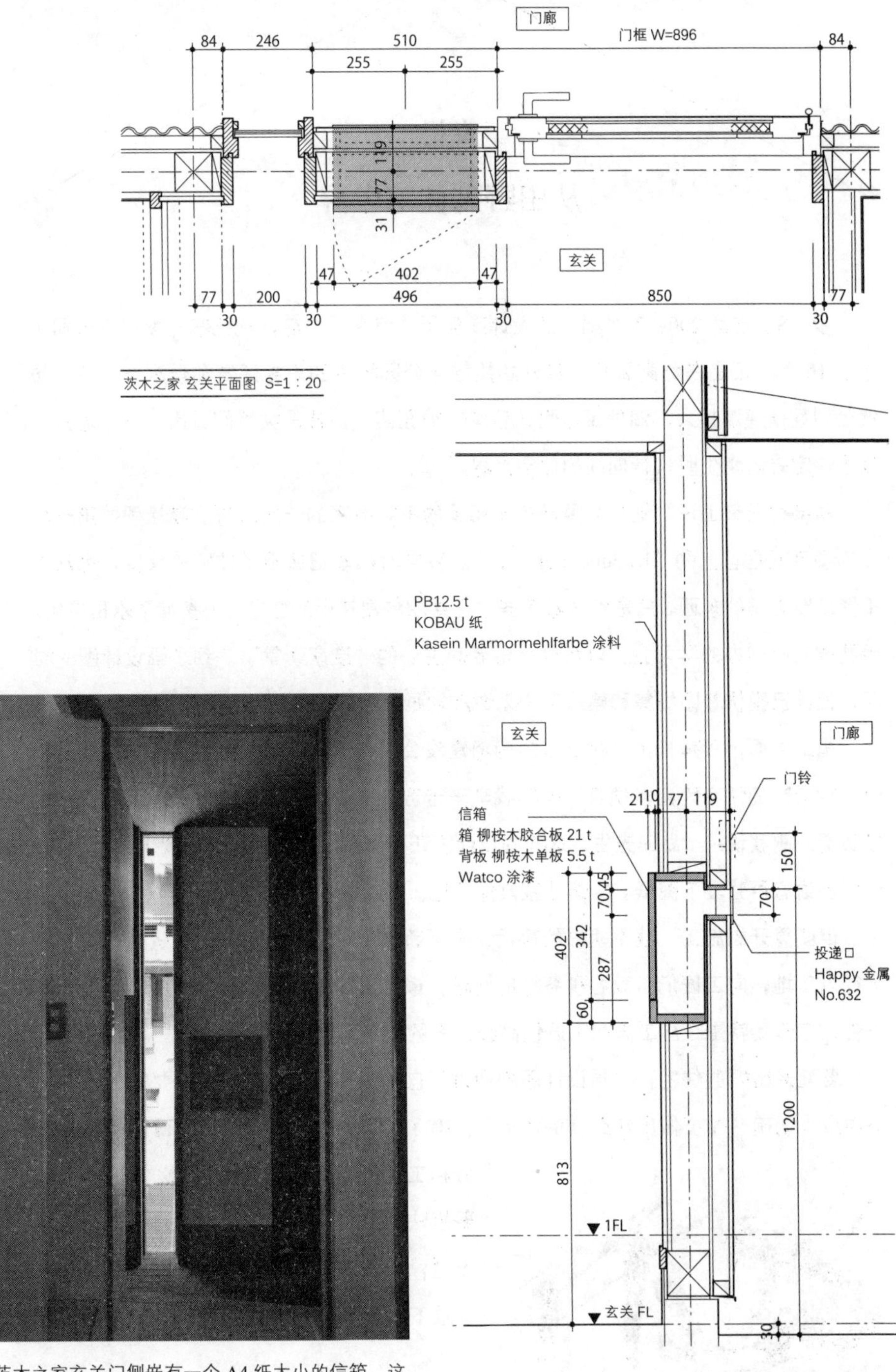

茨木之家玄关门侧嵌有一个 A4 纸大小的信箱，这是请木匠师傅用柳桉木制成的
（照片：筑出恭伸）

专栏

从田野到住宅世界

我（S）虽然 2008 年才创办了设计事务所，但在那之前，我已在一家咨询公司工作了 10 年。正是在那家公司，我开始接触与公园相关的设施建筑和景观设计等。虽然公司规模逐渐扩大，海外工作也让我觉得很充实，但就是突然间冒出了一个念头，我才决定转向学生时代就向往的住宅世界。

从某种意义上说，这是从风马牛不相及的田野而来的一次转身。我接手的第一个住宅项目就是自己的“Kadunoki House”。我当时根本把握不了住宅的尺度，也几乎不懂细节之类的东西，只是到处看了些自己喜欢的建筑师的住宅，还参加了永田昌民、伊礼智老师创办的学习会，以及泉幸甫老师主讲的“造家学堂”。到了画设计图的时候，就自己模仿着图纸集和建筑杂志无数次地画，这才有了设计初稿。

施工方面，我拜托了东村山市的相羽建设公司，这家公司曾经负责了永田昌民和伊礼智老师的住宅等诸多项目。虽然我辛辛苦苦做了设计图出来，但是临近开工，现场负责人跟我说：“岛田先生，这样的设计图还不到位。因为工程前后要 1 个月左右，所以还请您再整理下图纸。”这让我震惊不已。

但就算开始施工，我不明白的事情还是不断出现。那时候我花了大量的时间，每天往返工地，向工匠们请教各种各样的问题，最终实现了我最初设想的样子。我的第一件住宅作品就是在施工方和工匠们高超技术的协助下才逐渐完成的。

要建造出好的住宅，“画设计图的功力”自然十分关键，但同样重要的是，自己心中应当明确“想要做出什么样的住宅”。有了清晰的方向，再加上值得信赖的施工方和工匠负责人，通常就没什么问题了。只要想法坚定，总能够找到相应的解决之策。不过，如果意识到哪里不对劲，也应该有勇气放下执念，收回说过的话，寻找其他出路。

在第一个项目 Kadunoki House 中给予我许多照顾的益子和高桥两位工头

第2章

厨房的便利之美

厨房，是家中最讲究功能性的场所。

各种物品频繁出入于此，又是切，又是洗，

还要用火，各种各样的操作总是同时进行着。

而最近的厨房，越来越多地采用面向家人的开放式设计，

因此我们希望打造出厨房之美，使其与相邻房间和谐共存。

01 厨房中看不见的细节

某个项目的业主妻子表示，不太希望洗干净的餐具出现在餐厅一侧的人的视野中。

此时如果只是单纯为了隐藏空间，就没有我们的用武之地了。毕竟在成本允许的情况下，索性交由设计师量身定制，不仅能解决问题，有时还能实现凭一己之力无法达到的效果。因此我们提出了以下设计目标，并请铁匠制作了用于遮住视线的挡板。

- 遮挡视线的同时保持通风。
- 操作台两侧用于放置物品。
- 端部作为配餐台来使用。

最终完成后的厨房不仅能隐藏杂物，而且整个都设计得很精心。看到业主十分满意，我不安的心才平静下来。

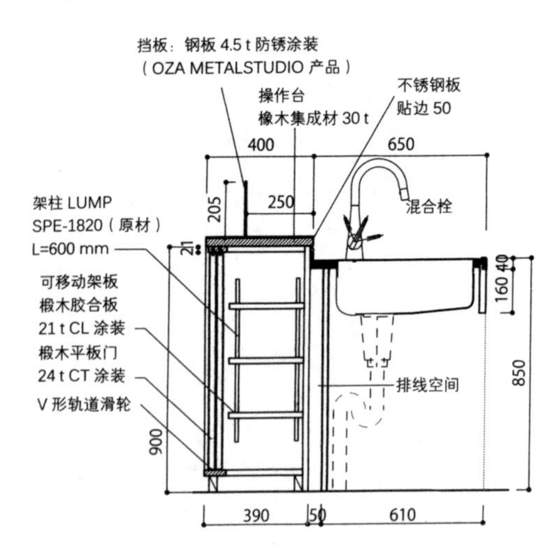

厨房剖面图 S=1：30

挡板的分区功能

调整挡板的位置和长度之后，用于清洗、配餐、装饰的空间就被区分开来了。

挡板并没有影响厨房的开放感，还使得放在水池一侧的清洗物变得不那么显眼。

从餐厅望向厨房

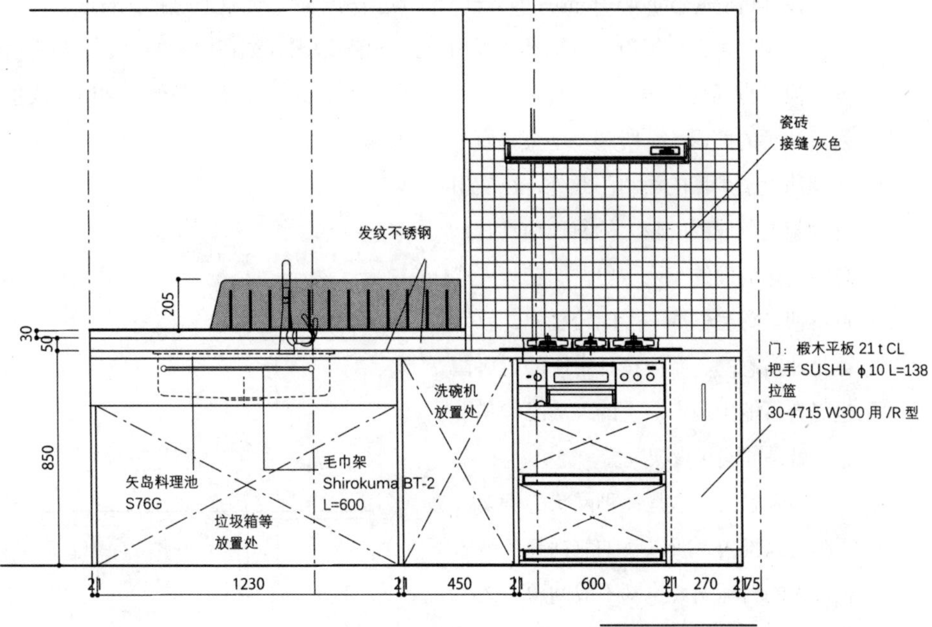

厨房立面图 S=1：30

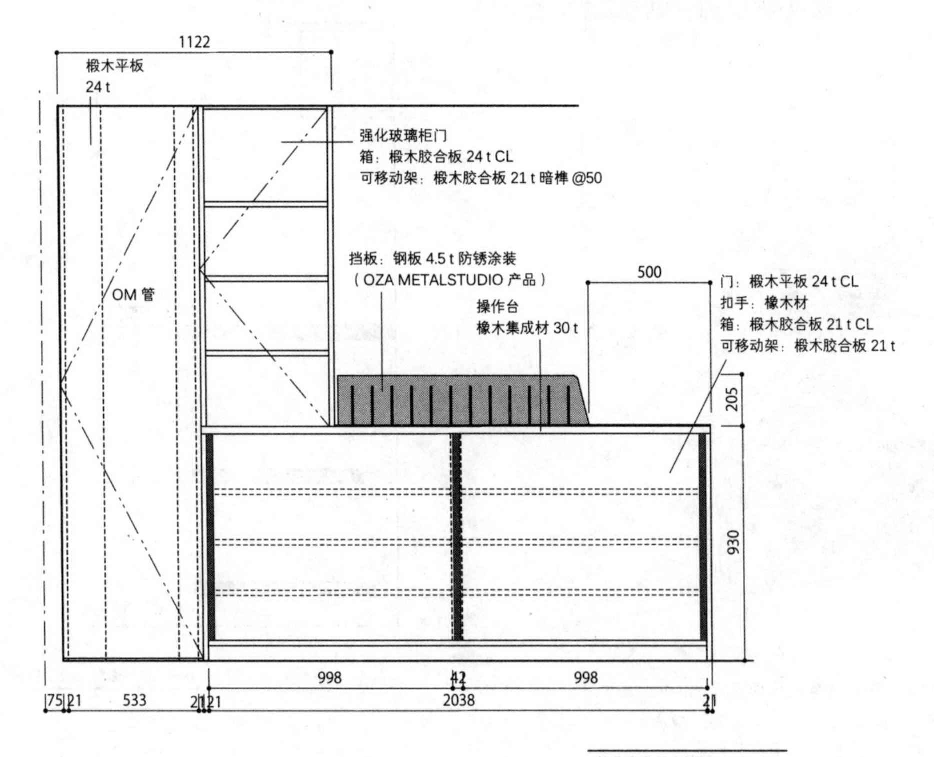

操作台收纳立面图 S=1：30

02

方便的厨房设备

设计自宅 Kadunoki House 的时候，我用常规的木板做了煎锅等锅类的置物架。但是也拜这些锅——尤其是内侧总残留油污的煎锅——所赐，不久之后木板就沾上了黑黑的污渍。此外，在使用置物架内侧放置的较大的料理用具时，总得先把前面的东西取出，实在让人感觉不便。厨房格局一般比较相似，但就算是非常态的、专门设计定制的厨房，也仍有可能出现市面上的现成品，其中之一就是“网状货架”。

顾名思义，这是一种网状的货架。因为可以推拉，所以收纳煎锅等各种体积较大的料理用具也都不成问题。又因为货架与这些用具底部的接触面积很小，所以即使沾上油污或焦垢，也能轻松清洗干净。而且通过推拉货架，还可以轻易取出收纳在内侧的物品。基于这一经验，此后在设计其他住宅时，我也常常使用网状货架。

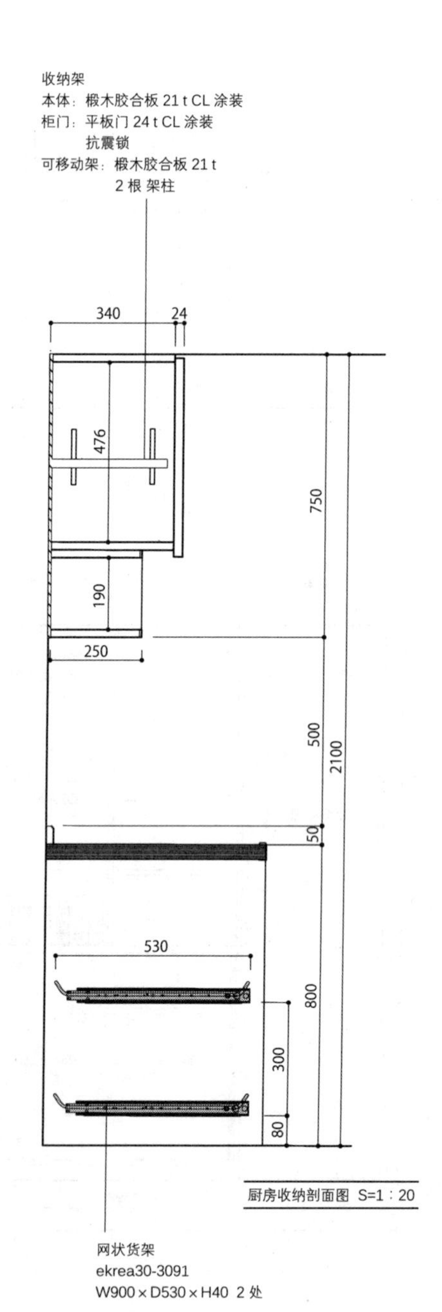

最下层的网状货架比地面高出 80 mm 左右，因此无须移动架子上的料理用具，就可以直接清扫下方的地面。

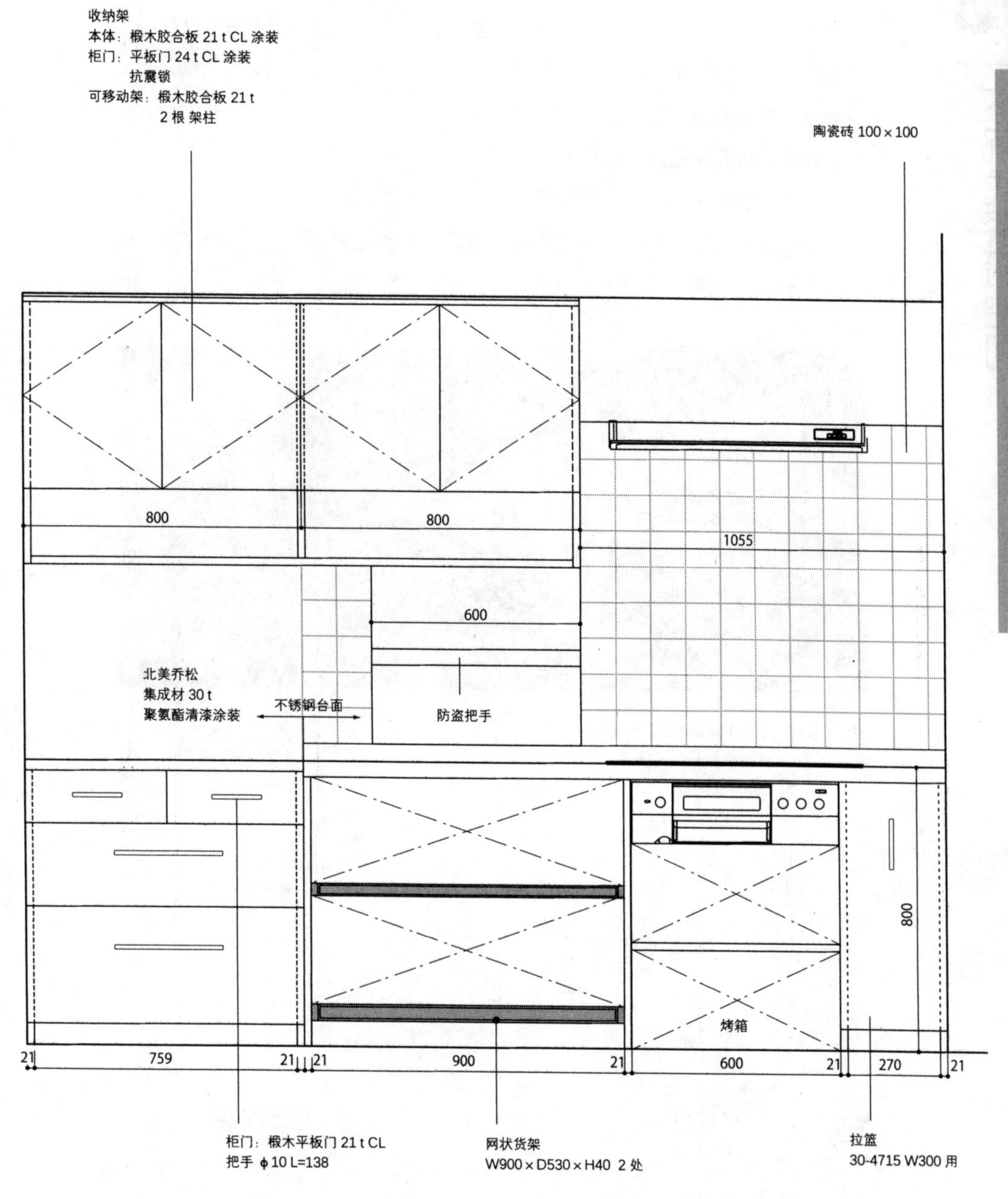
收纳架
本体：椴木胶合板 21 t CL 涂装
柜门：平板门 24 t CL 涂装
抗震锁
可移动架：椴木胶合板 21 t
2 根 架柱
陶瓷砖 100×100
800
800
1055
600
北美乔松
集成材 30 t
聚氨酯清漆涂装
不锈钢台面
防盗把手
800
烤箱
21
759
21
21
900
21
600
21
270
21
柜门：椴木平板门 21 t CL
把手 φ10 L=138
网状货架
W900×D530×H40 2 处
拉篮
30-4715 W300 用

厨房立面图 S=1：20

03

下沉式餐厨空间

“希望有个能让人放松的家，吃完饭就能直接躺在地上看电视。”业主如是说。于是我们给出了下沉式餐厨空间的设计方案。下沉空间有 2 级踏步深，从平台一侧走下 3 级踏步，即是厨房，站在厨房操作台旁的妻子可以轻松地望着坐在下沉空间里的孩子们。因为厨房是开放式的，所以为了收拾杂物，里面还设有一间储藏室。另外还有一个可以分成上、中、下三段立体使用的3D水池，使得操作台能保持洁净，料理流程也变得更加顺畅。

在这个空间中，既可以打电话、用电脑，也可以很方便地坐下记录家庭日常开支。女主人用了两年之后仍欣喜地感慨：“这是个如同潜水艇操作室一般的令人愉悦的厨房。”

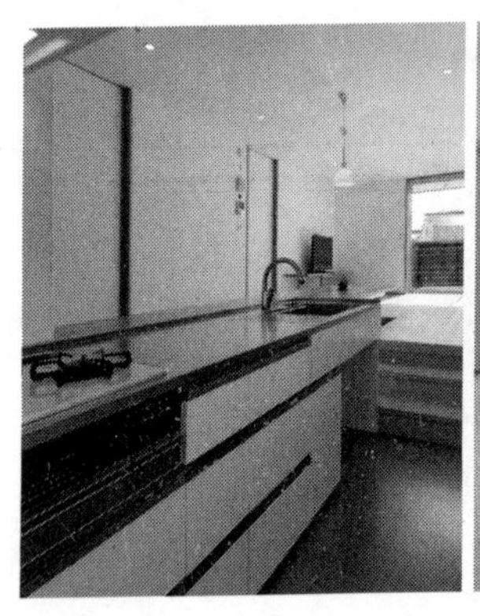

左：稻口町之家 1 从厨房看起居室
右：从餐厅一侧看厨房
（照片：Soa Studio）

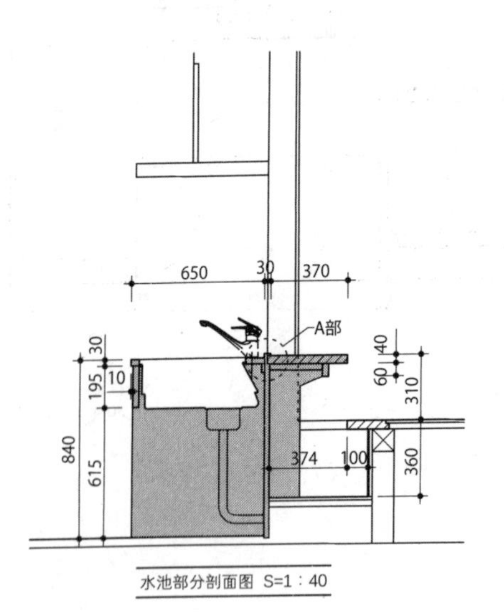

水池部分剖面图 S=1：40

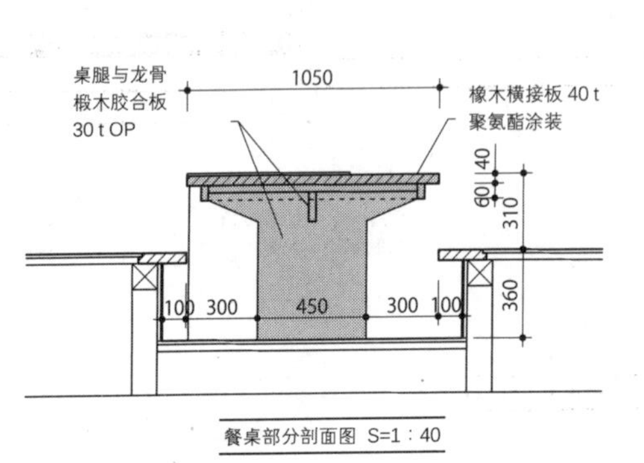

餐桌部分剖面图 S=1：40

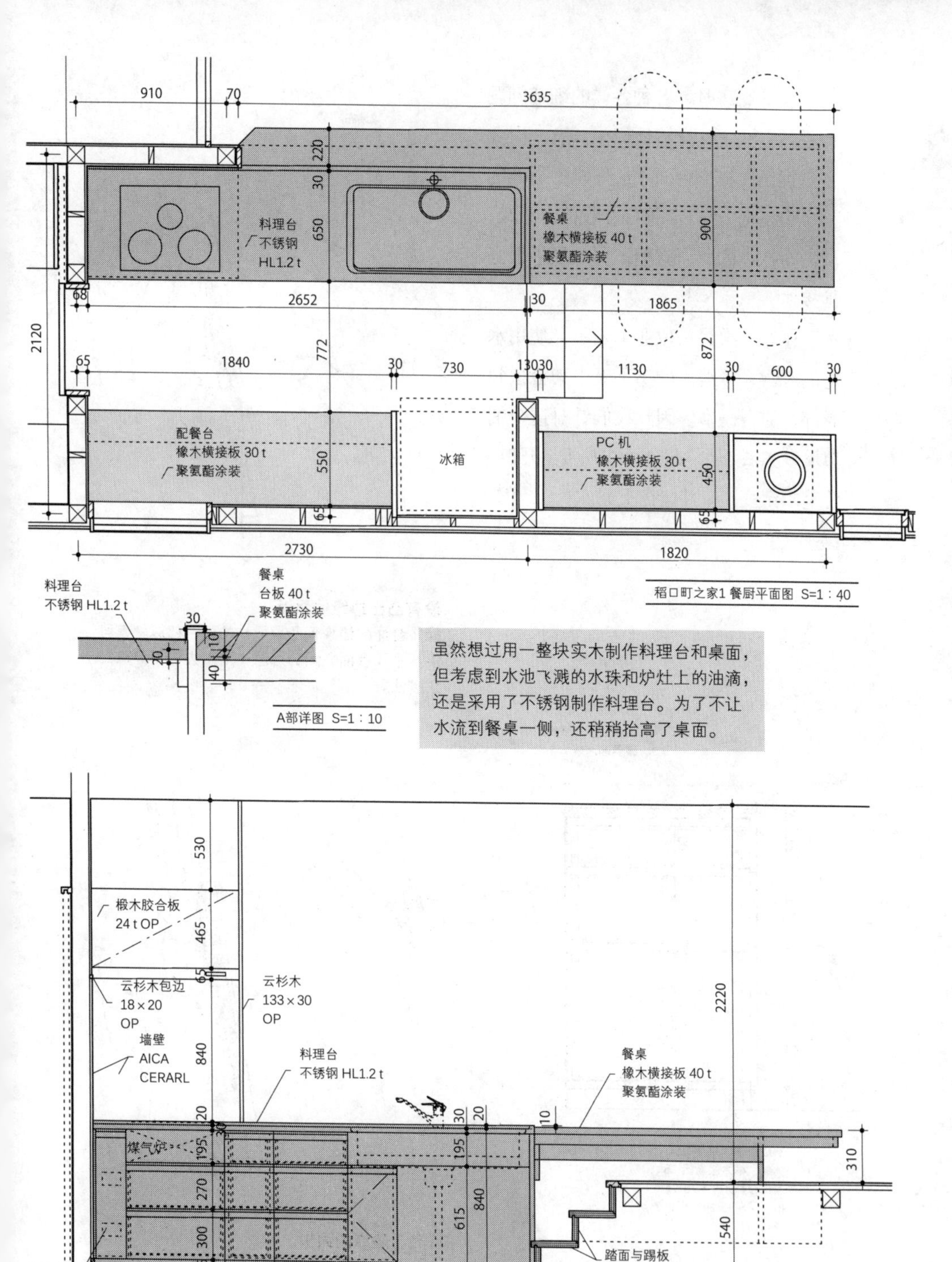

稻口町之家1 餐厨平面图 S=1：40

虽然想过用一整块实木制作料理台和桌面，但考虑到水池飞溅的水珠和炉灶上的油滴，还是采用了不锈钢制作料理台。为了不让水流到餐桌一侧，还稍稍抬高了桌面。

稻口町之家1 餐厨立面图 S=1：40

04

厨房家具的细节

设计厨房时，各种各样的细节问题伴随着与业主的交流而产生。有一次业主就提出，操作台面“最好能比下面的抽屉稍稍宽一些”，这样在收拾台面时，清洁布抹下的碎屑就能被另一只手很好地接住。

还有一次另一位业主表示，使用水池的时候，水池前的擦手毛巾架会顶到腹部，显得碍事。因此我们针对这个细节反复尝试，最终想到了在挡板上开口，使毛巾穿过开口并挂在上面。

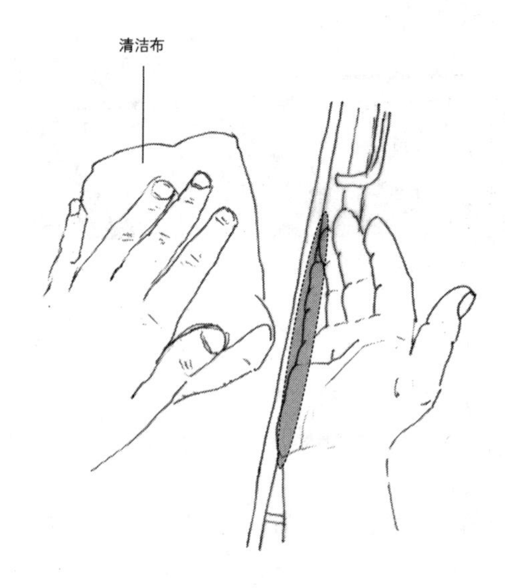

没有凸出边缘的面板
操作台面的边缘无凸出设计的话，碎屑就有可能从手和台面之间的缝隙中落下去，不能被完全接住。

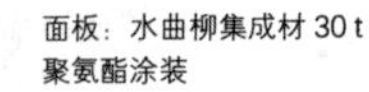

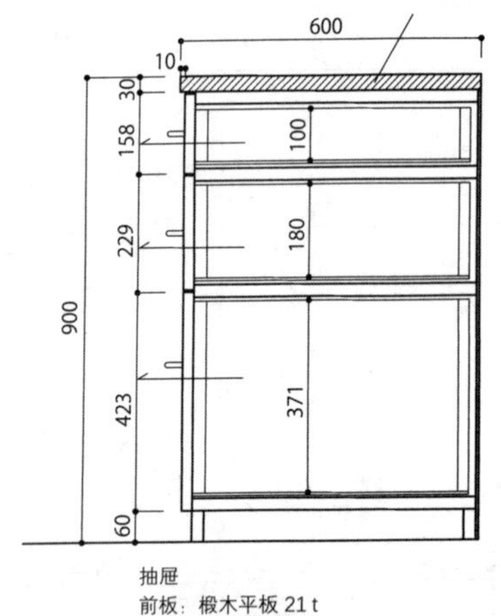

家具剖面图 S=1：20

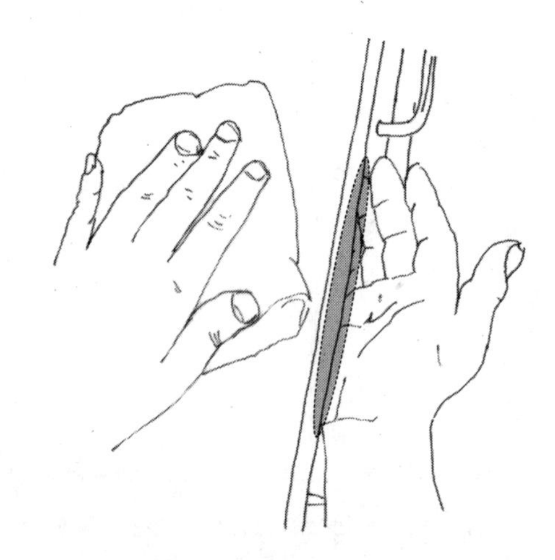

有凸出边缘的面板
如果操作台面的边缘有了凸出设计，手伸到台板下方就能完全接住碎屑。

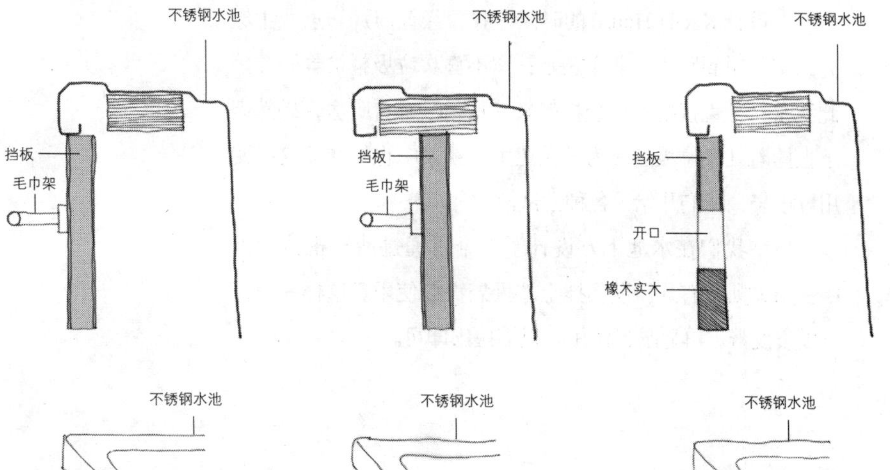

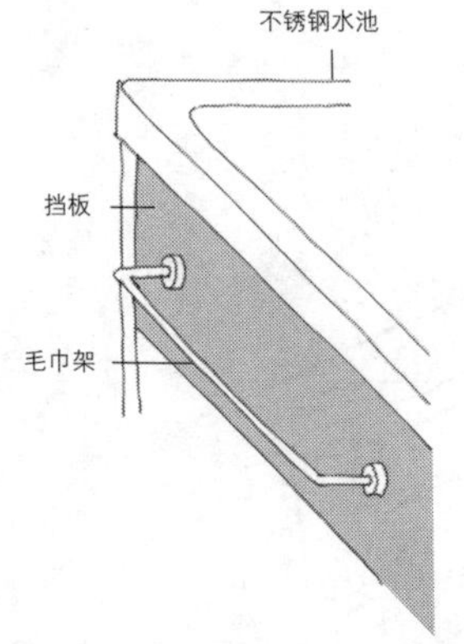

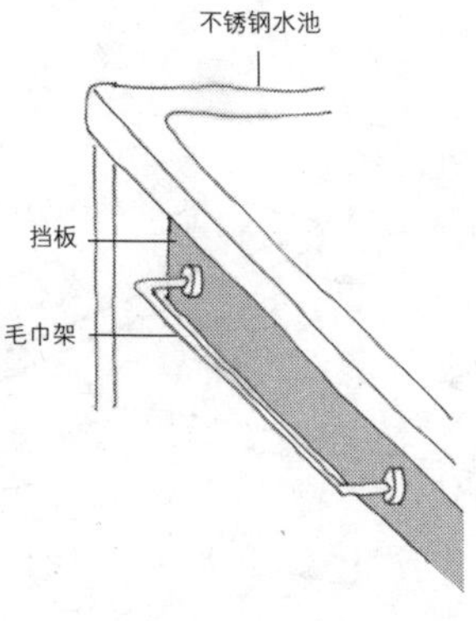

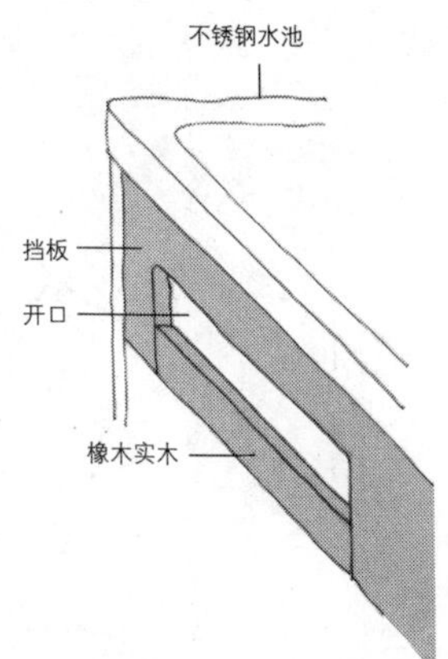

通常安装毛巾架的方式
虽然在挡板上安装毛巾架十分常见，但是使用水池时凸出的毛巾架会顶到腹部。

缩进挡板后的安装方式
把挡板向内缩进与毛巾架等宽的长度后，毛巾架就不再凸出了。

在挡板上开口的方式
在挡板上开口，下部接上一根橡木实木杆，这样毛巾就能穿过开口并挂在上面。

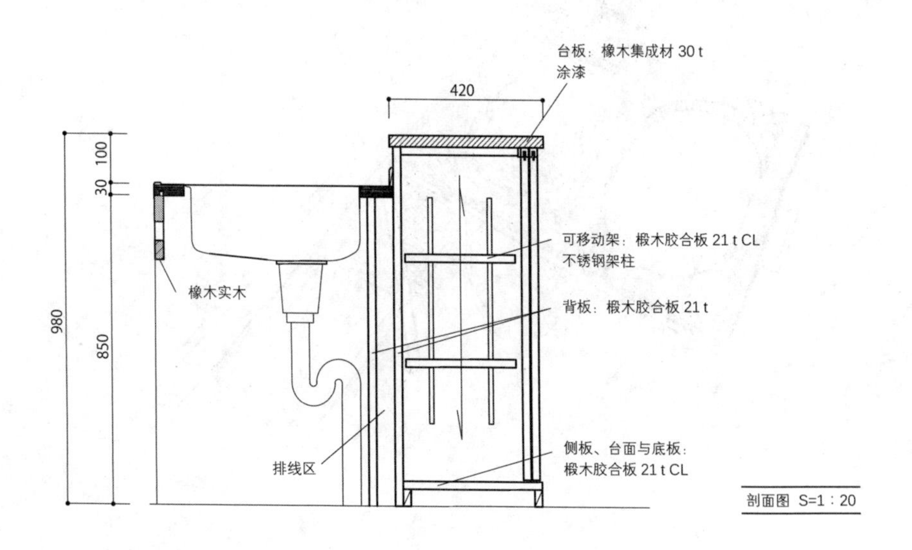

05

不需要垃圾桶的厨房

在设计 Kaede House 的时候，我曾经登门拜访过业主原先的家。说到厨房，业主表示："不喜欢垃圾桶被弄脏，因此我家总是直接把垃圾袋挂起来使用。"一看厨房，果然架子上挂着几个垃圾袋。为了让业主在新家中也能继续这样使用垃圾袋，我们开始了各种尝试。

最终我们在水池下方设计了一个可通过滑轨推拉的组件，中央则留有开口以便挂上垃圾袋直接使用。这样一来，垃圾袋变得不再显眼，使用时只需拉出即可。

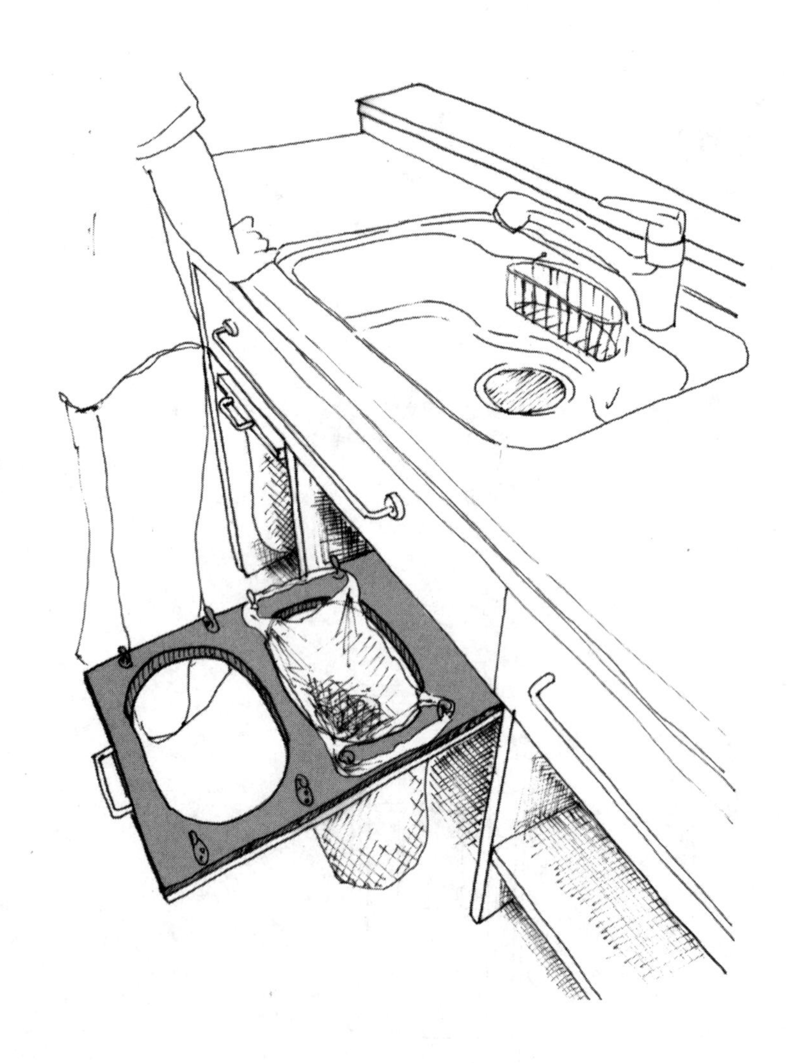

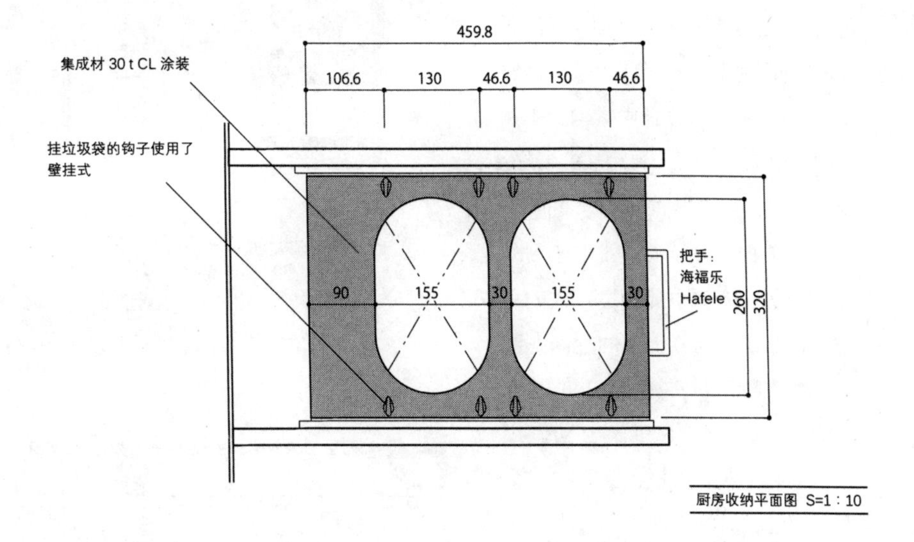

厨房收纳平面图 S=1：10

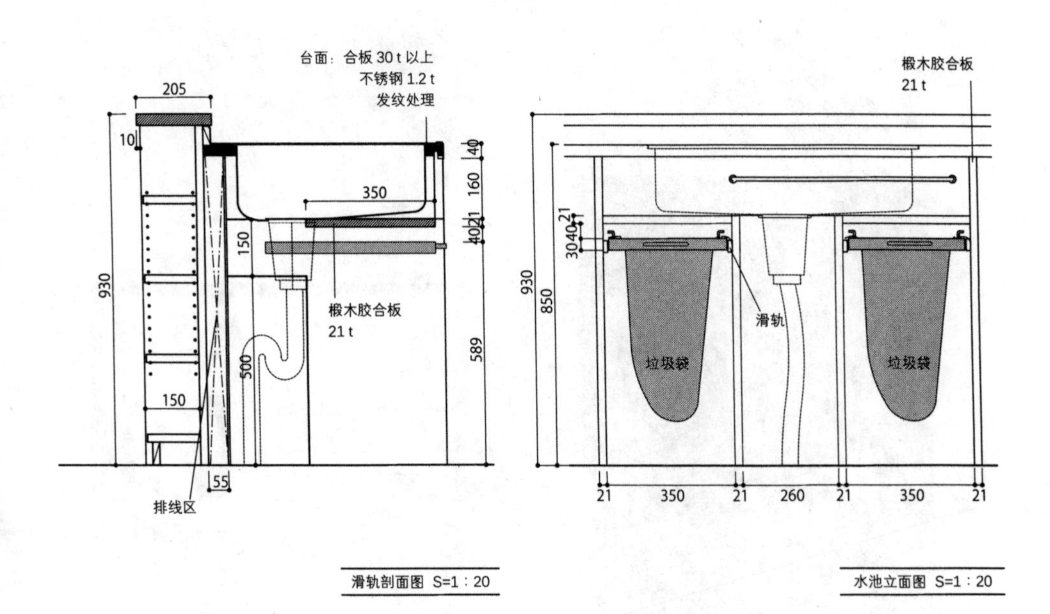

滑轨剖面图 S=1：20

水池立面图 S=1：20

06

厨房一侧的书房

作为孩子们做作业、全家人使用电脑的地方，设在屋子一角的书房总是备受喜爱。为了便于在厨房忙碌的同时监督孩子学习或查找自己需要的资料，设计中常常将书房安排在厨房一侧。利用3.2~4.9 m^2大小的空间，放上书架之类的软隔断，一方面保证了安心工作学习的空间，另一方面也能洞悉家人的动静，而且由于与其他空间之间有着良好的隔断，即便物品有些散乱也不会惹眼。书房的一面墙还可以用软木板装饰成公告栏，家人的纪念照、学校相关的文件、日程表、备忘录等都可以贴在上面。这样一来，冰箱门上贴着的东西也能得到彻底的清理。

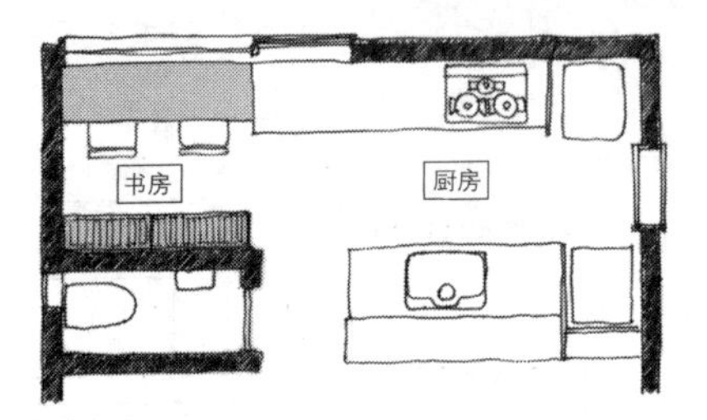

Kadunoki House 的平面草图
这种方案是使厨房和书房平行，形成一个连续的空间，这样即使厨房面积不大，也能有效地营造出书房的宽敞感。

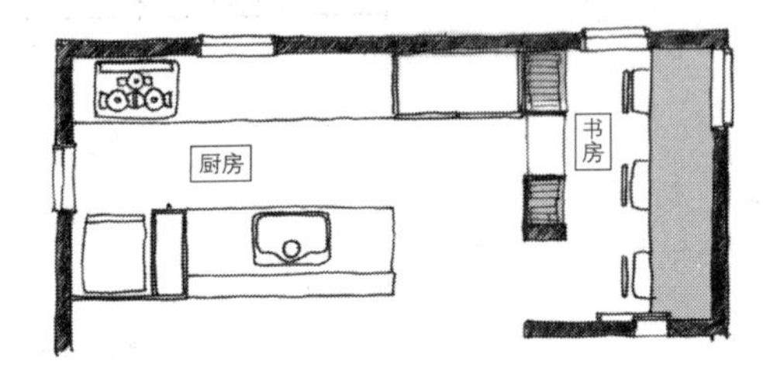

Kaede House 的平面草图
厨房与书房呈直角相接，设在中间的书架起到了隔断的作用。但为了不让书房空间显得过于封闭，我们撤掉了一部分书架，保证了视线的通畅。

Kaede House
书架后的动静隐约可见……

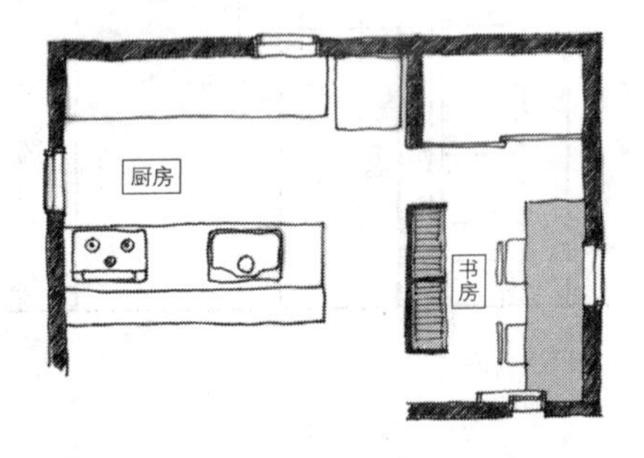

Nest House 的平面草图
在厨房和书房呈直角的同时，还可以从两个方向进入书房。

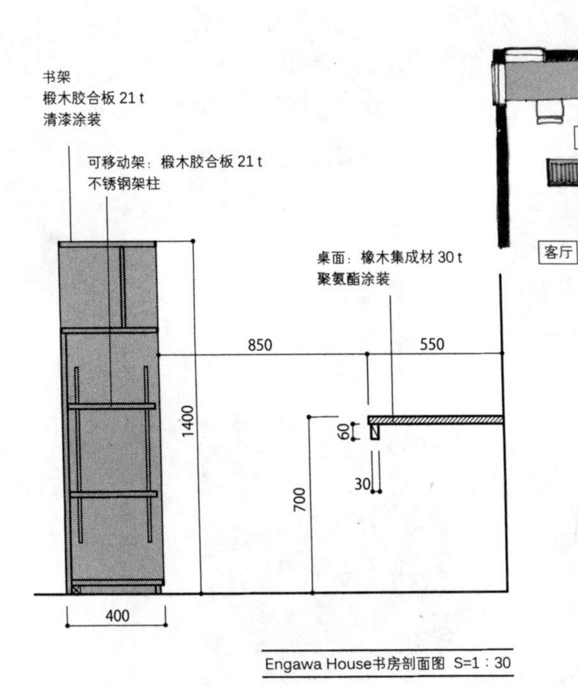

Engawa House书房剖面图 S=1：30

厨房后门
收纳架
书房
厨房
客厅

Engawa House 平面草图

厨房和书房平行，但书桌一端设有收纳架，控制了望向书房的视线。书房和客厅之间还有一面书架，也柔和地隔断了空间。

Engawa House
从厨房望向书房。

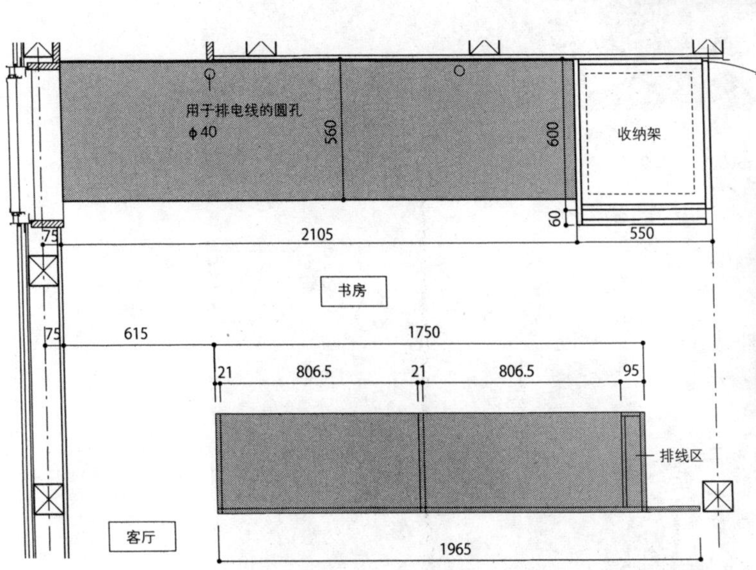

Engawa House书房平面图 S=1：30

Engawa House
的书房

07 能够隐藏灶台的开放式厨房

在以中岛式操作台为中心的开放式厨房中，各种操作都面向餐厅，因而家人也能自然地参与下厨或是搭把手。至于煤气灶的部分，为了集中烹饪，也防止油污往客厅方向飞溅，设在了靠墙一侧。因为这里的灶台和冰箱的位置原本就是建筑的廊下空间，所以恰好能被三面移门完全挡住。每当吃完饭，收拾妥当，合上移门，炉灶间就仿佛消失一般，整个操作台也成了客厅的一部分。客人突然到访的时候，杂乱的物品也可以临时移到灶台上隐藏起来。三面移门中有一面对应着冰箱，就这么开着也无妨。

上：料理模式 / 移门开　下：休息模式 / 移门关（照片：Soa Studio）

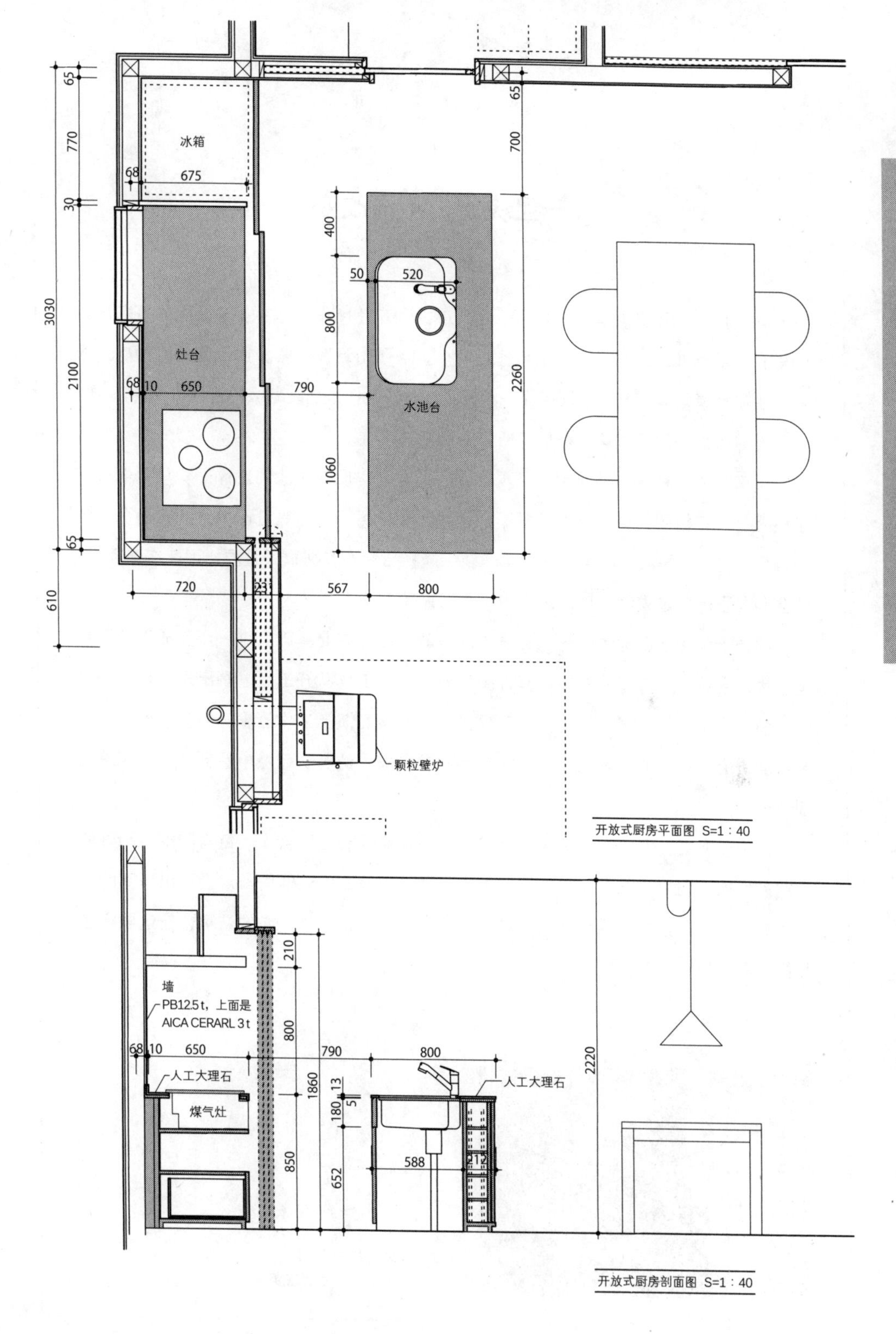

开放式厨房平面图 S=1：40

开放式厨房剖面图 S=1：40

专栏

一旦决定，不再改变

自立门户后不久，有一段时间，我（T）都借用N设计室•永田昌民的事务所，边做自己的活儿，边和永田先生合作设计。事务所附近有一家味道不错的蘸面店，永田先生虽然是常客，但每次只点同一种餐，以至于他一进店，老板就开始向后厨下单："一份笋干面！"不过这也是事务所众所周知的事情。

永田先生这种"一旦决定，不再改变"的态度也反映在他的设计上。只要他决定了墙壁、天花板的材料，选好了隔断、金属部件、照明器具等自己中意的东西，就会一直用下去，不再改变。考虑到任何一种所选物品的停产都事关重要，因此在选择时，他会倾向于那些过去就存在、未来也不太可能消失的产品。

即便涉及细节，他也是每次先画出同样的布局，在此基础上进一步完成设计。我自己也已经设计了许多栋住宅，有许多详图却是在工程队开工后才画出来的，一开始也耗费了大量时间。虽说经历了许多项目之后渐渐习惯了工作流程，但自己反而对细节愈发讲究，认为值得做的事情一件件不断冒出来，仿佛从缝隙中看到了一个深邃的细节世界。

在施工方面，他也会与固定的施工方、现场监理和工匠合作。每当我拿着画好的详图去现场，因为工匠们比我还了解永田先生的工作，所以他们常常会指出详图的不到之处。在现场我总能感觉到大家对永田先生的设计是发自内心的认可，在这里实在收获良多。

仙台之家（2006年竣工）
设计：N设计室＋德田英和

第3章
不经意间聚集家人的场所

在设计住宅的过程中，

一旦被问到在家里如何放松，

很多人都表示希望待在公共空间中，

但与他人保持适当的距离。

除非家庭空间太糟糕，

才会一直待在自己的房间里。

因此无论如何都要设计出舒适的家庭空间吧……

而建筑师的水平也反映在其中。

01 起居室和餐厅的对角关系

一家人生活在同一屋檐下，总会有各种各样的时刻。有心情好的时候、平静的时候、亲密的时候、吵架的时候、想待在一起的时候、想一个人待着的时候……因而精心设计的家庭空间，应该留有一定的距离，以应对不同的生活场景，同时令人觉得舒适愉悦。无论面积大小，住宅中聚集家人的场所无外乎两个：放置着餐桌的餐厅，以及能让人时而横躺时而看书的起居室。在互为对角的两个空间中，对方的身影若隐若现，却又能始终感觉到彼此的存在，这样相处起来会十分轻松自在。不过还要控制好二者的距离，保证交谈时能够听清对方说话。这种程度的距离是让人感觉舒适的。

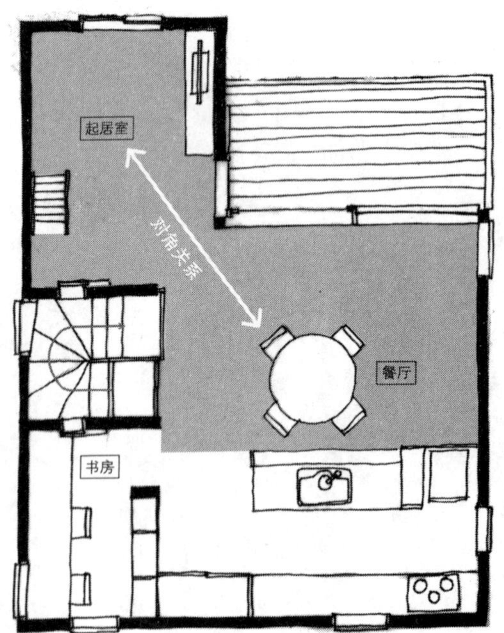

家庭聚会的时候，大人们在餐厅和厨房里享受美酒佳肴，孩子们就可以到起居室玩耍。这种自然又舒适的距离令人很安心。

Kaede House平面图 S=1：100

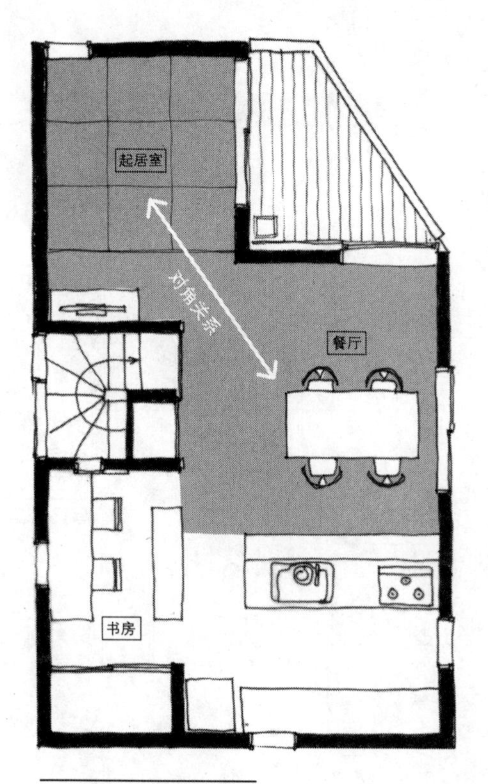

Nest House平面图 S=1：100

从餐厅一侧望向榻榻米起居室
（Nest House 照片：牛尾幹太）

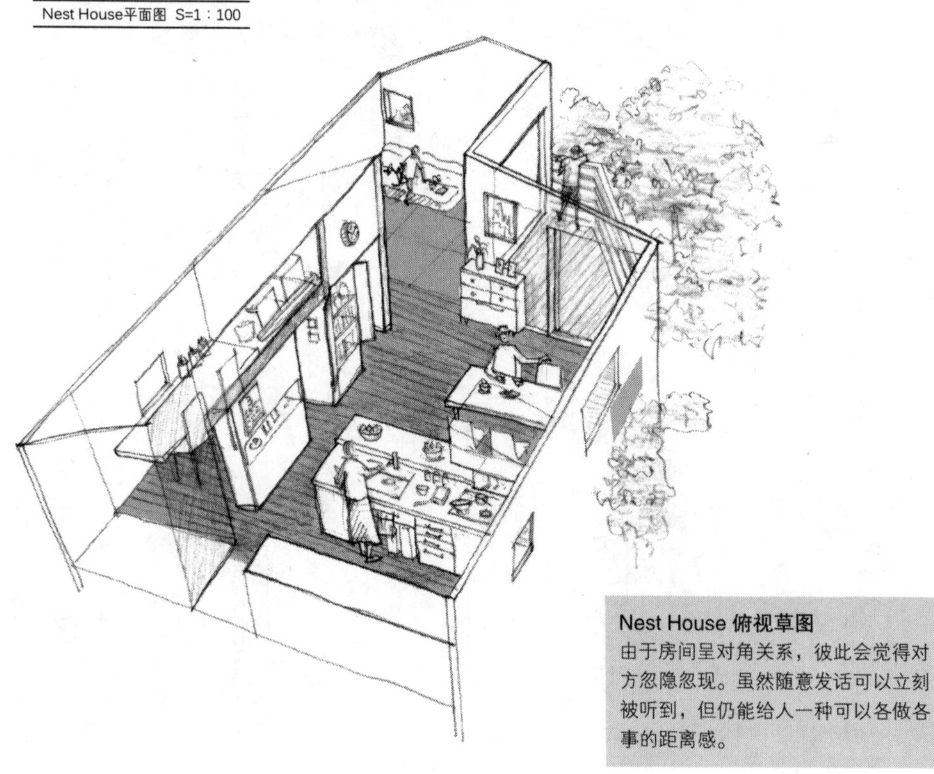

Nest House 俯视草图

由于房间呈对角关系，彼此会觉得对方忽隐忽现。虽然随意发话可以立刻被听到，但仍能给人一种可以各做各事的距离感。

02

好友聚会的餐厅

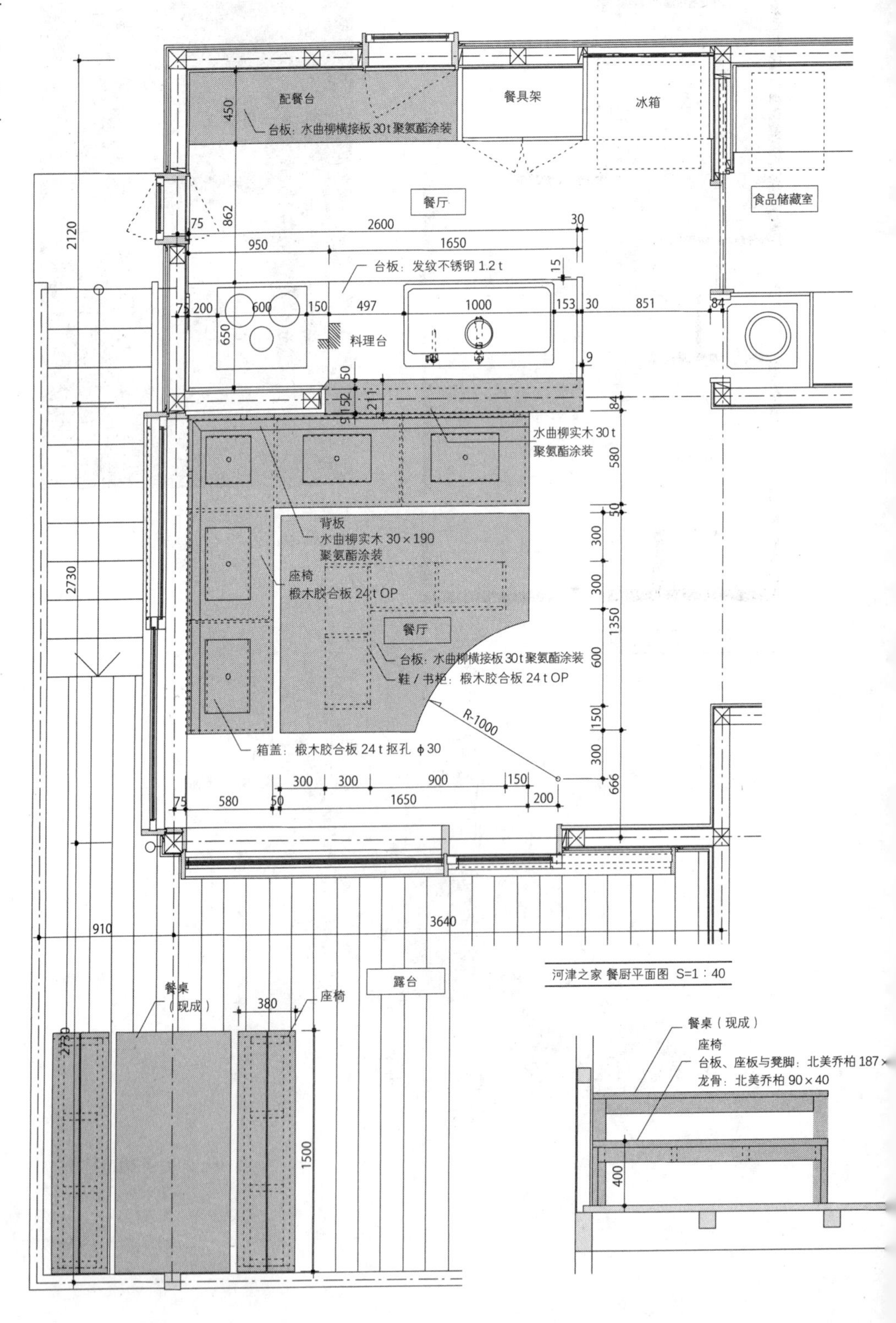

河津之家 餐厨平面图 S=1：40

这个项目的业主虽然只有夫妇二人，但因为共同喜爱垂钓，所以希望餐厅设计得大一些，能让钓友们聚在一起。餐桌一角内切了一道弧，一方面给主人留出面对客人活动的位置，另一方面也使得室内和室外露台之间的过渡更自然。

交由木匠制作的餐桌和座椅基本上都使用了集成材和胶合板，唯独固定在墙上的背板使用了水曲柳实木，这样可以有圆润的边缘，背靠时也不会觉得太硬。座椅坐垫下方的座板可以开启，兼作收纳箱。有了露台，就可以直接将钓来的鱼烤熟，再立即拿到餐厅享用。就这样一边欣赏室内外风景，一边与友人共度欢乐时光。

左：河津之家。从餐厅望向内部露台
右：从位于夹层的起居室俯瞰餐厅

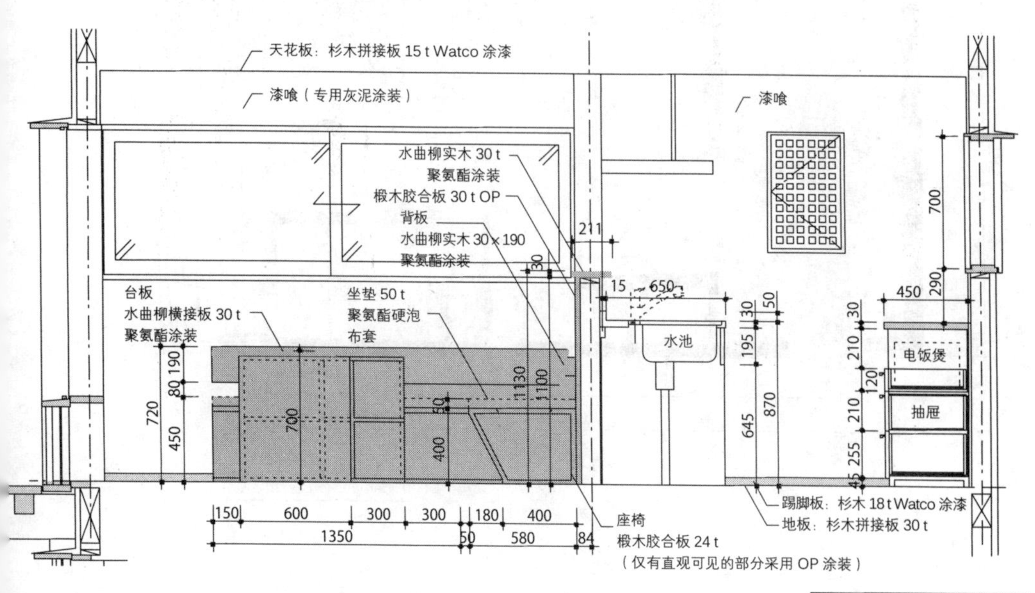

河津之家 餐厨剖面图 S=1：40

03

跃层中的对角关系

Hidamari House 是一栋三代同堂的住宅，业主希望能够自然地连接 1 楼祖父的房间和 2 楼年轻一代家庭的生活空间，因此设计中加入了跃层，并将它作为阅读室。这样一来，1、2 楼就不再完全分离，中间不属于任何一方的阅读室还成了彼此上下楼时不经意碰面聊天的场所。业主入住已有 3 年，他们这样说道："跃层带来了若即若离的距离感，在带孩子的阶段也能感到这一设计的绝妙之处。"

Hidamari House 的阅读室
在能够彼此感知对方存在的同时，又保证了互不干扰，是很自在舒适的空间。

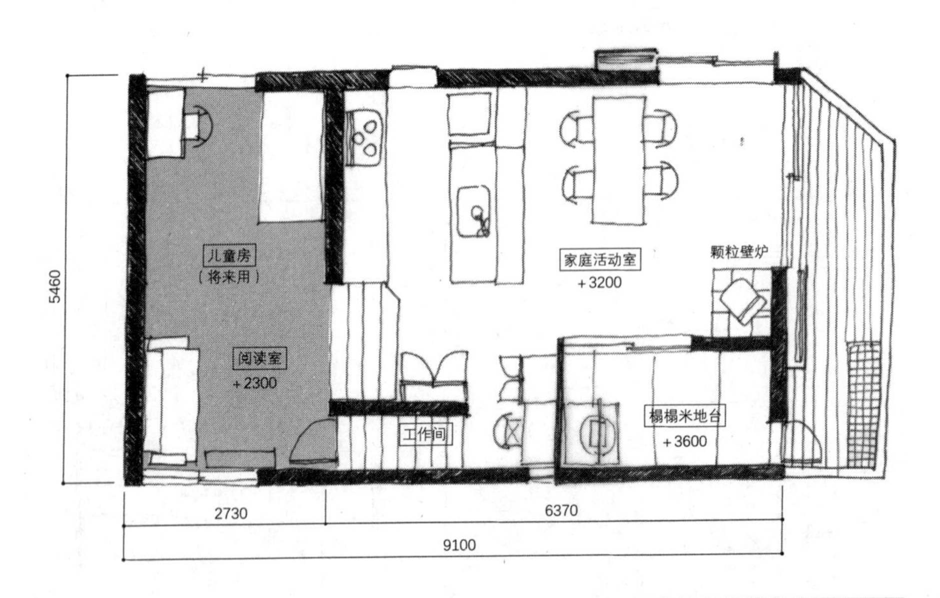

Hidamari House 2楼平面图 S=1：100

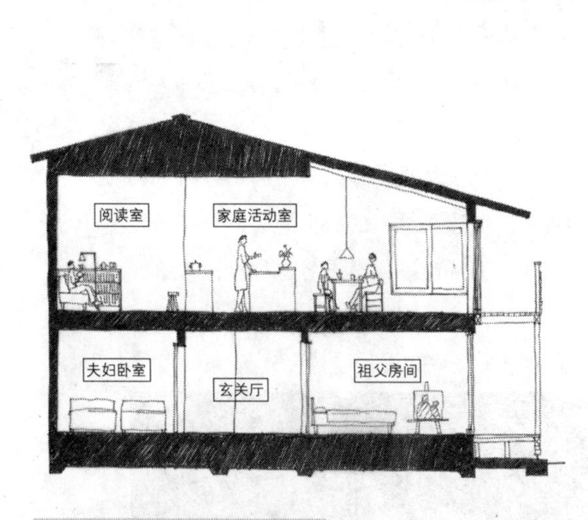

1、2 楼完全分离的剖面草图

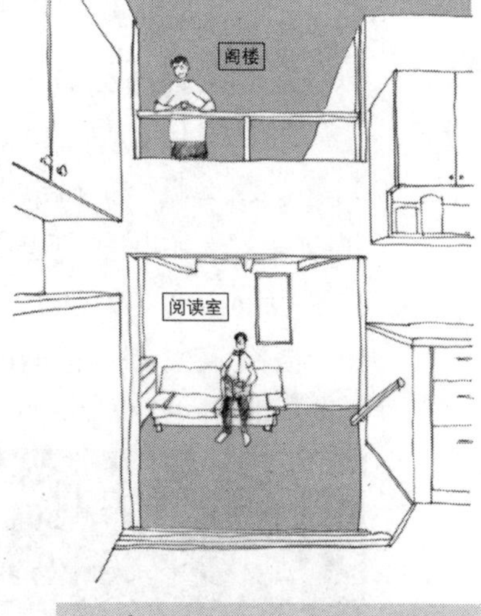

从家庭活动室望向阅读室、阁楼一侧

有了跃层之后，中间的阅读室就为 1、2 楼创造了适度的距离感。即便是同样将玄关厅夹在中间，比起无高度差的隔断，半地下的夫妇卧室与祖父房间之间的位置关系也更令双方感到安心。

阁楼
家庭活动室
▽+4710
阅读室
▽+3200
▽+2300
祖父房间
玄关厅
夫妇卧室
▽+600
▽-200

Hidamari House剖面图 S=1：100

04

柳桉木单板留缝拼接而成的天花板

说起柳桉木单板，通常印象中就是一种用于壁柜柜壁和天花板的材料，可谓是典型的廉价安装材料。但就算是这样的材料，通过精心的设计也可以创造出富有魅力的空间——这是我从前辈设计师身上学到的。

在这个住宅中，玄关、走廊、客厅、餐厅、卧室、儿童房的天花板都用了柳桉木单板，颇有品质感，以至于仅仅从天花板结构图的单板布局和接缝中完全看不出是基于廉价的材料。而这种材料的一大魅力，就在于经年累月后色泽会变得更加浓重，呈现出糖稀色。如果再将这种柳桉木单板组合起来，用在窗框或建筑隔断、玻璃窗、纱门、障子（用木框糊纸的拉窗或拉门—译者）等部件上，还会令整个住宅的设计显得十分统一。

上：茨木之家。从半层之上的儿童房俯瞰餐厅
下：餐厨一体
（照片：筑出恭伸）

整个天花板木板的拼接方式，是在长边留出 4 mm 接缝，在短边加上榫头作为变相接缝。由于缝隙的存在，空间会产生一些紧张感，柳桉木板的廉价感也随之消失。考虑到格状天花板的变形部位用窄木条会显得有些奇怪，拼接时应格外注意。

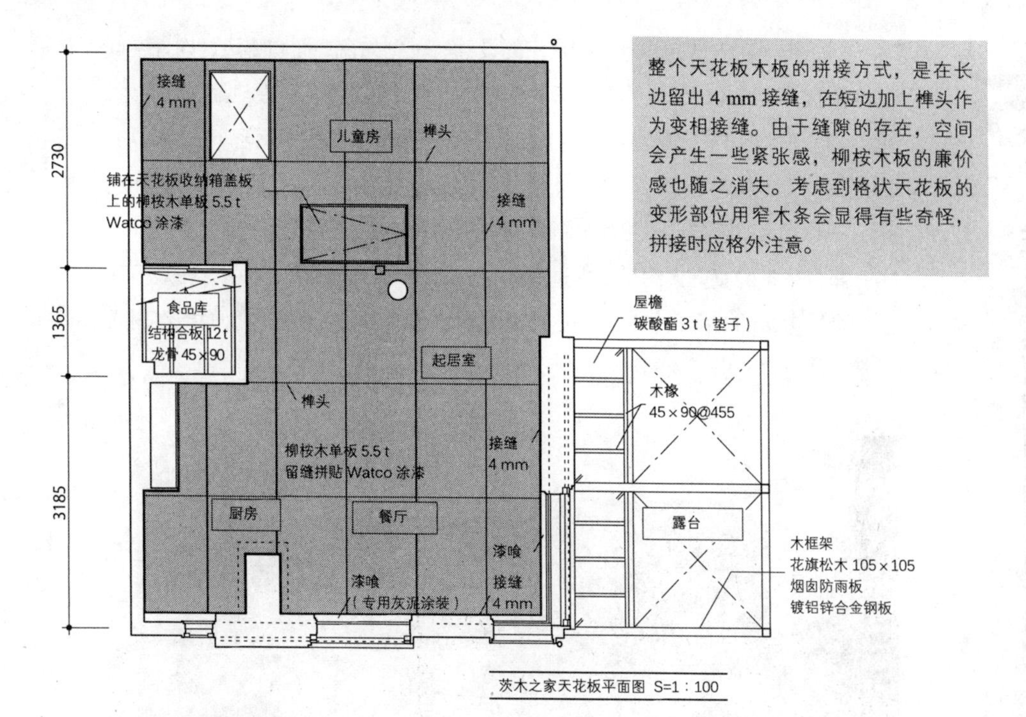

茨木之家天花板平面图 S=1：100

茨木之家平面图 S=1：100

05

具有浮游感的起居室和露台

对于位于密集地的住宅，起居室的设计——例如窗户面向哪边，内外空间如何衔接，往往需要经过慎重的考虑。在日比津之家 2 中，尽管地基面积有余，但南侧和东侧都与马路相接，业主又希望留出一个能够停放多辆轿车的停车场，因此我们决定将起居室的位置从底楼搬到相当于 3 级台阶高度的地台上。而这个另一种形式的跃层，又将略显飘浮的宽敞露台与室内连接到一起。

露台悬挑的宽度大约是室内进深的三分之一，仿佛飘浮在空中。在众多基于安全性考量的封闭式住宅中，这样具有飘浮感的起居室和露台反而能够引人注意，从而营造出开放的居住空间。

日比津之家 2 的外观
为了能从露台直接下到停车场，在室外增加了一段楼梯。露台还安装了木架，既可以搭起遮阳棚，也便于做成一处小花园。

日比津之家 2 的起居室和厨房
露台比起居室高 27 cm，旨在令视线有所抬升。厨房一侧也设了通往露台的开口，无论是把买回来的东西搬进室内，还是出去扔垃圾，都会方便不少。

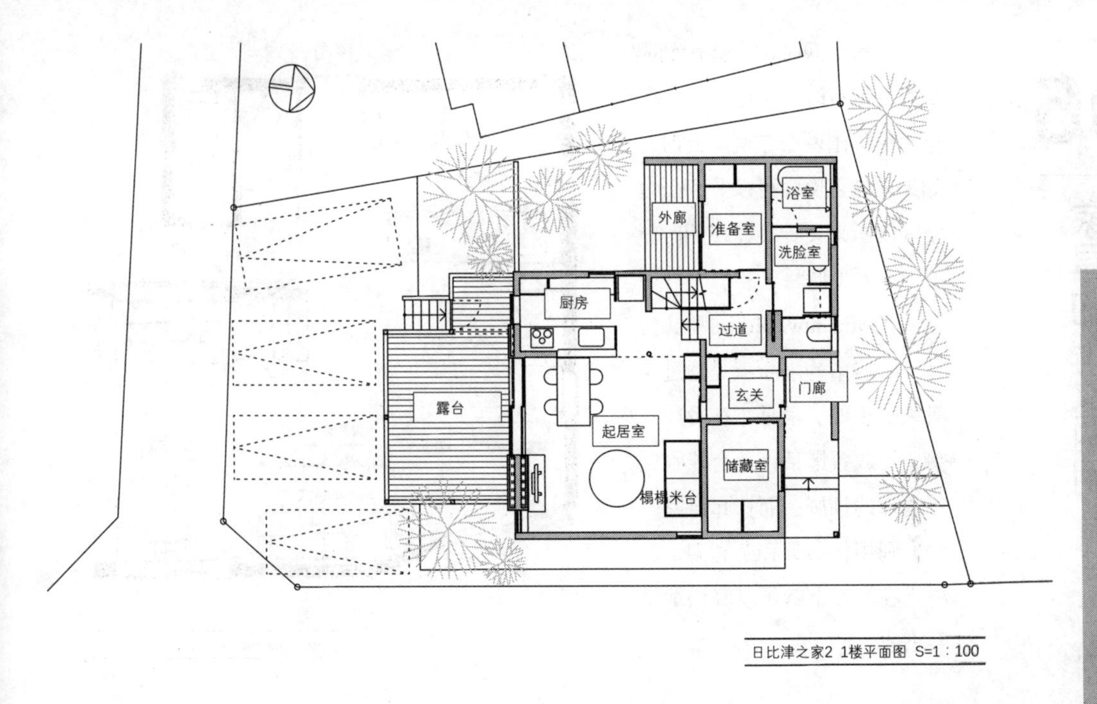

日比津之家2 1楼平面图 S=1：100

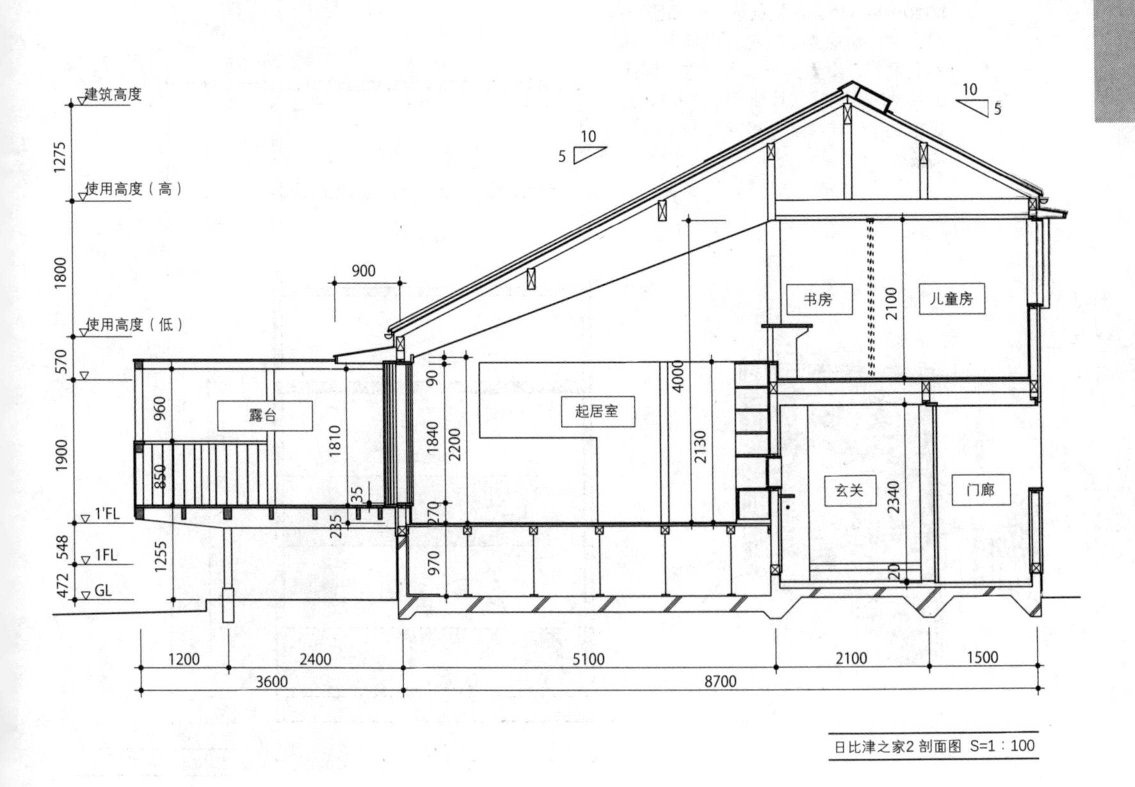

日比津之家2 剖面图 S=1：100

06 家具的正反两用

隔断空间时常常会用到隔断墙，但有时也可以用家具来自然地隔出两个空间。此时，如果家具正反面可以分别配合空间功能来设计，在使用时就能带来不少便利。

在 Mizuniwa House 中，餐厅和起居室的隔断就是通过家具来实现的。家具，在餐厅一侧，可放置电话，还有能收纳小物件的抽屉；而在起居室一侧，则用作书架和杂志架，这样坐在沙发上就可以轻松地拿到书或杂志。

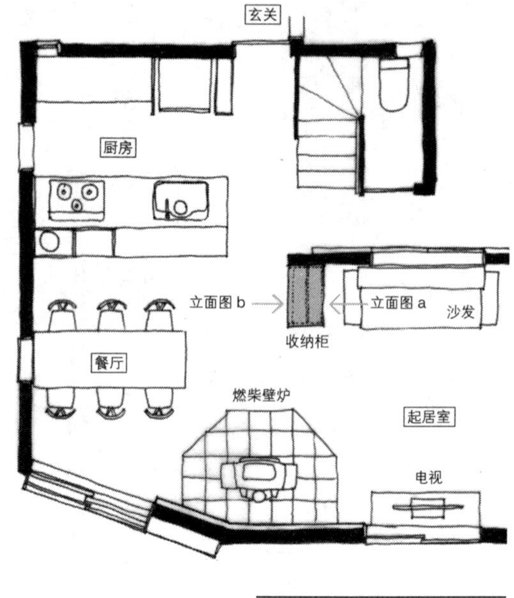

Mizuniwa House平面图 S=1：100

Mizuniwa House 起居室一侧草图
起居室一侧的立架就在沙发伸手可及的位置上，用于摆放书和杂志，因此无须站起就能轻松地抽出一本来阅读。这个立架还挡住了从餐厅和厨房投来的视线，形成了一处令人安心的空间。

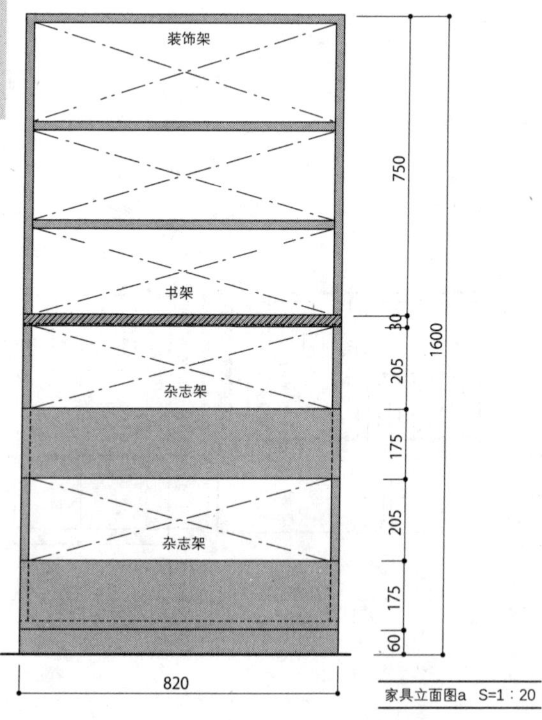

家具立面图a S=1：20

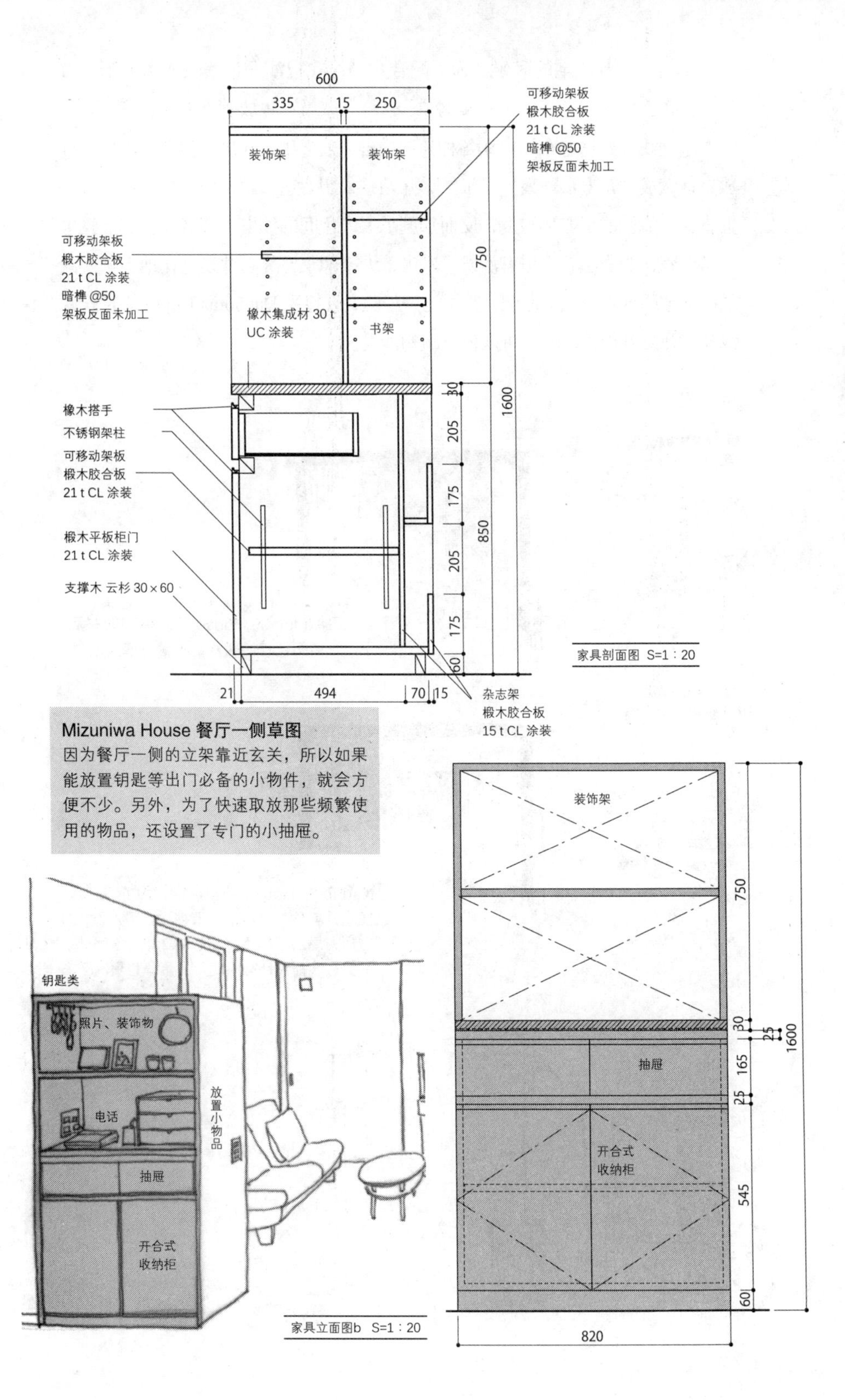

Mizuniwa House 餐厅一侧草图

因为餐厅一侧的立架靠近玄关，所以如果能放置钥匙等出门必备的小物件，就会方便不少。另外，为了快速取放那些频繁使用的物品，还设置了专门的小抽屉。

07 正方形沙发

给自己设计住宅的时候，为了配合户型，我把沙发也摆放成了 L 形。就这么住了三年后，意外多了一架钢琴，这样一来就再也放不下 L 形沙发了。

于是我开始调整布局。在各种尝试均告失败之后，我决定将两张沙发平行放置，做成“正方形沙发”。虽然一开始并未想要这么做，但没料到这个既能伸直腿又能躺的正方形沙发，反而加剧了家人之间的沙发争夺战。事实上我也常常看到，明明起居室里有沙发可以坐，大家却宁愿靠着沙发坐在地上。大概是因为把腿伸直了更舒服吧。基于这一经验，在接手 Dannoma House 的时候，我从一开始就设计了一个可以伸直腿的沙发。

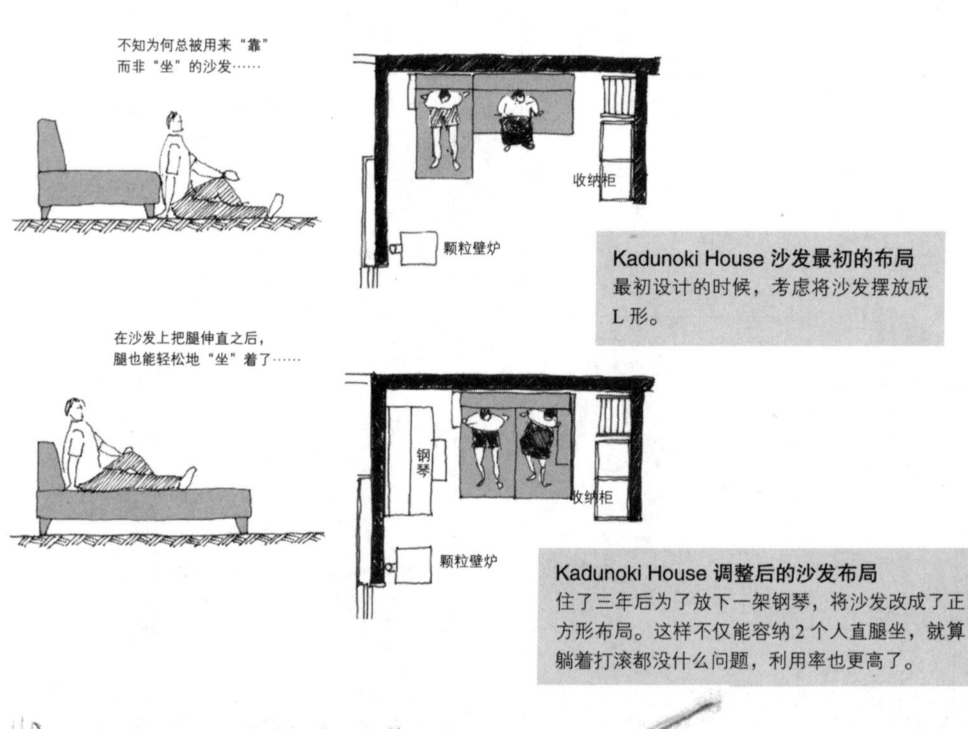

Kadunoki House 沙发最初的布局
最初设计的时候，考虑将沙发摆放成 L 形。

Kadunoki House 调整后的沙发布局
住了三年后为了放下一架钢琴，将沙发改成了正方形布局。这样不仅能容纳 2 个人直腿坐，就算躺着打滚都没什么问题，利用率也更高了。

Dannoma House 草图

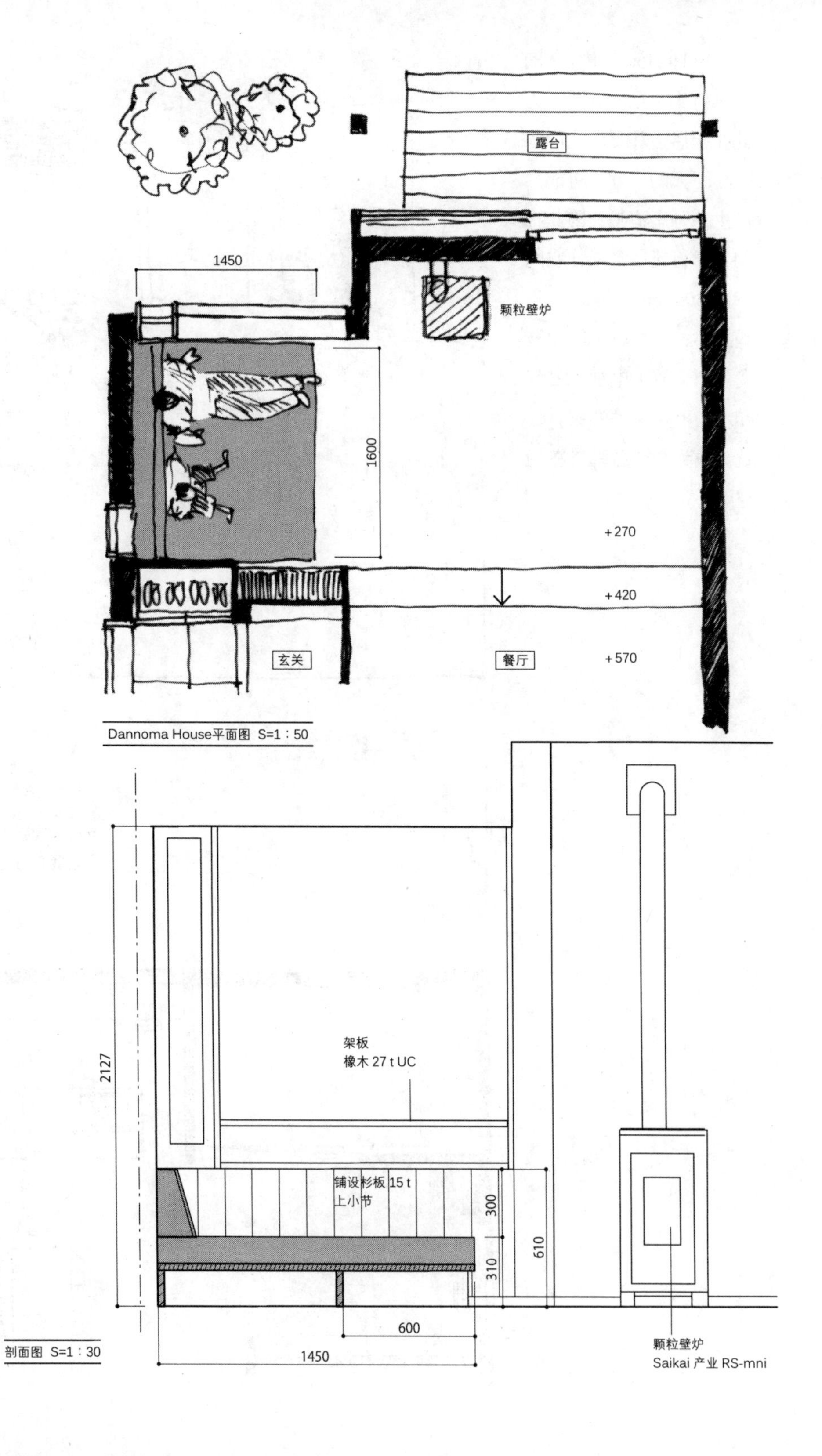

Dannoma House平面图 S=1：50

剖面图 S=1：30

08

家庭空间的软隔断

Bulat House 中住着的一家有 4 个孩子。如果为此在起居室和餐厅之间放一套巨大的沙发，可能会产生一种压迫感。因此我们考虑将起居室部分空间下沉 300 mm，再放上一些靠垫，这样就不需要沙发了。再放上电视、书架和颗粒壁炉之类的家具，就会成为一个温馨自在的空间。

从餐厅可以清楚地看到沙发背面。

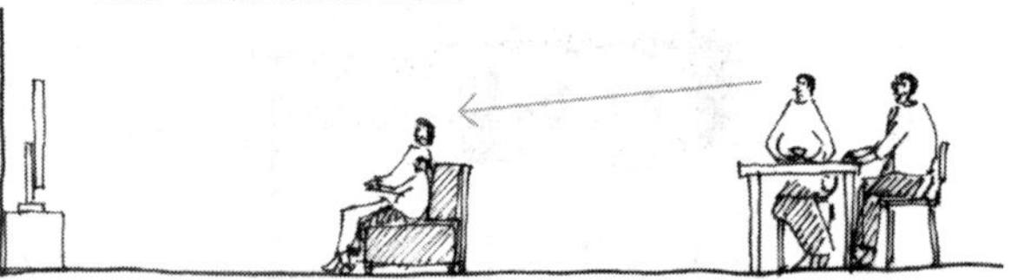

下沉式客厅本身在形态上就存在高低差，因而可以做出一个不需要沙发的舒适空间。

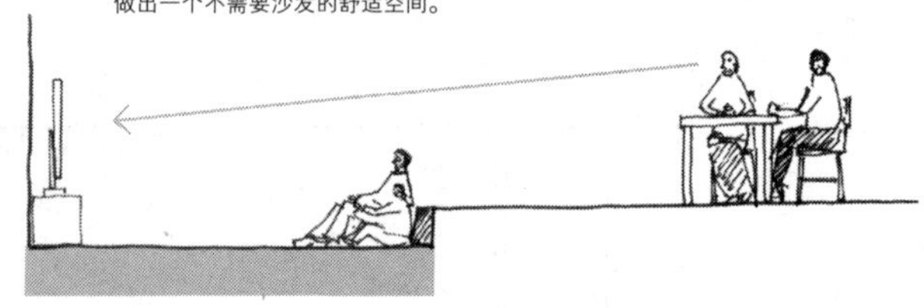

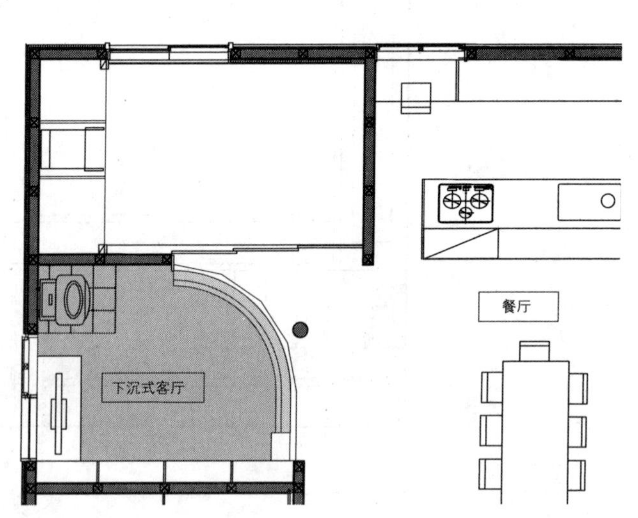

Bulat House平面图 S=1：100

Bulat House 下沉式客厅靠垫

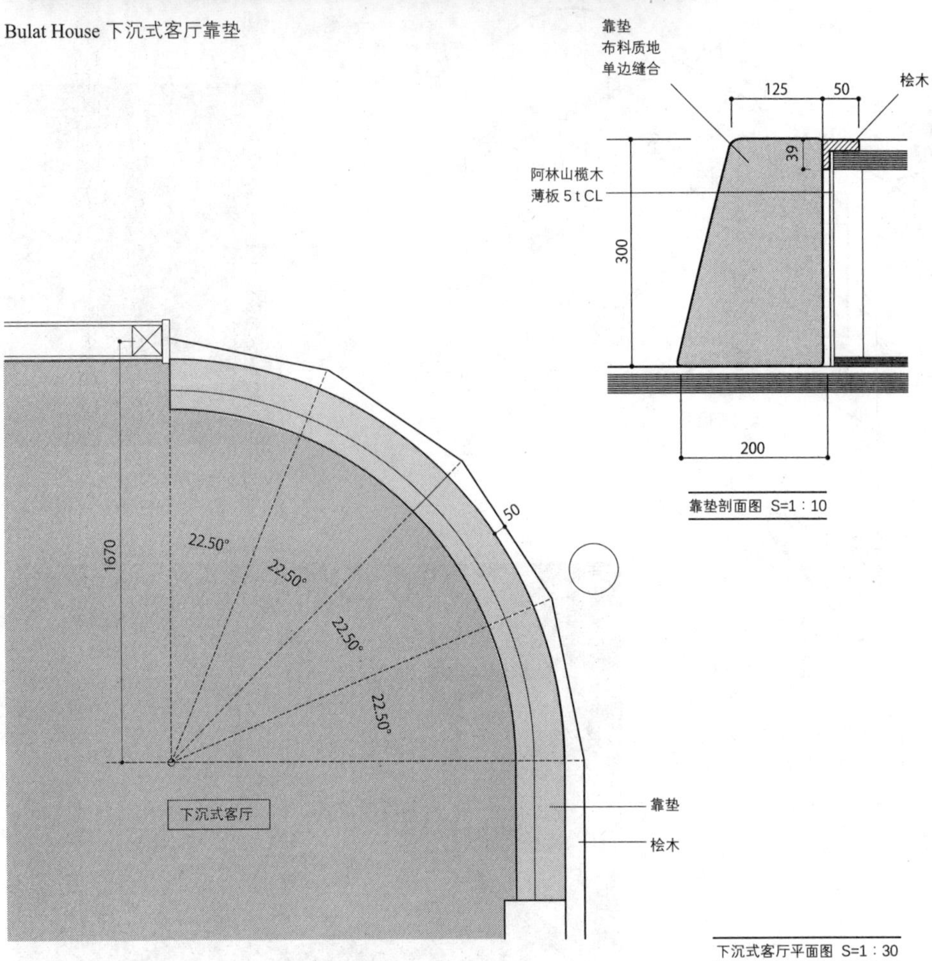

靠垫剖面图 S=1：10

下沉式客厅平面图 S=1：30

09 近 2.5 m² 的午休室

业主希望将起居室的一个小角落做成榻榻米地台，可以让人在上面小睡或看电视，同时又想有一个能够写写文章、做做缝纫的角落，因此我们考虑把二者结合在一起。

我们给出的方案是将客厅和餐厅连成约 14.6 m² 大的整体空间，再用墙壁做隔断，围出近 2.5 m² 的午休室（和室）。这样一来，从客厅中透过出入口和小窗就可以一瞥房间和外面的风景，而开放的榻榻米地台也会显得进深更大。

想来，出于这样的用途，即便天花板低一些应该也是行得通的吧？那么将入口做成像需要躬身进入的茶室躙口那样又如何呢？再把书桌做成下沉式吧……这么思考着，就有了这个紧凑而丰富的空间。

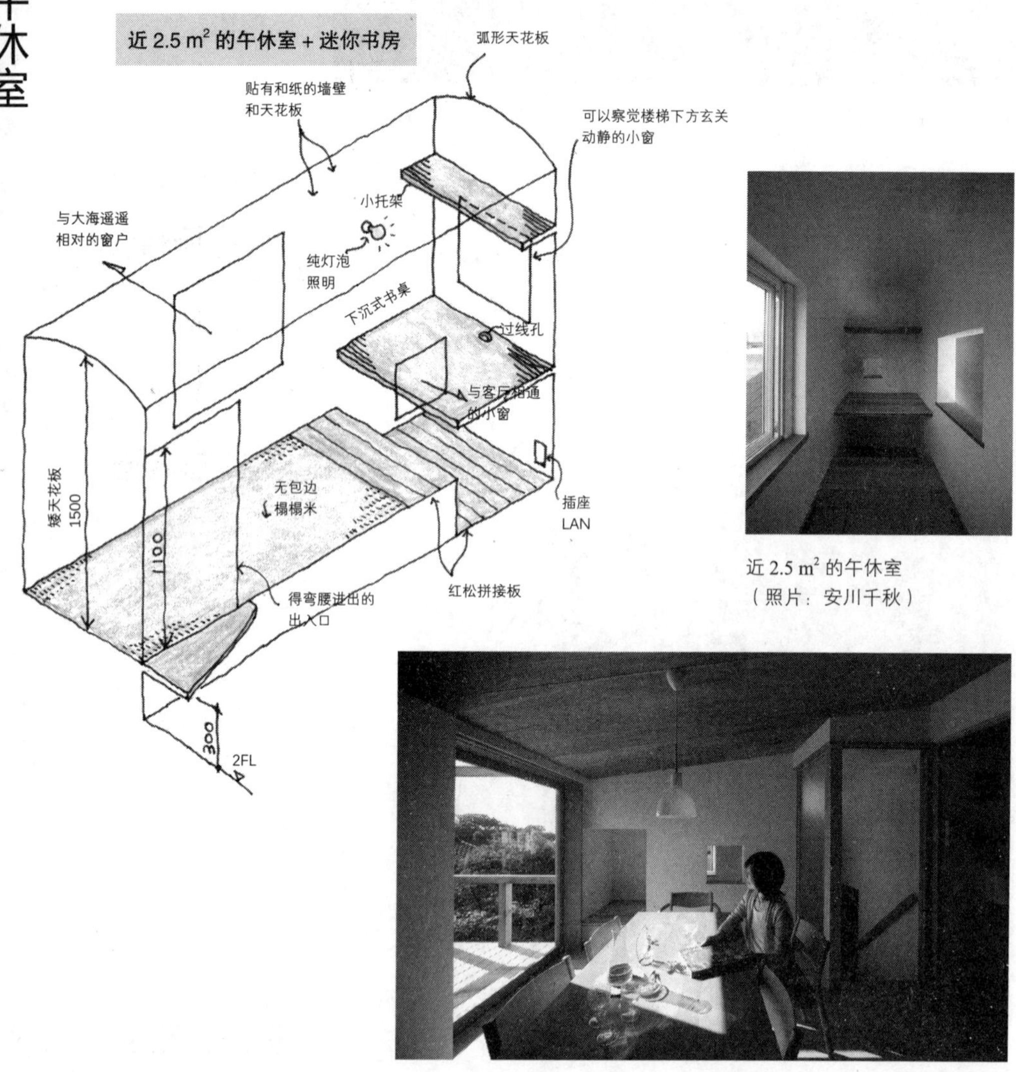

近 2.5 m² 的午休室（照片：安川千秋）

西镰仓之家。在客厅可以看到内侧午休室的小小入口（照片：安川千秋）

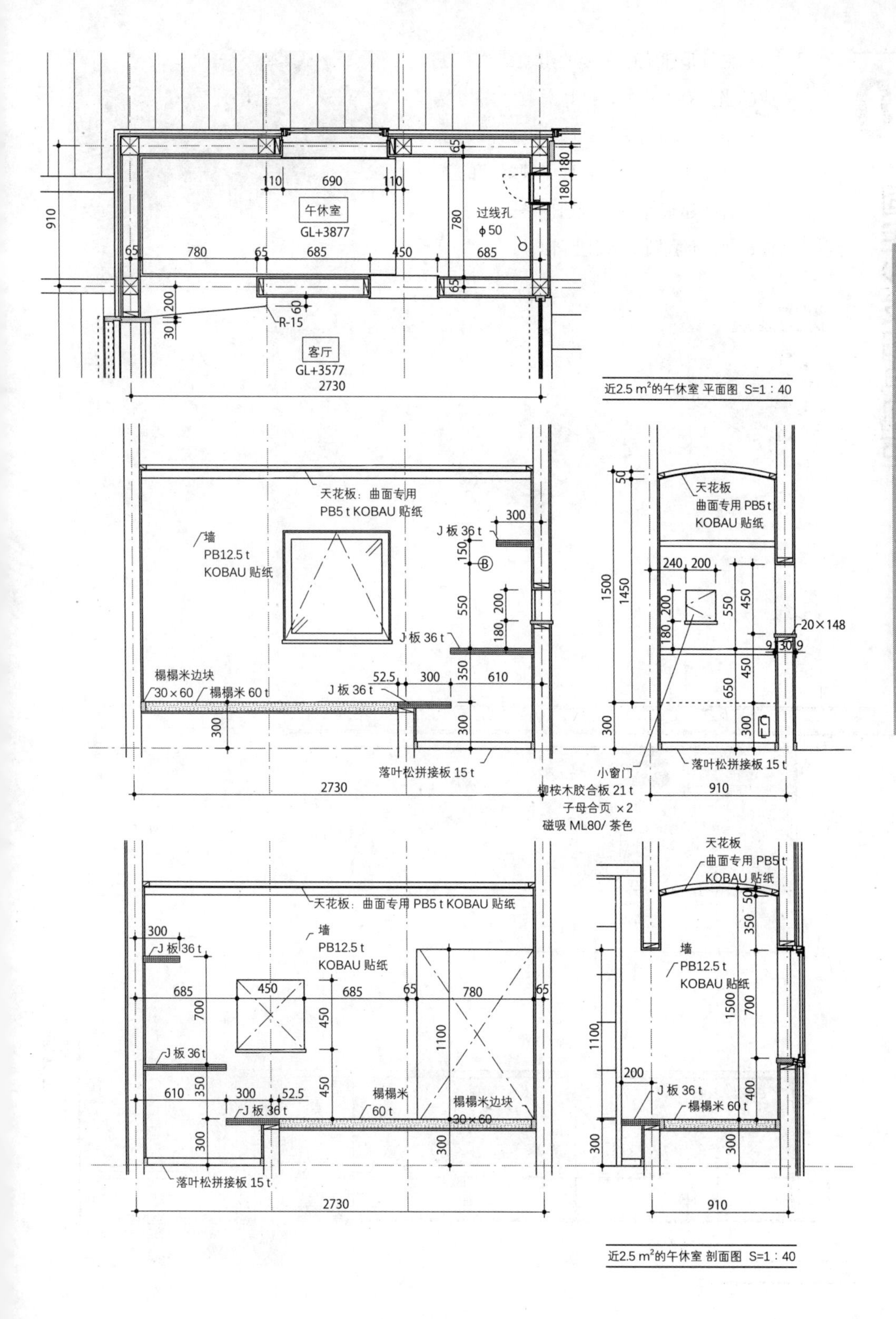

近2.5 m²的午休室 平面图 S=1：40

近2.5 m²的午休室 剖面图 S=1：40

10 固定沙发和电视柜

家具是建筑中重要的组成部分。现成品当然有不错的，但也总有业主想要一些量身定制的家具，因此有时候为住宅选择相匹配的家具也成了建筑师的工作。有些建筑师会把这项任务交给家具设计师，而我则是亲自上阵。

固定沙发

沙发利用了胶合板的木箱和聚氨酯泡沫填充的软垫，形式简单却相当便宜。若真将木箱固定住，可能在未来搬动时会有不便，因此我们将它做成了可移动的活动家具。下方的抽屉可以收纳杂乱的物件，堪称空间里的一大秘器。

软垫制作
Magic Tape 黏合

90
360
1100
190
靠垫 ×2 块

100
720
1100
坐垫 ×2 块

【固定沙发】家具制作
薄板：橡木 30 t 聚氨酯半抛光
制作：椴木胶合板 24 t OP
抽屉：前板 椴木胶合板 21 t OP
底板 聚酯树脂板（白色）
Accuride 导轨
软垫：聚氨酯硬泡内芯，包布

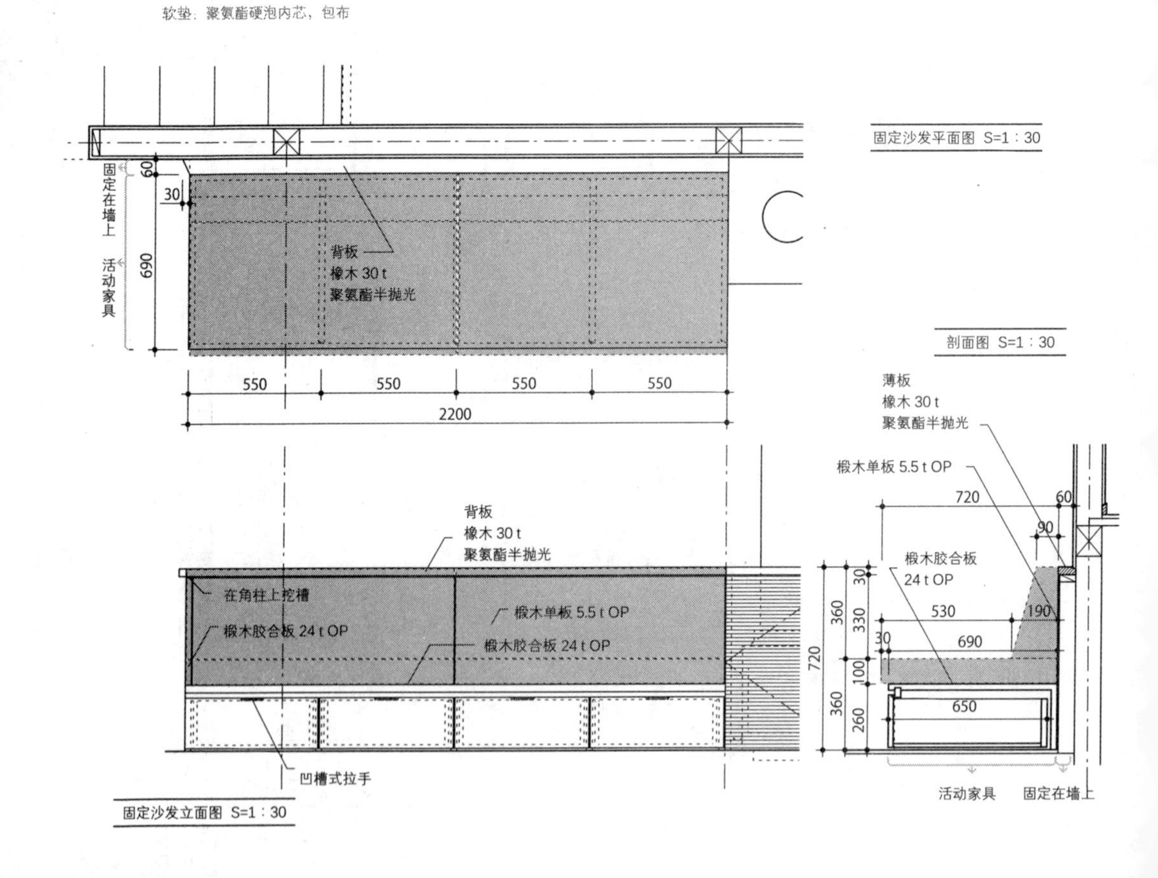

电视柜

电视柜很少有适配的现成品，通常都会尽可能使用定制品。下方的柜门是带有小孔的格子纱门，而且为了配合住宅设计风格采用了吊轨推拉的开合方式，可以完全独立于上方悬挑的台板。

【电视柜】活动家具 家具制作
台板：橡木集成材 30 t 聚氨酯半抛光 过线孔
侧板与底板：椴木胶合板 24 t OP
可移动架：椴木胶合板 24 t OP 暗榫 @50
挡板：冲孔椴木单板 5.5 t
双开格子吊轨纱门：柳桉木 24 t Watco 涂漆 玻璃纤维平织纱
吊轨：AFD-130 滑轮：CD-1202 门挡

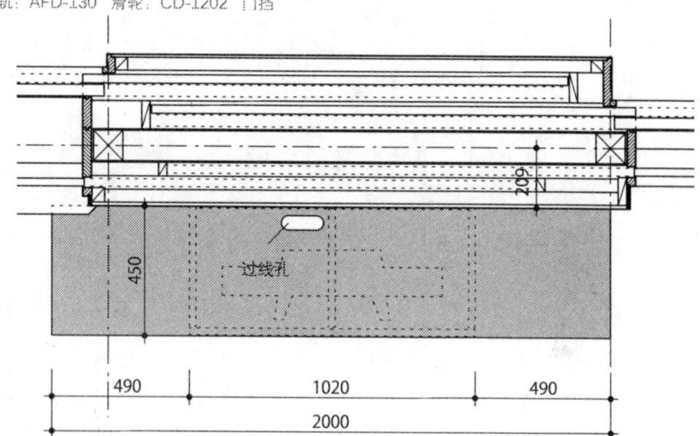

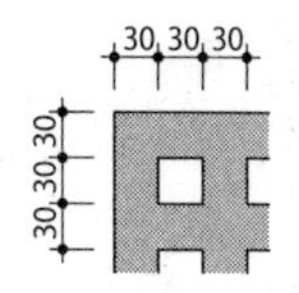

电视柜平面图 S=1：30

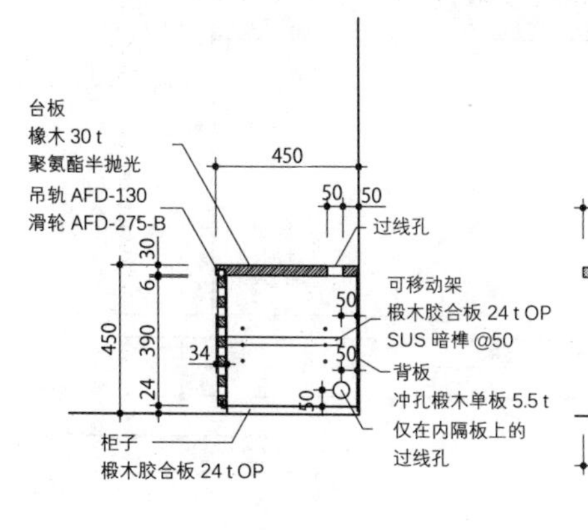

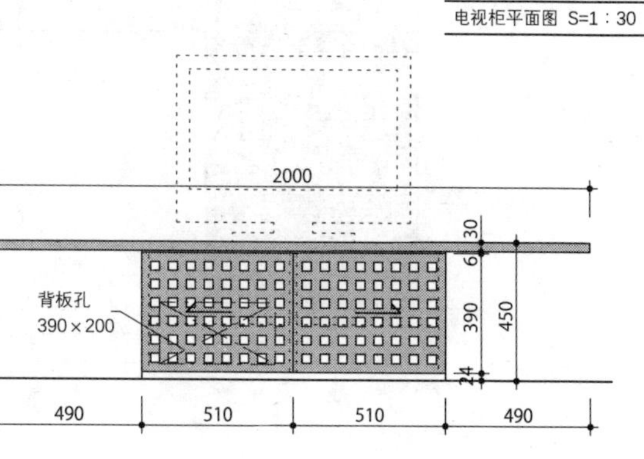

电视柜立面图 S=1：30

11 餐厅一侧的电脑角

从很久以前开始，电脑和网络就已经成为普通住宅中不可缺少的一部分。如果需要专设一个电脑角，我们更倾向于将它设在厨房或起居室的角落。

因为我的住宅设计中常会利用太阳能空气集热系统，所以刚好可以将安装送风管和吹风口的地方做成电脑角。这样一来，这个很可能成为每天待得最久的地方就有了暖风流动，冬天可以真切地感受到太阳的温暖。

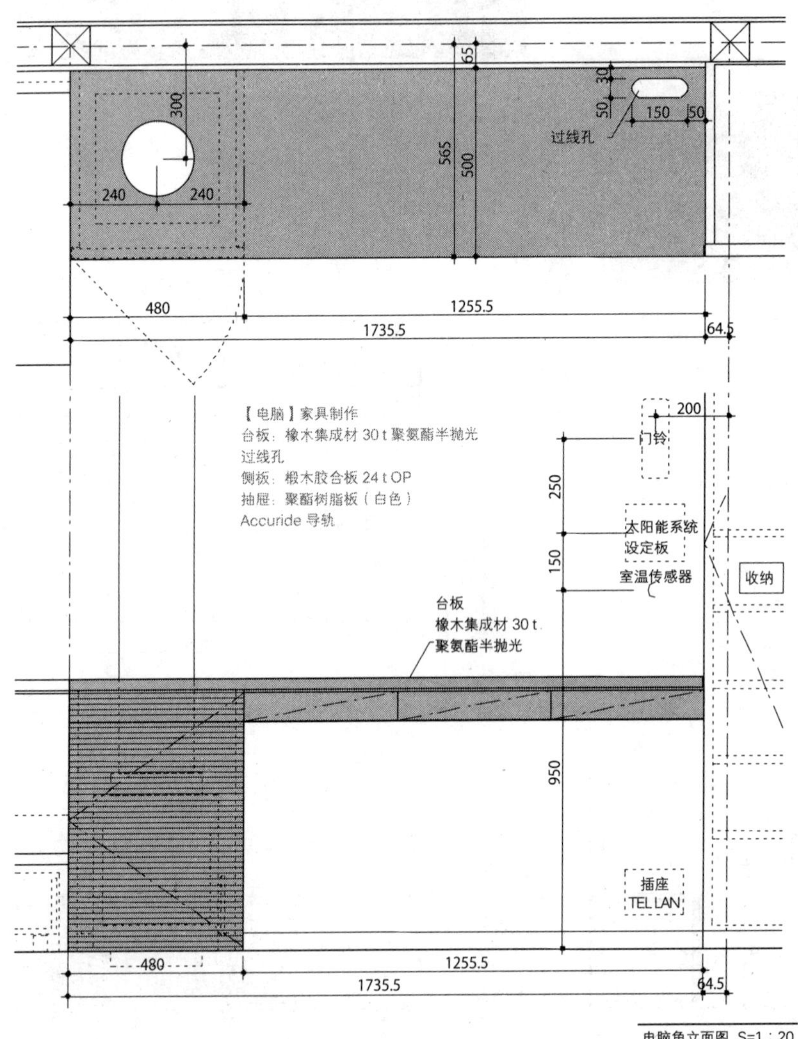

电脑角立面图 S=1：20

从餐厅看电脑角

太阳能空气集热系统，基本上就是通过风扇将屋顶的暖气送到1楼地板下方，把热量储存在地基混凝土中。如果客厅在2楼，就在送风管中间开一个可调节的出风口，直接将暖气送入2楼。出风口可以与电脑桌组合在一起。

台板
橡木集成材 30 t
聚氨酯半抛光

椴木单板 5.5 t

PB 12.5 t AEP

侧板
椴木胶合板
24 t OP

空气阻尼器
操作专用孔

500　65　30　6　720　675　9
500　65　50　30　75　6　400　720　609　200　90　200　30

电脑角剖面图 S=1：20

12 可移动的榻榻米边台

日比津之家 2 的可移动式榻榻米边台

没有放置桌椅或沙发、常常席地而坐的房间虽然令人感觉更加宽敞，但偶尔也会想要坐在高一些的椅子上。于是我们想到了可移动的榻榻米边台。它既便于躺着看电视，也是客人来访时的留宿地，到了五月还能用来装饰人偶。移到窗边，就成了类似缘侧的休息空间。制作方式很简单，在胶合板木箱上覆盖一块 1.6 m^2 大小的榻榻米箱盖即可，因此还能兼作收纳箱。箱盖边缘呈倾斜的弧面，这样坐在地板上的时候也能靠在边台旁。

【榻榻米】活动家具 木工制作
主要板材：椴木胶合板 30 t OP
箱板：椴木胶合板 21 t
榻榻米边块：杉木 45×120 Watco 涂漆
榻榻米：无包边榻榻米 60 t

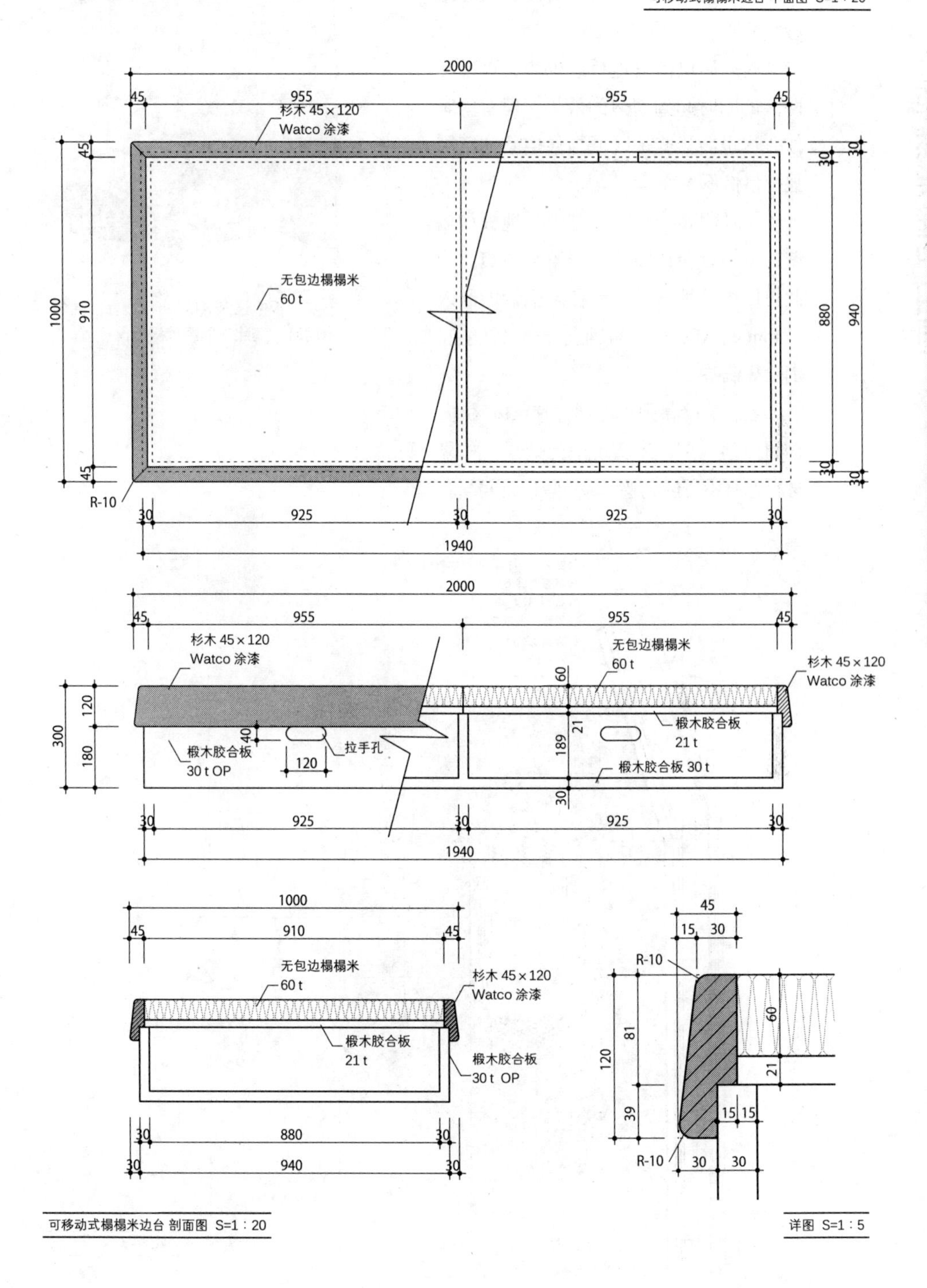

13 打理燃柴壁炉四周

为了感受到生活的温暖，住宅中常会设置燃柴壁炉或颗粒壁炉。如果采用的是燃柴壁炉，那么就很有必要做好地板和墙壁的防火隔热措施。

利用砖块铺设地板或砌墙，可以在防火的同时起到蓄热的效果。但有些时候，这也会让壁炉区域与住宅整体氛围显得格格不入。

此时假如花些工夫打理下地板和墙壁，或许就会让四周变得整洁清爽。为此可以先从地板开始：在木龙骨内嵌入37 mm的ALC板，再铺上瓷砖，就能够消除高低差。

至于墙壁，则可以通过在ALC板内侧留出通风层，来实现隔热效果。如果材料本身不可燃，那么薄一些也没问题。

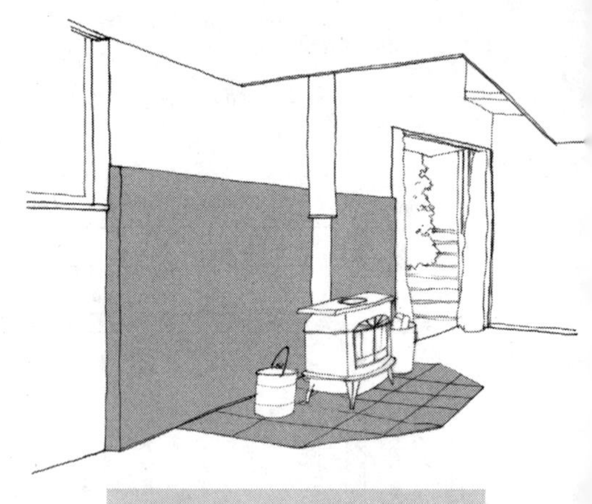

在地板中嵌入ALC板可以在隔热的同时，消除与周围地板的高度差。

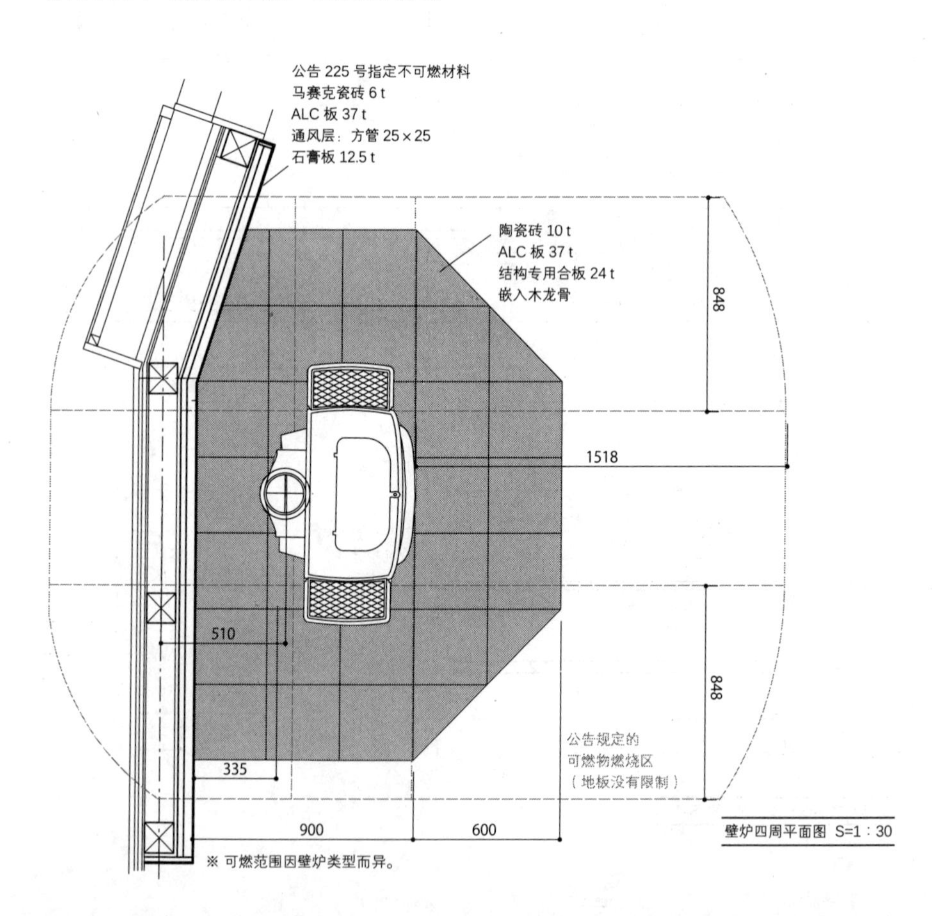

壁炉四周平面图 S=1：30

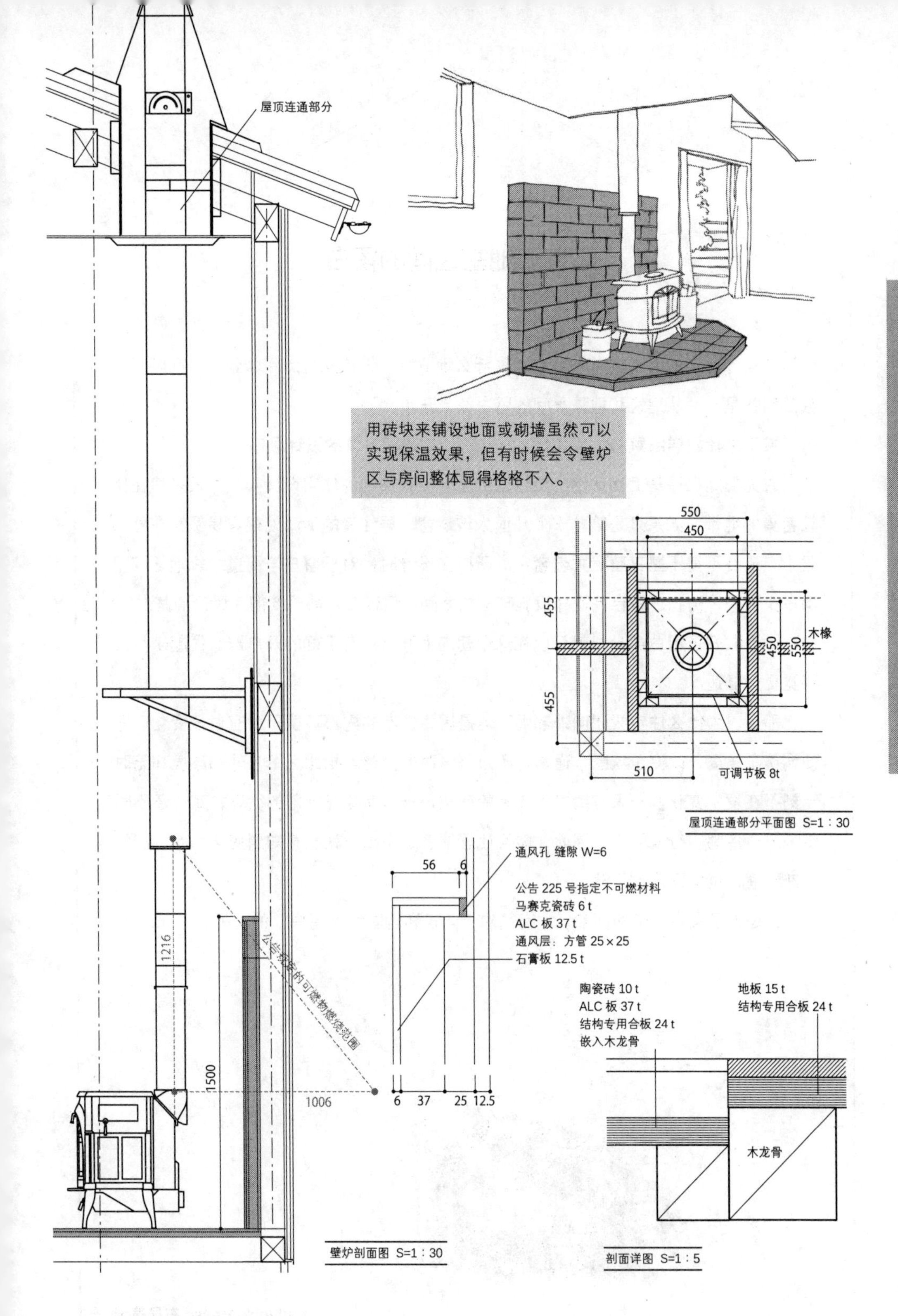
屋顶连通部分
用砖块来铺设地面或砌墙虽然可以实现保温效果，但有时候会令壁炉区与房间整体显得格格不入。
550
450
455
455
450
550
木椽
510
可调节板 8t
屋顶连通部分平面图 S=1：30
通风孔 缝隙 W=6
56
6
公告 225 号指定不可燃材料
马赛克瓷砖 6 t
ALC 板 37 t
通风层：方管 25×25
石膏板 12.5 t
6
37
25
12.5
1216
1500
1006
公告规定的可燃物燃烧范围
陶瓷砖 10 t
ALC 板 37 t
结构专用合板 24 t
嵌入木龙骨
地板 15 t
结构专用合板 24 t
木龙骨
壁炉剖面图 S=1：30
剖面详图 S=1：5

专栏

建筑和地基之间的留白

“设计住宅的时候，首先考虑的是什么地方？”设计同行之间聊到这个问题时，我的回答是：“从建筑和地基之间的留白部分开始。”

接下来让我详细解释一下为何这样作答，并说明具体的设计顺序。

首先要站在地基上确认住宅最合适的朝向。我接到的住宅设计委托，大多建在比较密集的地带，如果只是简单安上几面大玻璃窗，居住者的活动就很容易暴露在外人眼中，最终不得不整日整夜关着窗帘。所以在设计时，对于窗户与街道、邻地之间留出多少空间，植物、露台等室外设施与室内之间如何连接，都需要彻底讨论清楚。

一旦做好了留白部分，就可以在这个朝向上开口；有了好的开口部，住起来也会感觉更加舒适。

那么，为什么住宅要朝向外部呢？这是因为住宅的内部环境不会有过多变化。即便调整了布局，改变了氛围，通常也不过是一时的变化。相比之下，外部环境却无时无刻不在发生变化。一天有清晨到夜晚的变化，一年有花开叶落的循环，耳边还不时传来风声鸟鸣、行人细语。因此，能否让居住者足不出户就能感知到变化如此丰富的外部环境，也是设计的关键。

正是为了实现这样的住宅，才有了对“建筑和地基之间留白”的重视。

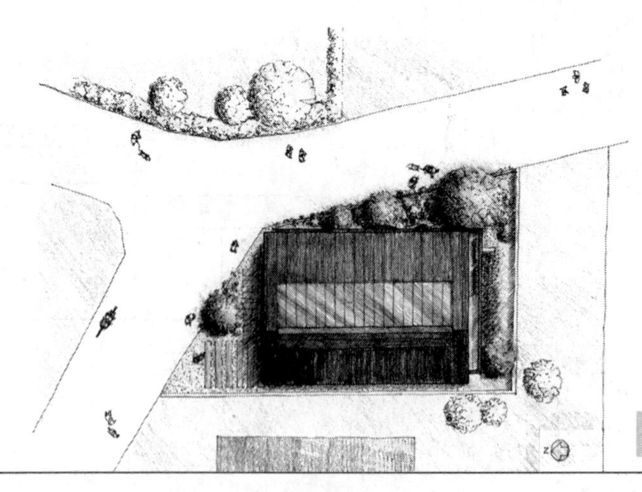

Kadunoki House 布局草图

第 4 章

有序的用水空间

浴室是消除一日疲惫的重要场所，
洗脸室是呵护肌肤的地方，
因此设计中应保证用水空间的洁净。
这些场所较为潮湿，空气流通同样值得留心。
此外，还要设计好家务动线以便进行晾洗衣物等活动。
清洗剂、清洁布等工具也应放在便于拿取的位置。

01

3.3 m² 的洗脸更衣室

我接到的不少项目需要在总楼面面积 99 m² 左右的住宅中，安置一个 3.3 m² 大小的洗脸更衣室。

如果想在如此狭窄的空间中，放下洗脸台、洗衣机，以及浴巾、换洗衣物、梳妆用品、打扫工具等必备物品，可以说是非常困难的。

以下展示了几张有代表性的平面设计图。由于走廊和浴室位置关系的不同，有时甚至无法保证收纳空间，此时可以考虑将收纳柜嵌入墙壁之中。

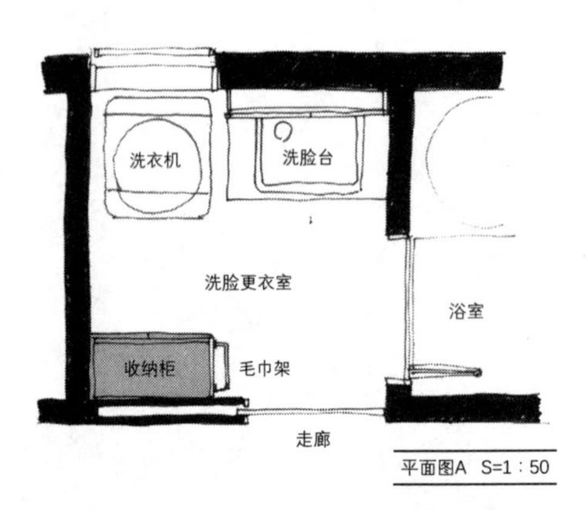

平面图A S=1：50

这个布局中，洗衣机和洗脸台正对着洗脸更衣室的入口，这样可以保证在洗衣机背面留出内陷的收纳空间。

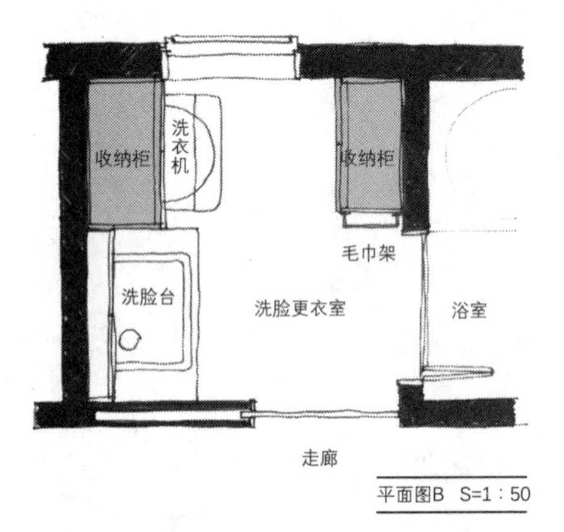

平面图B S=1：50

这是个将洗衣机和洗脸台设在进门左手边的布局方式。窗户开在入口正对的墙壁上，因此保证了洗衣机上方的收纳空间。与平面图A相比，虽然开关窗户变得轻而易举，但也有必要注意窗户的尺寸，以免一举一动都映在上面。

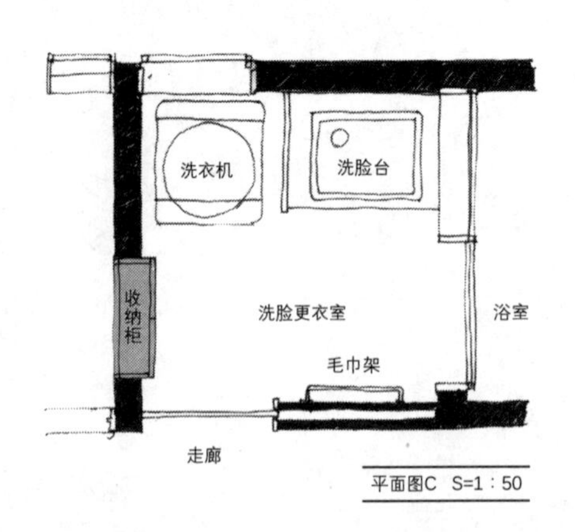

平面图C S=1：50

如果要将挂浴巾的毛巾架设在浴室伸手可及的范围内，入口就得远离浴室。此时还想保证收纳空间的话，利用一部分墙壁是行之有效的方法。

嵌入墙壁的收纳柜

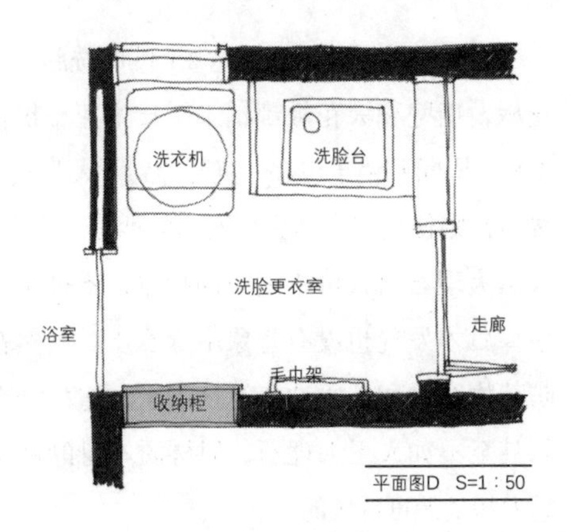

当入口、洗脸更衣室和浴室成一直线时，收纳空间就很难得到保证（容易阻碍通路）。此时，若将收纳柜内嵌在墙壁中，就不会占用太多活动空间。

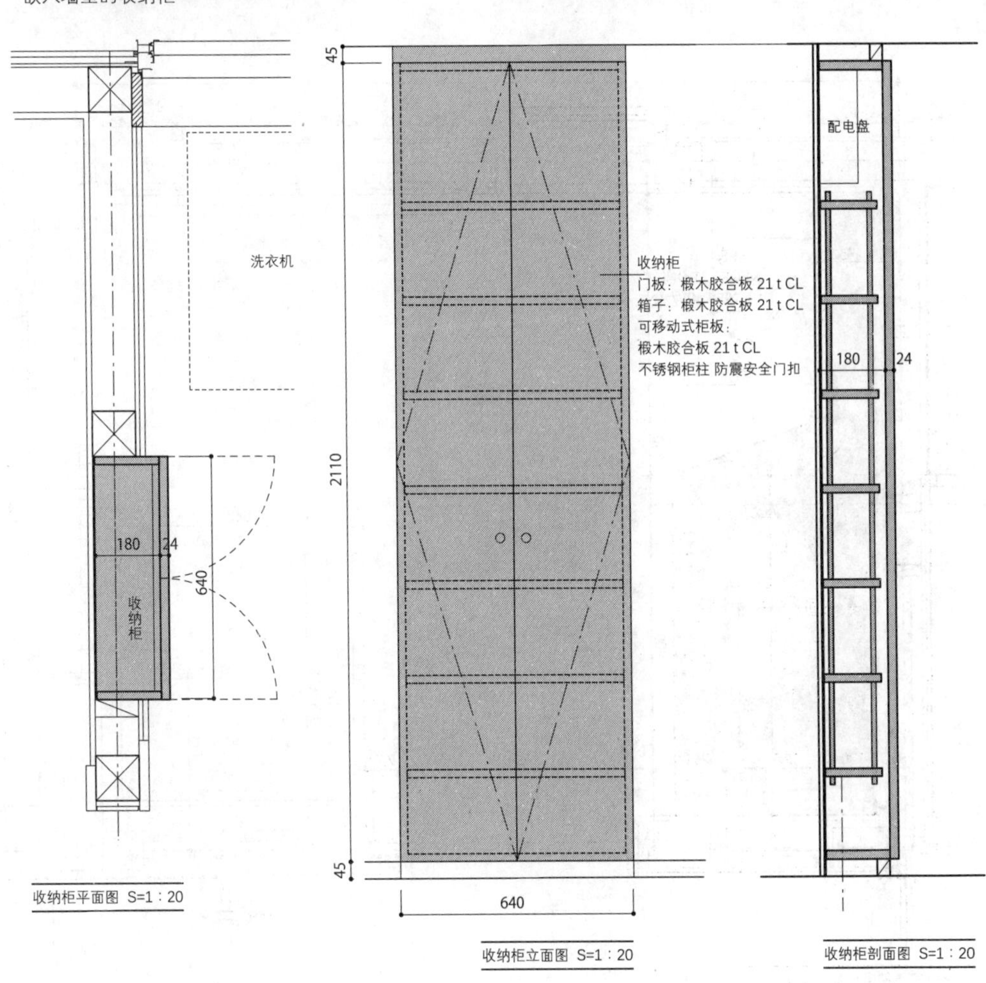

收纳柜平面图 S=1：20

收纳柜立面图 S=1：20

收纳柜剖面图 S=1：20

02 天然大理石洗脸台

为了在视觉上拉低高达 2.1 m 的洗脸室天花板，墙壁和天花板都铺上了日本花柏拼接木板，隔断和镜子也都一直延伸到了天花板。洗脸台则使用了天然大理石中的西班牙米黄。天然大理石给人价格高昂的印象，不过实际估算后才发现也没有想象中那么贵。虽然在防药物腐蚀和外力冲击等性能上，这种大理石甚至不如人工大理石，但材质本身的独特魅力却是无可替代的。

茨木之家的洗脸室

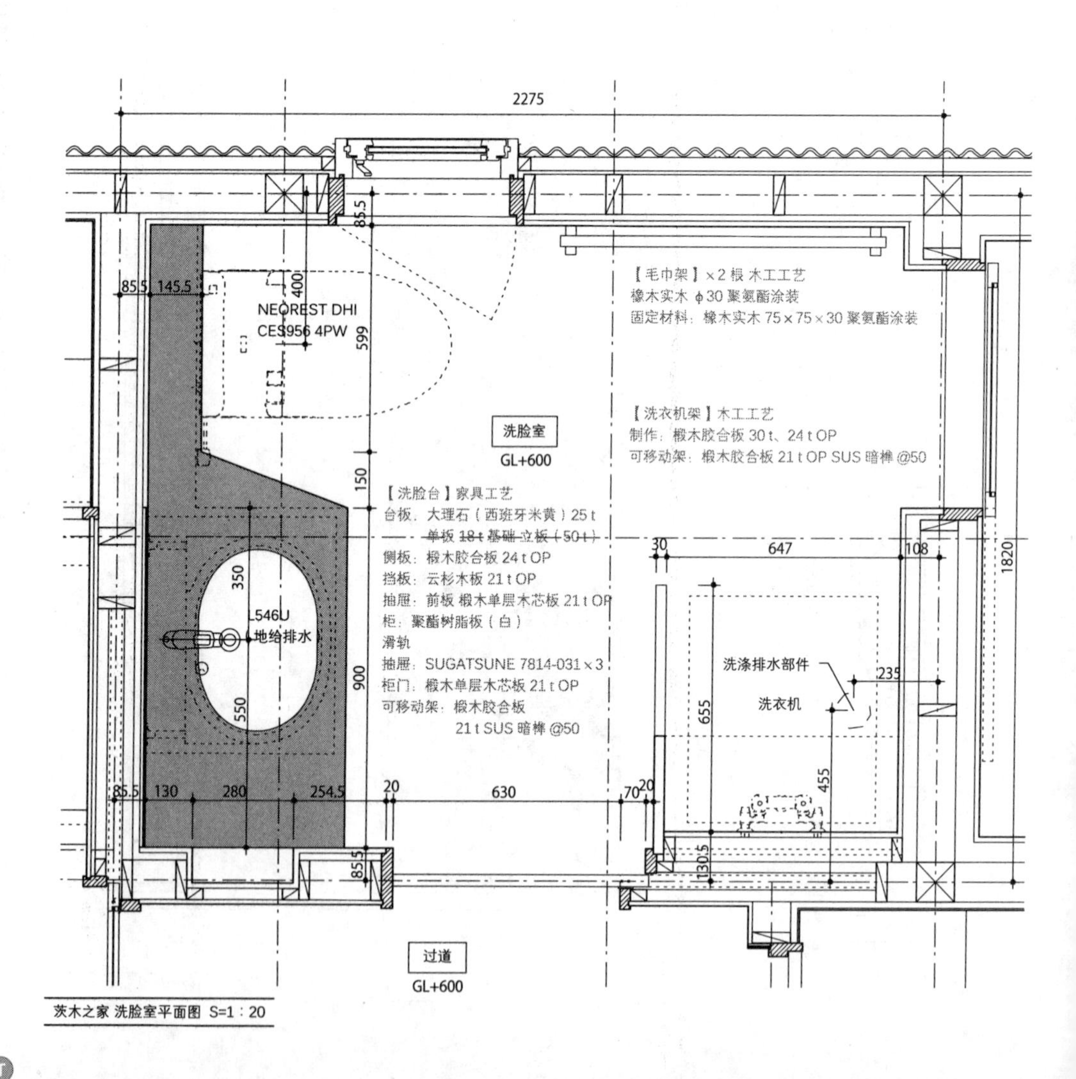

茨木之家 洗脸室平面图 S=1：20

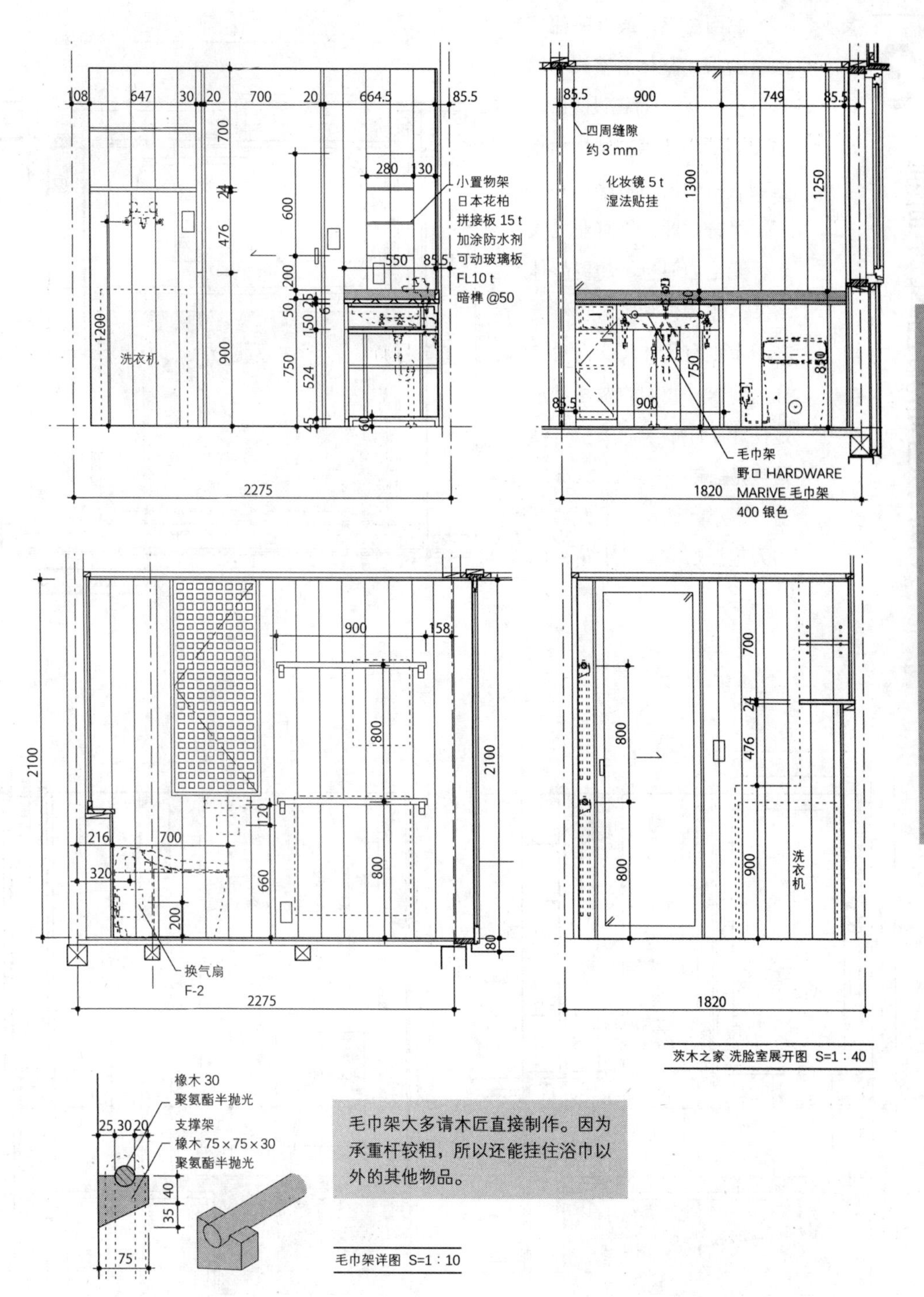

茨木之家 洗脸室展开图 S=1：40

毛巾架大多请木匠直接制作。因为承重杆较粗，所以还能挂住浴巾以外的其他物品。

毛巾架详图 S=1：10

03

铺有木材和瓷砖的浴室

说到浴室，最近的住宅通常会采用整体浴室或半整体浴室，那种自行铺设瓷砖、安装浴缸、采用木结构承重框架工法的浴室似乎不多见了。尽管如此，仍有业主表示，无论如何也不想要整体浴室，预算再紧张，也不会在浴室上有所让步。面对这样的要求，我们的做法常常是在地面和下半面墙壁上贴马赛克瓷砖——边长 2 cm 的正方形小瓷砖，上半面墙壁和天花板则铺上日本花柏拼

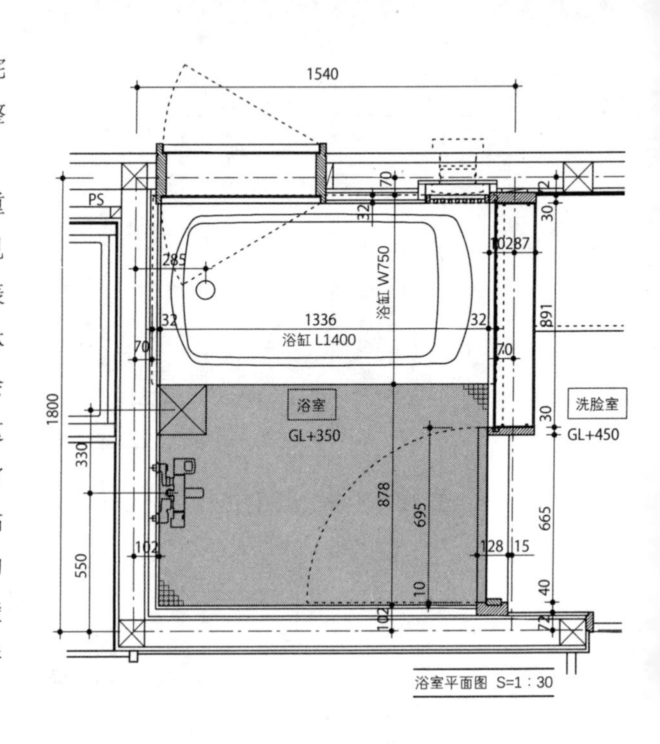

浴室平面图 S=1：30

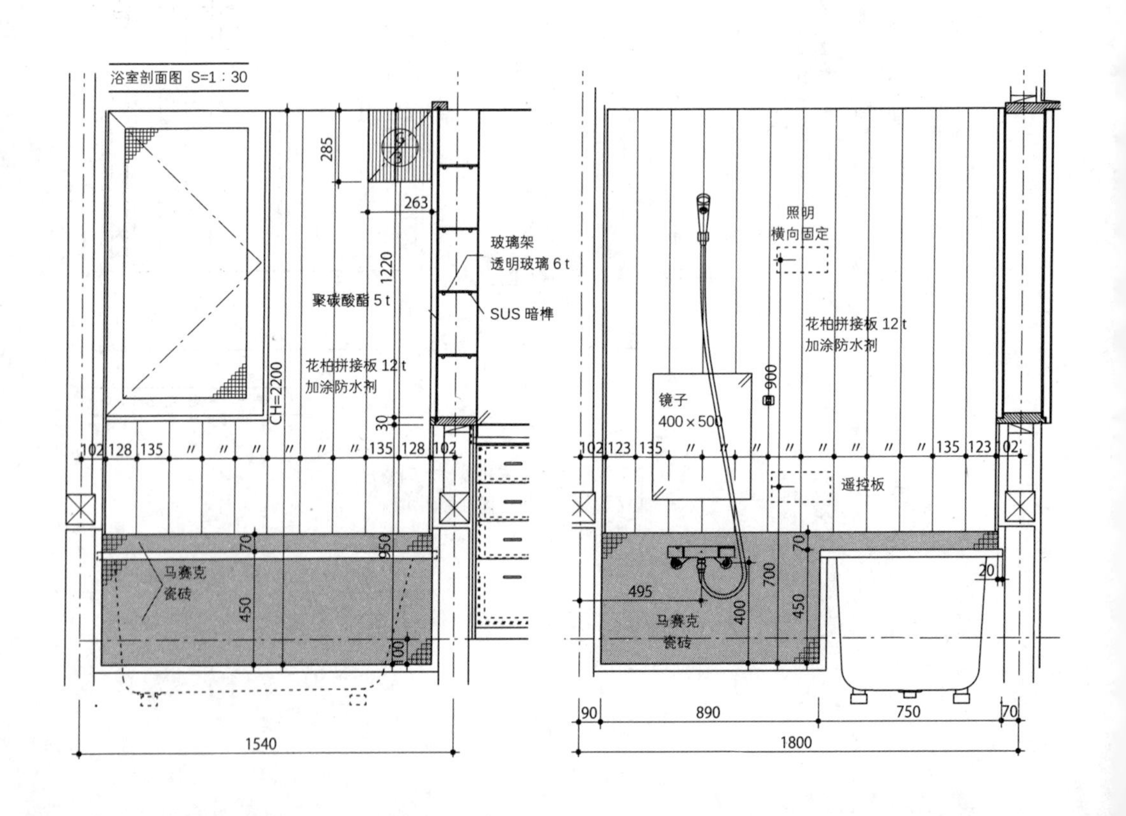

浴室剖面图 S=1：30

铺有木材和瓷砖的浴室

花柏木换气扇百叶

花柏木换气扇百叶

考虑到普通的换气扇百叶会在板墙中显得过于突兀，于是使用了与墙壁材质相同的花柏木来制作百叶，巧妙地隐藏起了这一百叶窗格。虽然格栅采用横向布局会更加美观，但这样也更容易挂水滴，最终选择了纵向的布局方式。

接板，用 1400 mm 长的人工大理石板做浴缸。需要注意，花柏是一种吸水性很强的树种；不过平时做好换气的话，维护起来也不会过于麻烦。此外，为了尽量避免地基等木结构受到腐蚀，贴瓷砖的半面墙壁应使用混凝土浇筑立面。

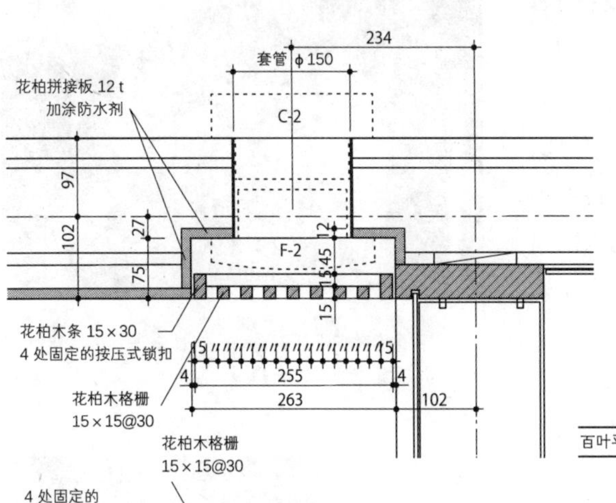

百叶平面图 S=1：10

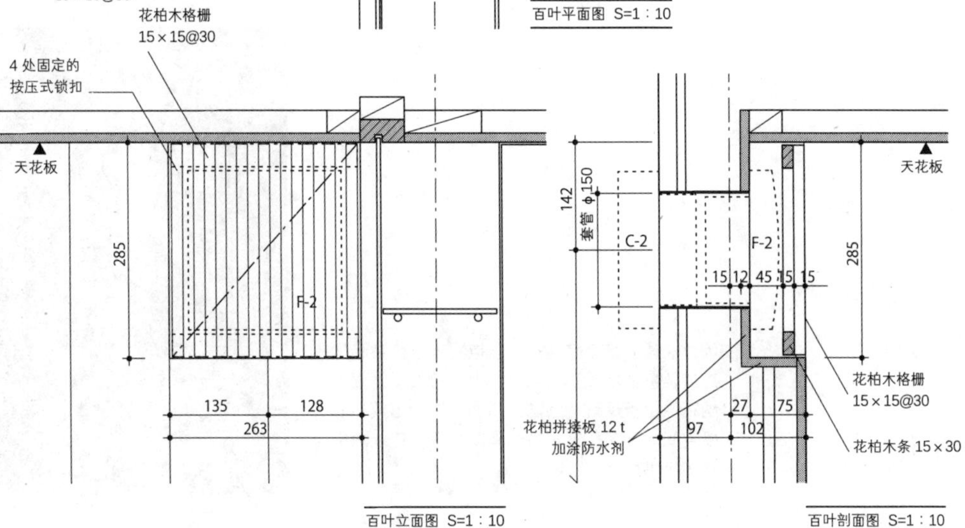

百叶立面图 S=1：10

百叶剖面图 S=1：10

04 优先考虑家务动线的2楼浴室平面设计

设计“1楼客厅、2楼卧室”的住宅时，浴室的位置总让人头疼不已。安排在1楼的好处是，以后一旦腿脚不便，只需要将生活重心完全转移到1楼就能解决行动难题。只不过，这样一来就有必要抱着换洗衣物上下楼，而且在地基面积较小的情况下，客厅和餐厅的空间也可能因此受限。如果把浴室设在2楼，就能免去上下楼的烦琐，在同一层完成“洗澡—洗衣—晾晒—整理收纳”等一系列事情。在这个住宅案例中，我们就将浴室设在了2楼，同时在1楼隔出了一个储藏室，未来可以将其改建为浴室。

浴室入口一侧是洗衣机，可以立刻将衣物拿去阳台晾晒，待衣物晒干后直接折叠放入一旁的衣帽间（全家共用）——实在是相当流畅的家务动线。

浴室设在了日照较充足的南侧，第一时间打消了部件因潮湿而生锈的顾虑。窗户开得比较低，外部视线可以被阳台扶手的横格栅挡住，因此夏天即便开着窗洗澡也没有问题。

屋檐宽度应保证阳台有足够的进深，以防止雨水打湿晾晒着的衣物。

因为衣帽间是全家共用，所以在连接卧室和走廊的位置上都设了出入口。上方放置便携式收纳箱的柜板尽可能地贴近顶部，以留出更多衣橱空间。如果在窗边设个隔断的话，还能隔出一间小书房。

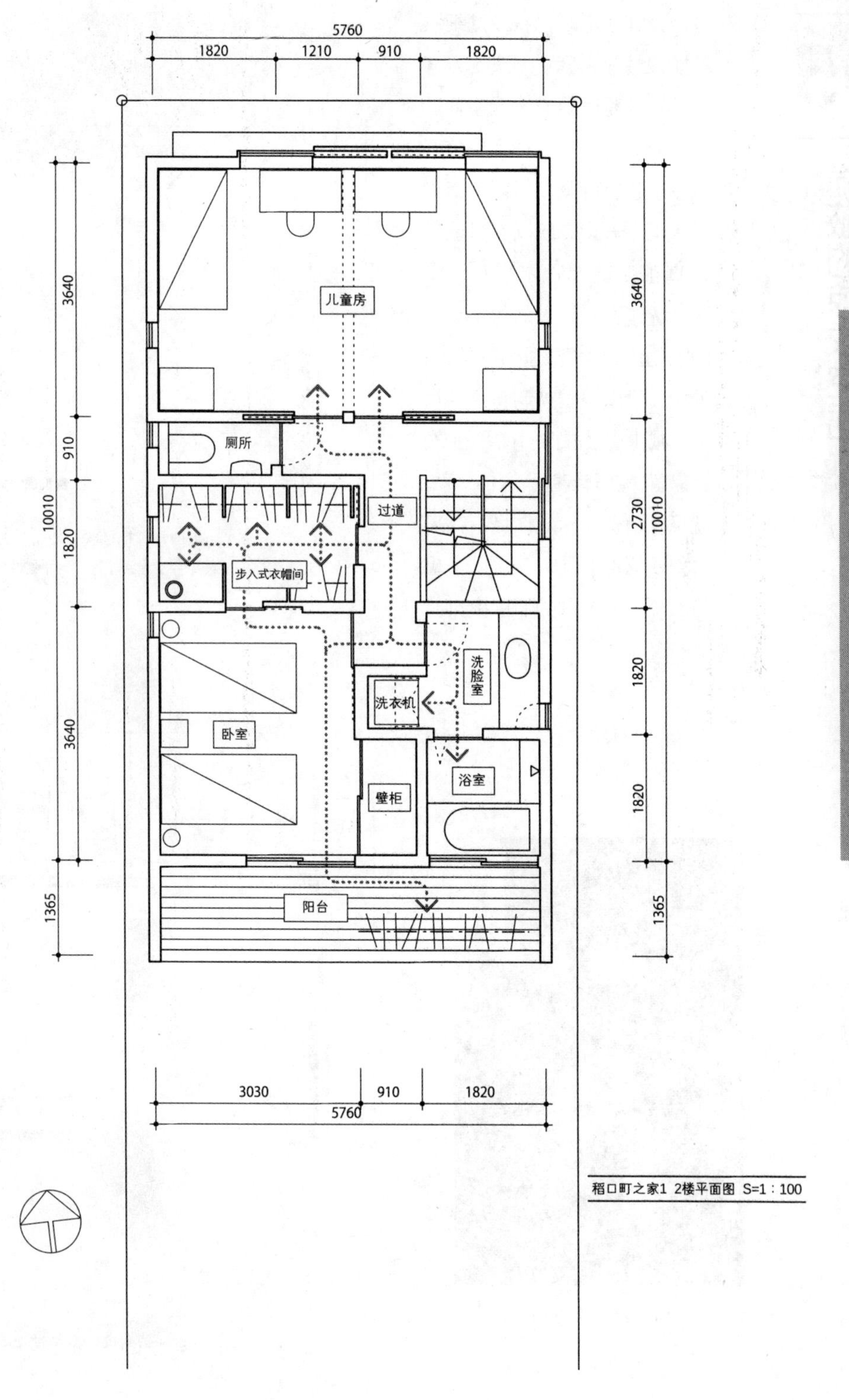

稻口町之家1 2楼平面图 S=1：100

05

隐蔽的晾衣空间

设计住宅时，不经过细致的阶段性讨论就草率决定方案的，往往是晾晒衣物的空间。虽然衣物最好是放在光照较好的南侧进行晾晒，但因为南侧常大面积开窗，所以有可能导致真正住进去后才尴尬地发现，透过窗户望见的尽是自家的衣物。为了避免此类事情的发生，可以稍稍控制窗户的尺寸，减少窗景占据的视野范围，并保留一部分墙壁。这样一来，就可以隐藏起晾衣区域。如果希望四周都有开口，可以考虑将部分落地窗改为墙壁中央开口的窗户。

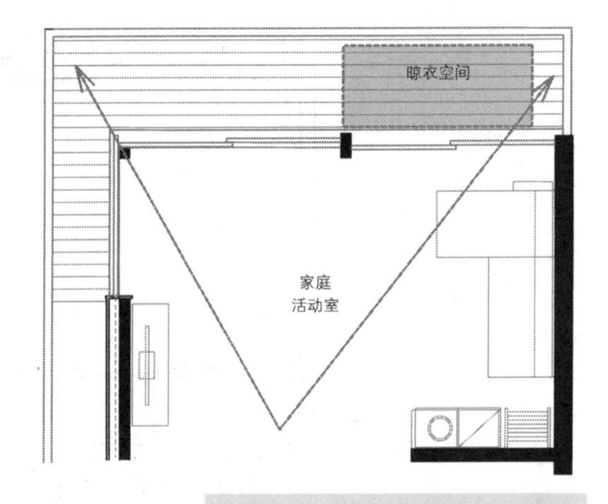

如果使用整面的玻璃立面，晾晒的衣物就会完全暴露在房间视野内。

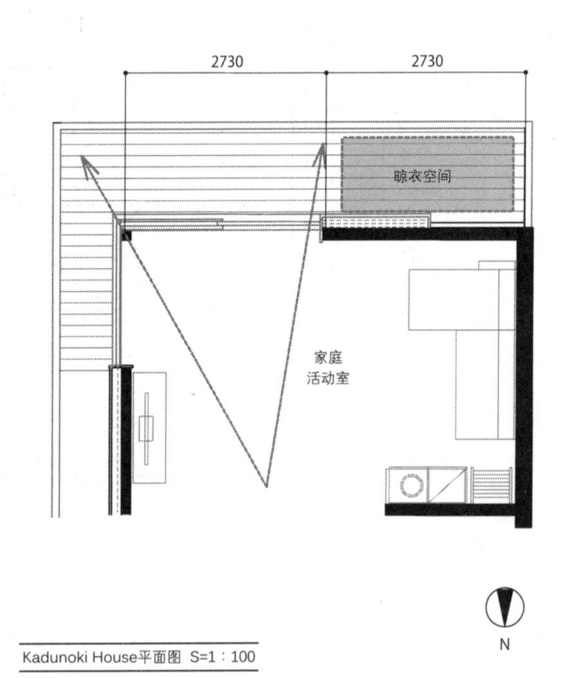

Kadunoki House平面图 S=1：100

在开口部适当保留部分墙壁，就可以形成一处室内不易察觉的晾衣空间。

Kadunoki House 的晾衣空间

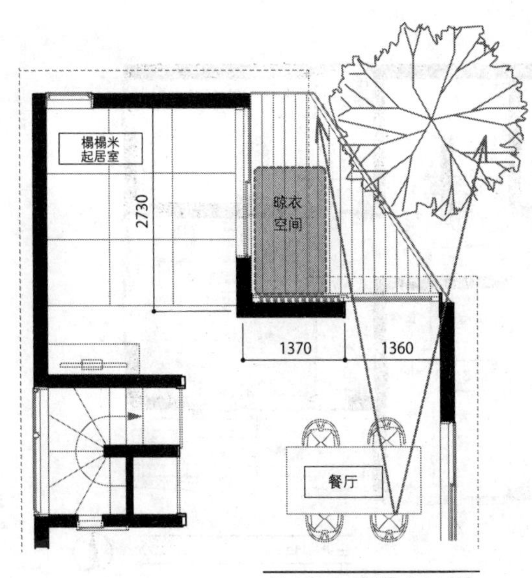

Nest House平面图 S=1：100

如果换洗衣物可以晒在墙壁的背后，那么透过窗户就能看到露台后的标志树了（Nest House 照片：牛尾幹太）

餐厅一侧的墙面保留一半、打开一半，使得透过窗户看到的不是晾晒的衣物，而是标志树和窗外的景色。

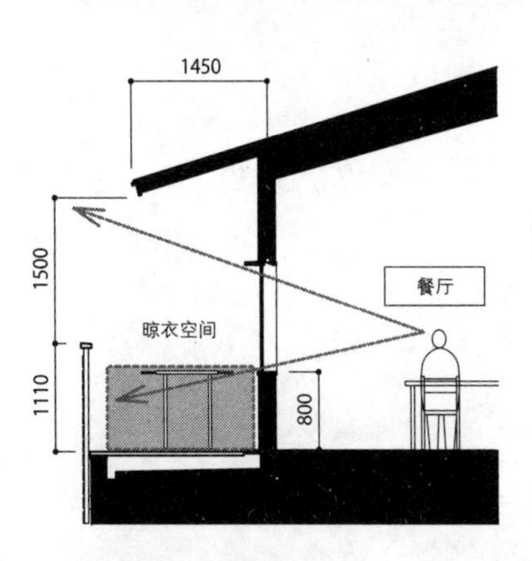

Kaede House剖面图 S=1：100

在需要确保大尺寸开口面向阳台的时候，保留下半部分墙壁是较好的做法。将衣物放在低矮空间中晾晒，此时再从室内向外远望，虽然不至于完全看不到衣物，但也会大大降低它们的存在感。

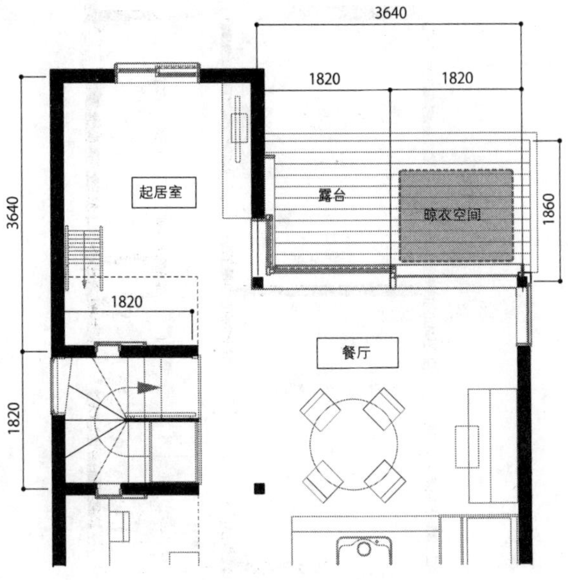

Kaede House平面图 S=1：100

06

宝贵的室内晾衣空间

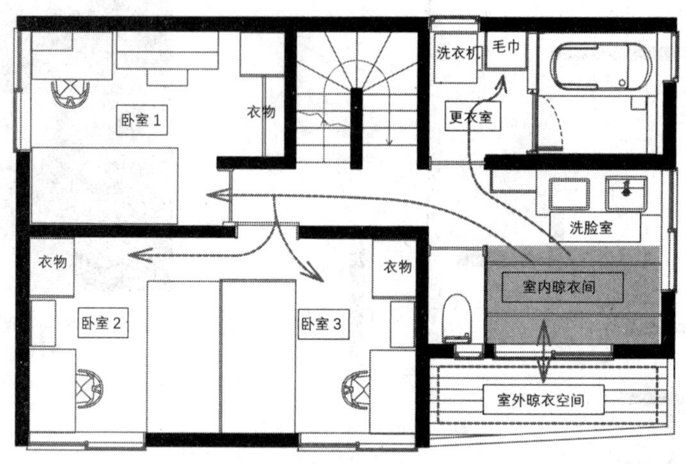

空中月House平面图 S=1：100

更衣室和洗脸室分离后，室内晾衣间就可以放在宽敞的洗脸室中。而室外晾晒台又与之相邻，因此即使需要将晾晒衣物移进移出，也不会太费力气。

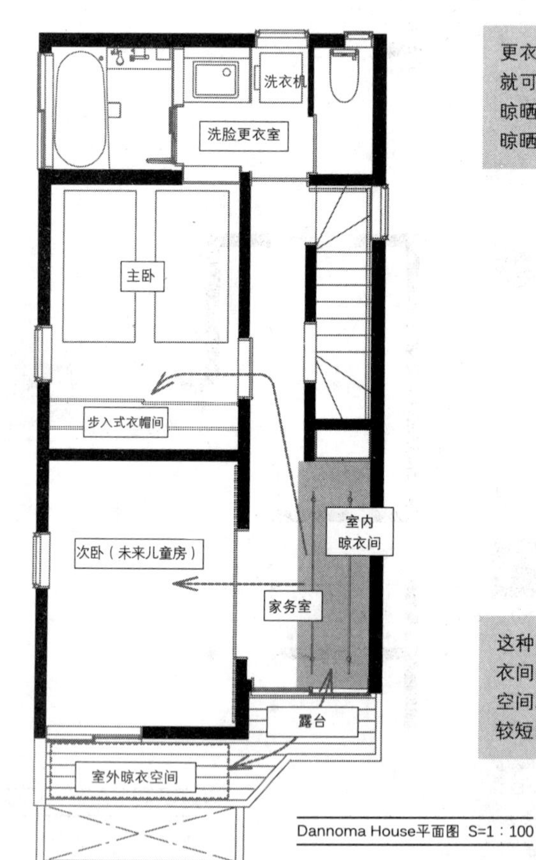

Dannoma House平面图 S=1：100

这种方案将家务室设在了靠近室外晾衣间的地方，确保了充足的室内晾衣空间。家务室距离主卧和次卧都很近，较短的动线也有利于做家务。

对于长时间无人在家的双职工家庭或有家人花粉过敏的家庭来说，总会希望家中能有一个室内晾衣空间。户型较大的话，一间家务室或专门的晾衣间就可以满足需求；但即便没有这样的专用空间，也可以设一间兼用于晾晒的榻榻米房间。此时，上部空间可以存放晾干的衣物，下面的榻榻米则能让人悠闲地坐着折叠衣物。

在 Hedgerow House 中，室外晾衣空间的一侧就设有一处多功能榻榻米房间。而在空中月 House 中，由于晾衣间紧邻着更衣室，在更衣室洗完的衣物可以立即拿去晾晒。

此外，在 Dannoma House 中，4.9 m² 大小的家务室也可以用于晾晒衣物。因为家务室离衣帽间和卧室都很近，所以干净衣物的整理收纳也能轻松快速地完成。

设计安排在室外晾衣台旁边的榻榻米房间，可以临时用作室内晾衣间，或者作为折叠衣物的空间，总之使用起来十分灵活。

Hedgerow House平面图 S=1：100

专栏

对被动式建筑的执着

大学时代，我（T）就被恩师志水正弘先生教导：“建筑因社会需求而生。”这就意味着，建筑师应当能够意识到社会问题的存在，并且“思考应设计出怎样的建筑来应对这些社会问题”。

虽然社会问题包括教育、经济、文化等各个方面，但老师尤其感兴趣的是环境问题。在我们这些学生面前，老师常常表现出他对利用自然能源的被动式建筑的巨大热情。

恰好就在那时，为了让地方施工团队活跃起来，兴起了一阵以空气集热式太阳能系统为中心的设计运动。于是出现了 OM 太阳能协会。入会的施工团队开始在当地建造样板房，让研究室同伴入住体验，对这类建筑的理解也随之加深。考察各个方案的奥村昭雄曾在吉村顺三设计事务所工作，同时也热心于设计被动式建筑。

就在这场由奥村先生等多位建筑师发起的席卷全国的设计运动中，我产生了强烈的共鸣，这才敲开了运动核心成员之一的石田信男的事务所大门。

自此之后，我也开始将利用太阳能的被动式建筑作为自己的设计准则，从学生时代到自立门户的今天，我都一直坚守着这一理念。

时代无时无刻不在变化，到了 2020 年之后，零能耗住宅（ZEH）就会成为设计标准。本书最后的案例“稻口町之家 1、2”，就是一种预示着 ZEH 时代到来的被动式住宅，是迄今为止被动式住宅设计的集大成者。

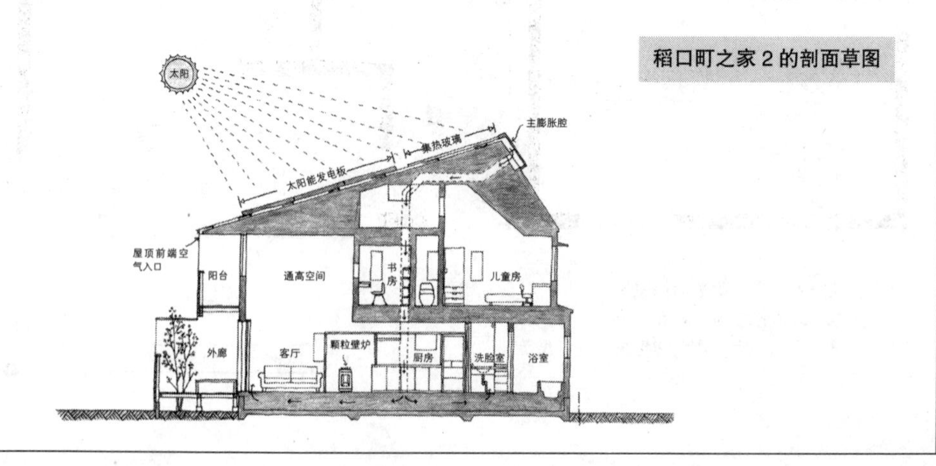

稻口町之家 2 的剖面草图

第5章

窗户设计决定空间品质

窗户既可以取景，也可以连接室内外，
说它是对住宅品质影响最大的部分也不为过。
此外，窗户还是决定住宅保温性的重要元素。
如何做好采光、通风、防盗、遮光、防火等细节，
也是设计窗户时需要考量的要素。

01 因小窗而实现的对话

虽说早上应该在家人出门的时候到玄关处送别，但有时却忙得怎么都抽不开身。

此时如果有一面能从厨房望到玄关门廊的小窗，就能在忙活的间隙，向外头道一声“慢走”。当然去一趟玄关也花不了多少时间，只是在这种争分夺秒的时段，小窗的存在也格外显得可贵。

而在设计 1 楼和 2 楼的交流互动时，给楼梯间安上小窗也颇有成效。假如家庭活动室和厨房在 2 楼，儿童房在 1 楼，到时候就可以从小窗中探出头来，向楼下在玩耍或学习的孩子们喊一声：“晚饭好了哟——”

隔断结构（花旗松）
压花玻璃
窗框（花旗松）
铺有镀铝锌合金钢板

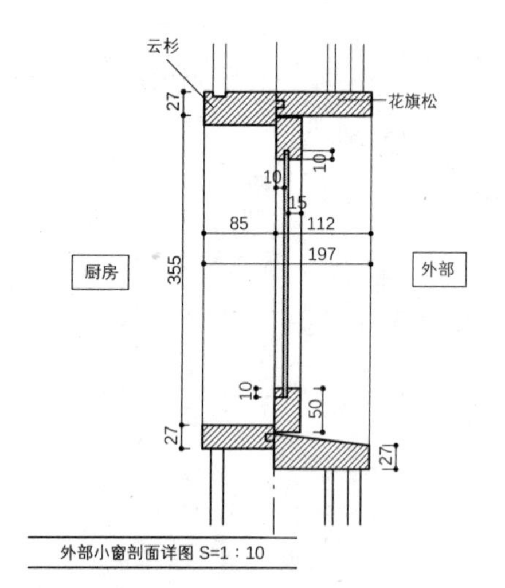

外部小窗剖面详图 S=1：10

在厨房里向门口的家人道别。

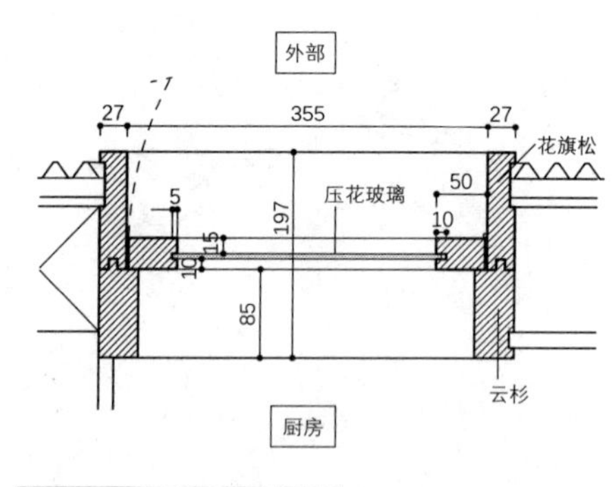

外部小窗平面详图 S=1：10

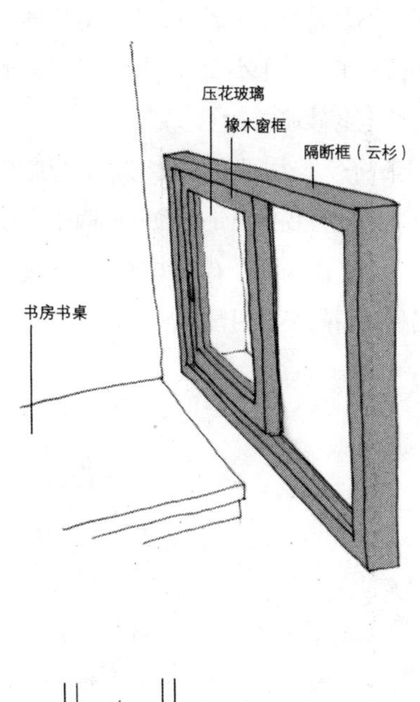

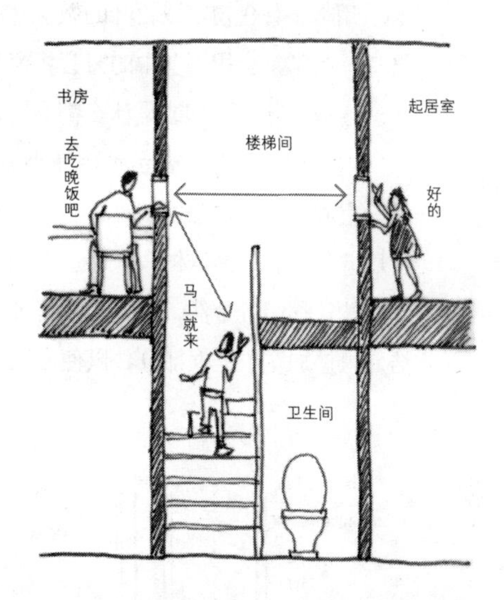

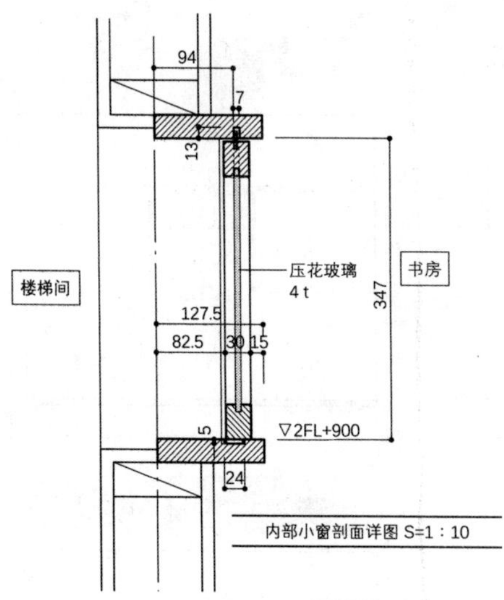

在楼梯间就可以透过小窗看到里面的书房
（Nest House 照片：牛尾幹太）

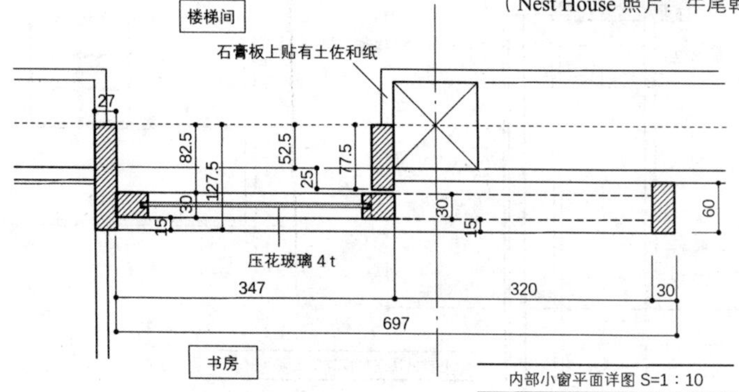

5 窗户设计决定空间品质

02

小窗上的悬挂式障子

用障子替代窗帘或百叶的做法并不少见，不过如果是起居室、餐厅等房间中的大开口，则常常会用墙壁中的窗套将窗收纳隐藏起来。至于小开口，则可以考虑加设格子纱窗或百叶窗，抑或是什么都不用，直接装上磨砂玻璃。

这个项目的业主表示希望在小窗中装上障子。但如果为了收纳障子而加宽整面墙，空间就会变得愈发狭小，实在有些不值。因此，我们决定让拉开的障子直接暴露在墙壁外侧。只是这样一来，上下侧的凹槽就会凸出墙面，有碍美观。最终我们采用了悬挂式移门五金件，这样无须再铺设下凹槽，看起来会更加清爽。障子本身十分简洁，只是加宽了上框部分，以便嵌入滑轮。

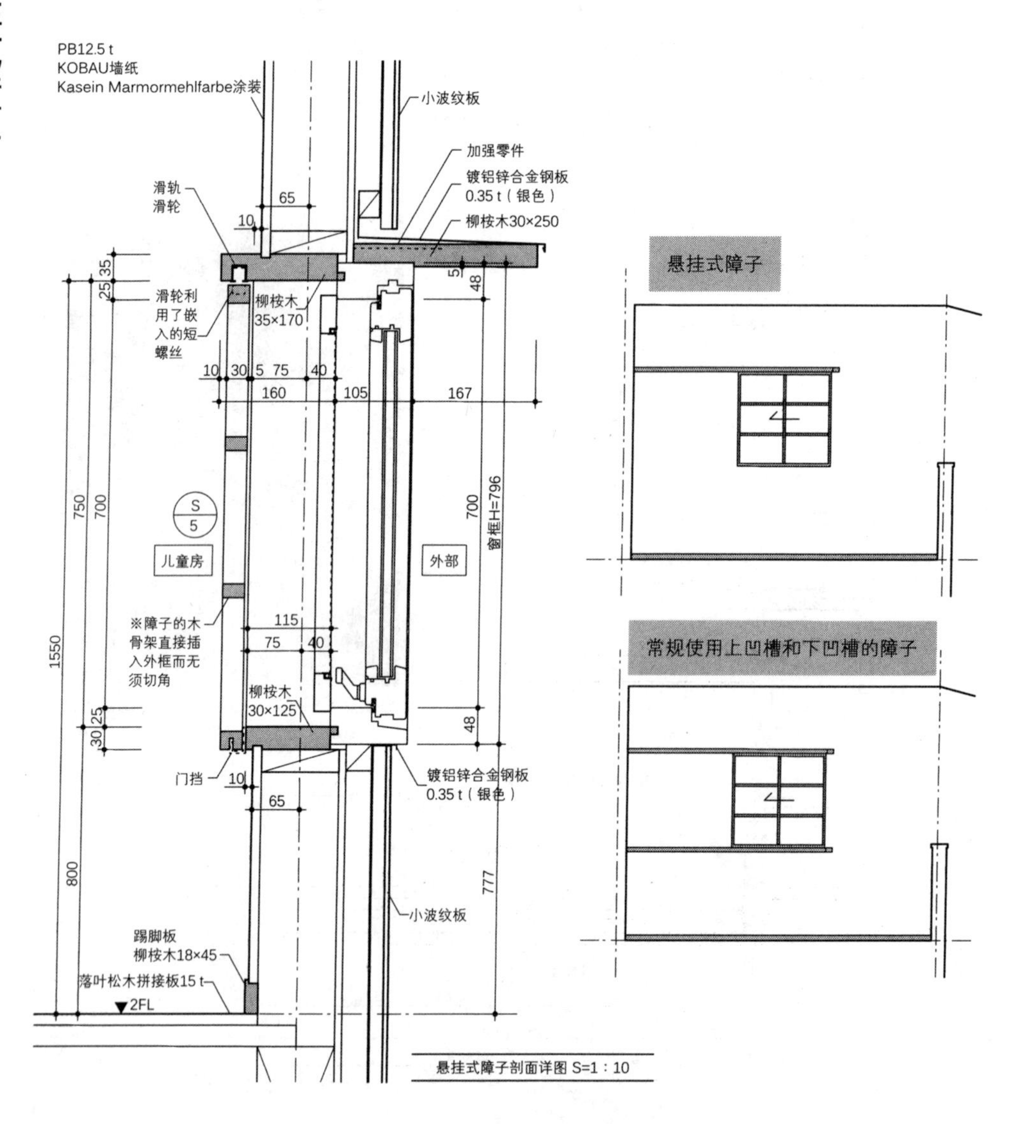

悬挂式障子剖面详图 S=1：10

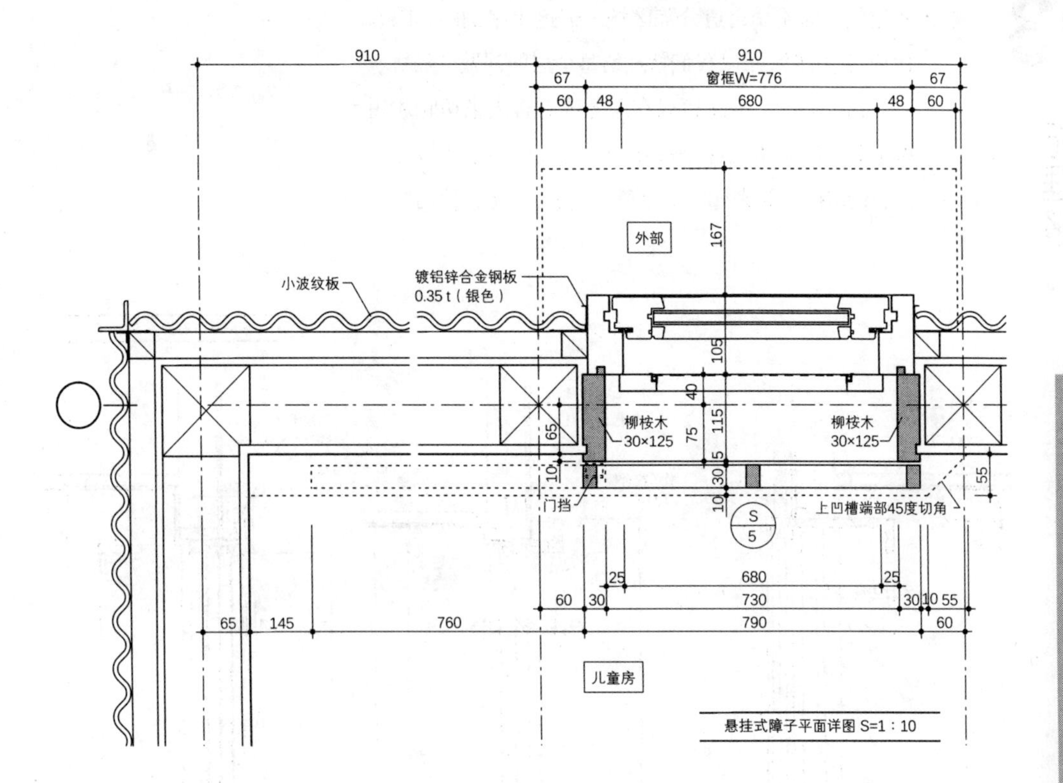

悬挂式障子平面详图 S=1：10

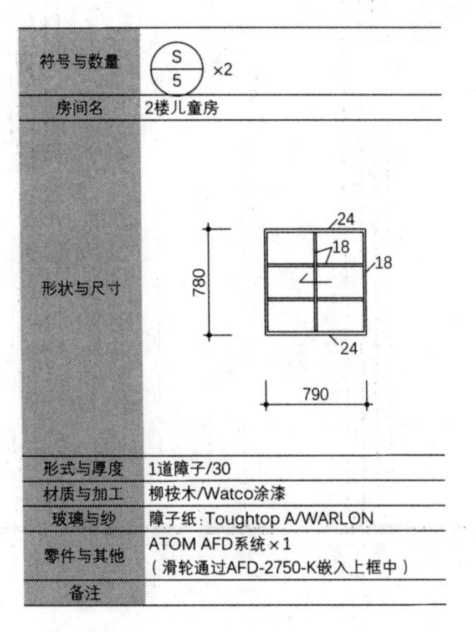

符号与数量	S/5 ×2
房间名	2楼儿童房
形状与尺寸	780 / 790 / 24 / 18 / 18 / 24
形式与厚度	1道障子/30
材质与加工	柳桉木/Watco涂漆
玻璃与纱	障子纸：Toughtop A/WARLON
零件与其他	ATOM AFD系统×1 （滑轮通过AFD-2750-K嵌入上框中）
备注	

障子沿用了外框的柳桉木。加宽的木框则削弱了和风感。因为业主还养猫，所以特地使用了Toughtop A这款强化型障子纸。虽然价格高于普通的障子纸，但替换频率降低，使得最近不少没有宠物的家庭也开始将这种纸张作为装修标准。

03

无框移门

如今有不少住宅将起居室、餐厅、厨房做成整体式空间，即不用过道分隔区域。但这个案例中，因为住户特别怕冷，所以我们特意给每个房间都做了隔断。

话虽如此，隔断也只在深冬或有客人来访时才用得上，平时基本上还是敞开的。因此，为了让拉开移门后的房间看起来如同一个整体，我们决定去掉门框。

无框移门 剖面图 S=1：20

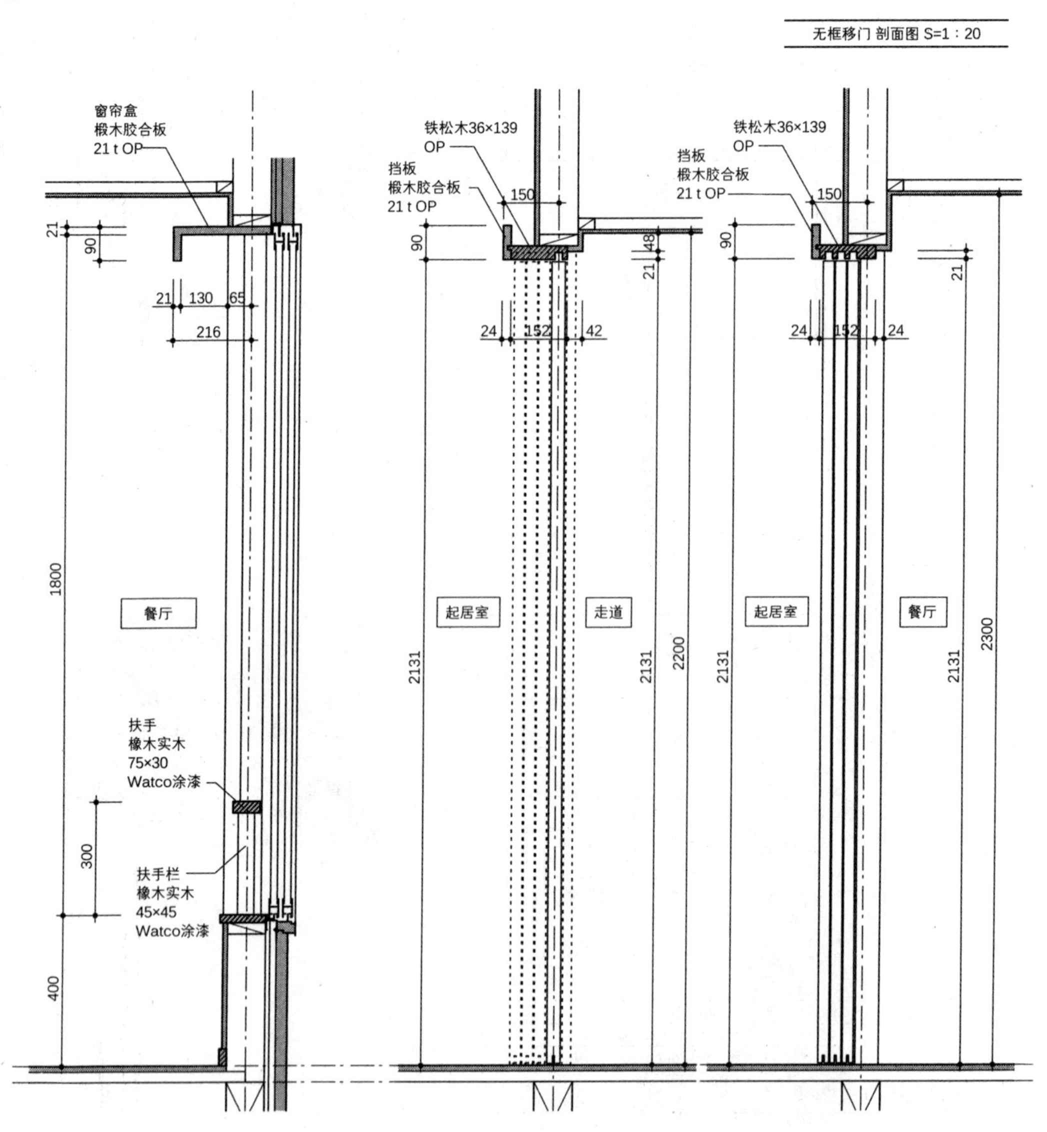

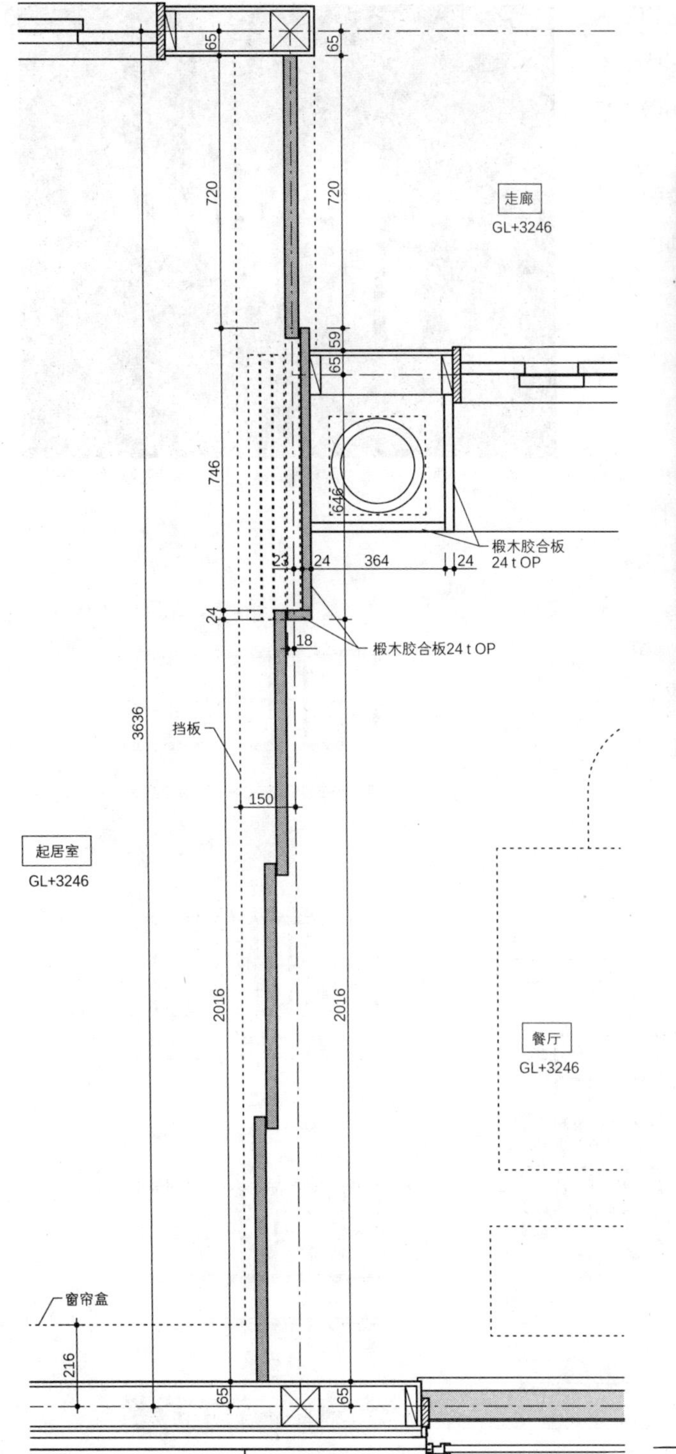

无框移门 平面图 S=1：20

由于省去了纵框，正对着踢脚板的门角也相应缩进了一部分，这样踢脚板就刚好可以嵌入。

04 利用双层格障子通风

所谓的“双层格窗”，是寺庙、神社、民家或茶室等日本古建筑中常用的一种通风窗。

把2块嵌有木条的木框交错放置，通过移动就可以调整进入室内的风量，这一创造彰显了古人的智慧。将这一手法应用到障子上，就有了双层格障子。

完全关闭的情况下就是一张障子纸，完全打开则相当于两张纸的叠加，进光量也会发生变化。如果打开一半，就会形成进光量的对比，使得整体颇有一种光之韵律感。

河津之家中，就将双层格障子应用在了和室的西侧窗户上

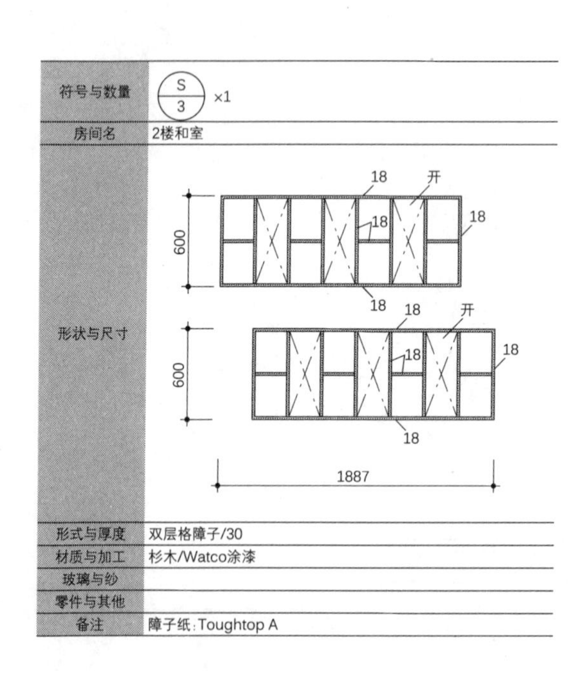

符号与数量	S/3 ×1
房间名	2楼和室
形状与尺寸	600；600；1887；18；开
形式与厚度	双层格障子/30
材质与加工	杉木/Watco涂漆
玻璃与纱	
零件与其他	
备注	障子纸:Toughtop A

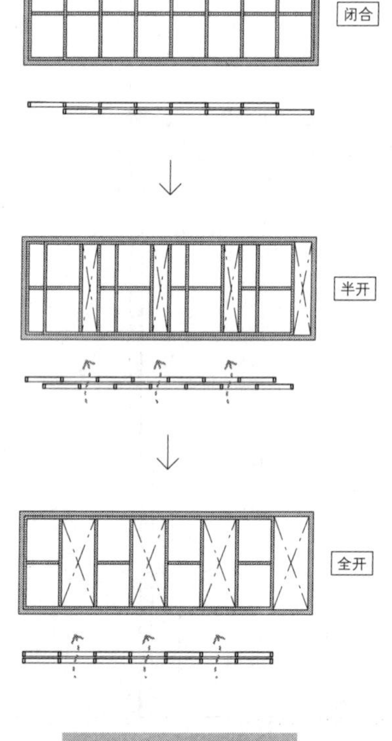

双层格障子的开闭模式

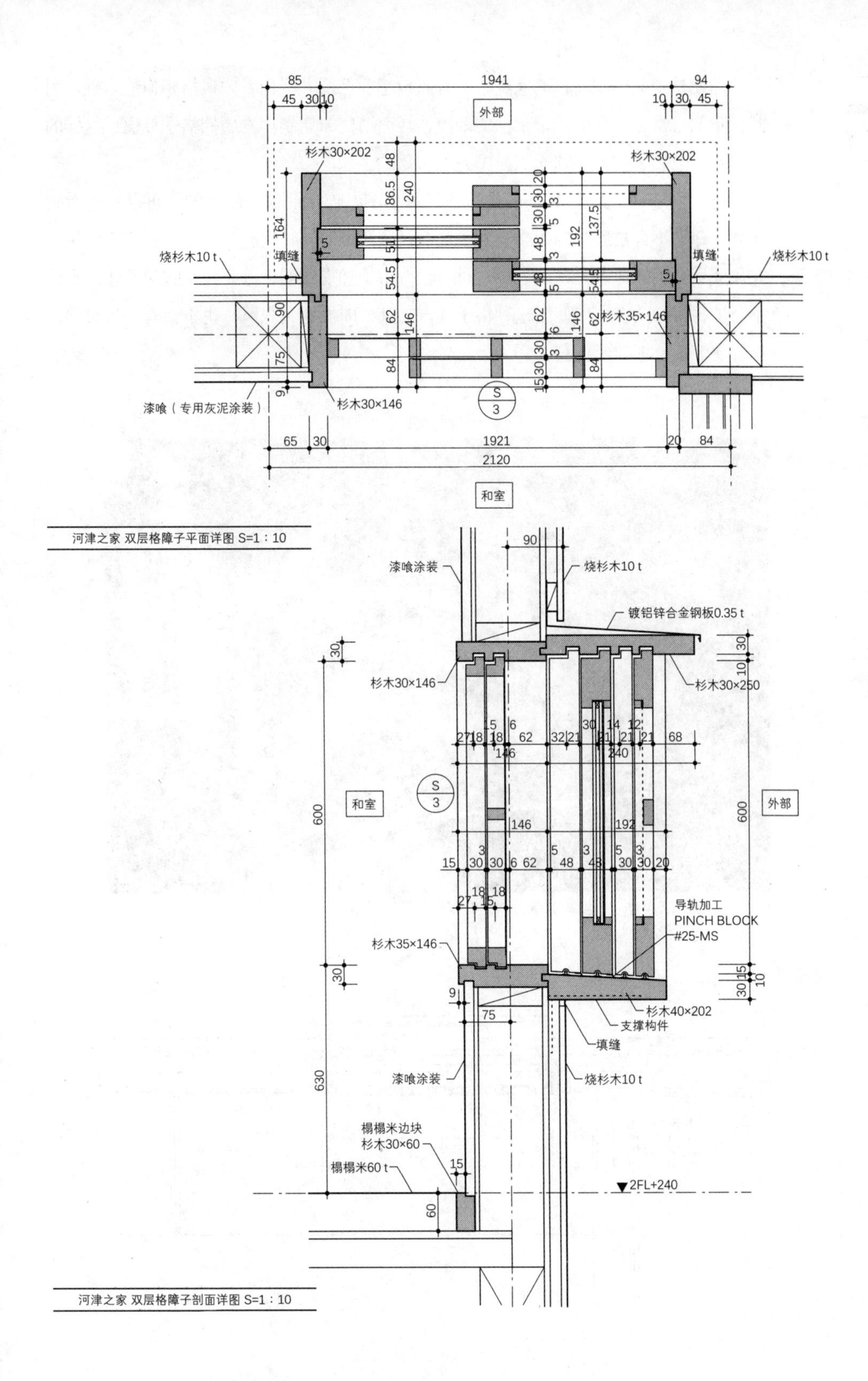

河津之家 双层格障子平面详图 S=1：10

河津之家 双层格障子剖面详图 S=1：10

05 利用格子纱窗通风

即便是安装铝制窗框的家庭，有时候也想要保留一些与室内风格相似的木框。为此，我们常常会放弃使用带铝框的纱窗，转而请门窗店制作木质的格子纱窗。这样的设计也是沿袭了我的老师永田昌民先生常用的手法。

这种格子窗由边长 24 mm 的方木通过小图钉连接而成，屋内的人可以轻松看到屋外，却又不会被屋外的人察觉到，这样保证通风的同时也起到了遮挡视线的作用。如果使用威尼斯式遮光帘，大风有时会吹得帘子啪嗒作响，甚至完全吹起，让人不得不急忙将窗户关上。但使用这种格子纱窗的话，即便遇到强风，也不会有一丝震动，这样便能安心地敞开窗户了。

西镰仓之家的起居室与邻地距离很近，因此东侧装了格子纱窗（照片：安川千秋）

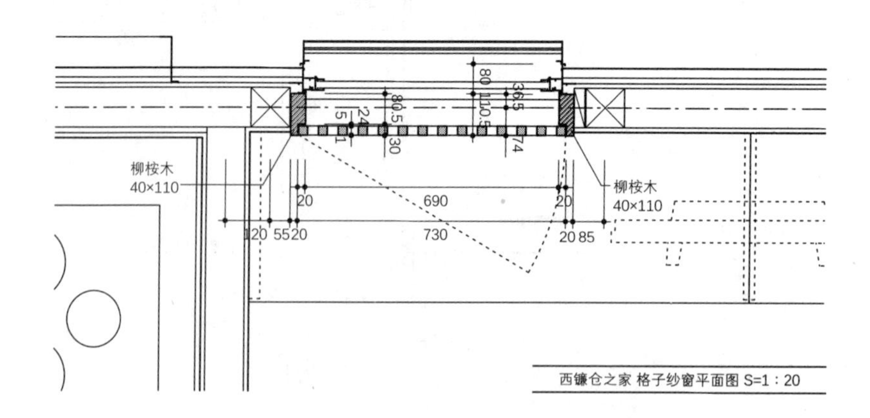

西镰仓之家 格子纱窗平面图 S=1：20

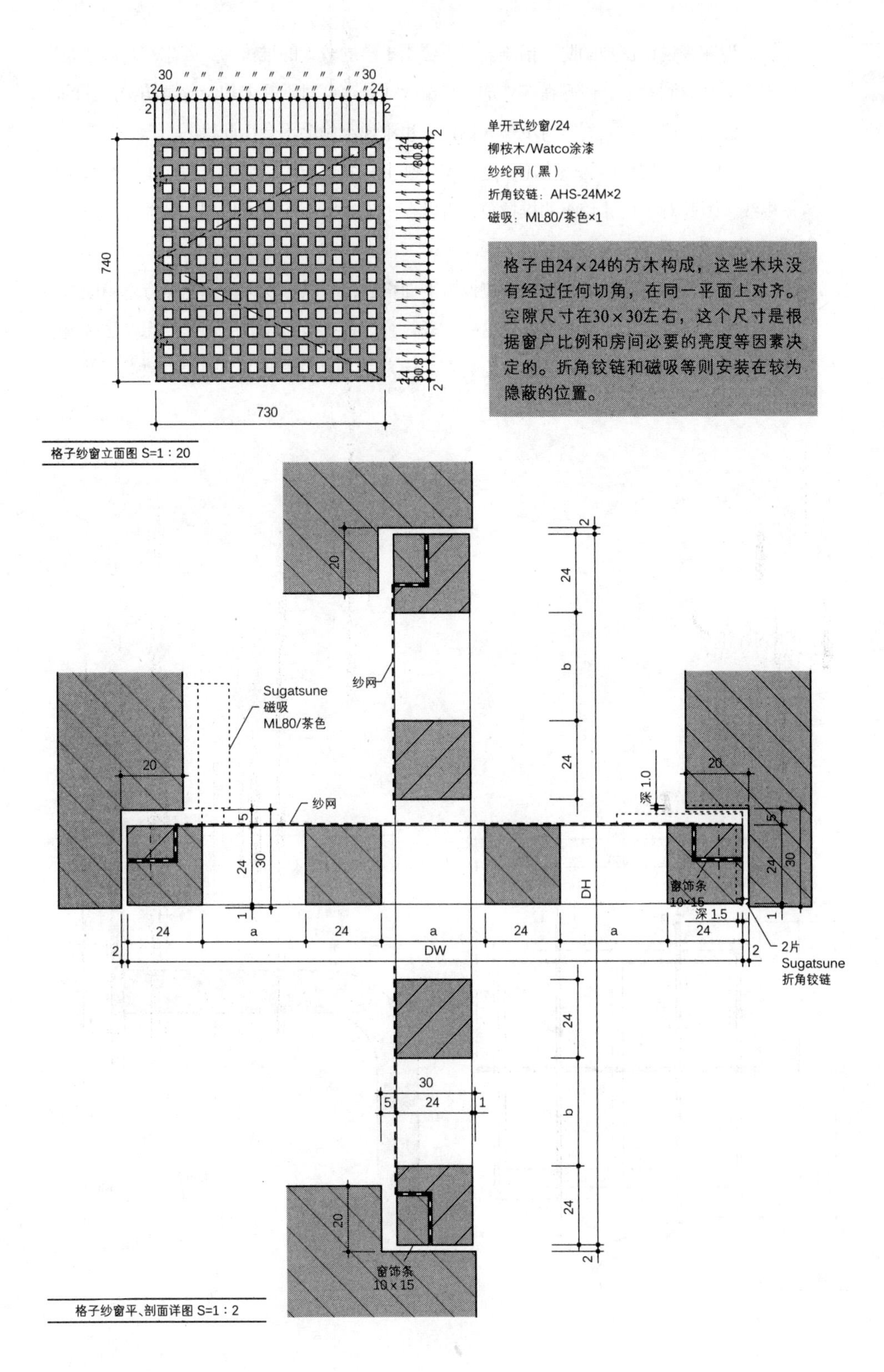

格子纱窗立面图 S=1：20

格子纱窗平、剖面详图 S=1：2

单开式纱窗/24
柳桉木/Watco涂漆
纱纶网（黑）
折角铰链：AHS-24M×2
磁吸：ML80/茶色×1

格子由24×24的方木构成，这些木块没有经过任何切角，在同一平面上对齐。空隙尺寸在30×30左右，这个尺寸是根据窗户比例和房间必要的亮度等因素决定的。折角铰链和磁吸等则安装在较为隐蔽的位置。

06

1楼小窗的防盗措施

现在来说说窗户的防盗措施。对于位于1楼的较大的推拉窗，若想在夜间或长期不在家时感到安心，最好在窗外加上护窗板或卷帘。对于并未加设此类防护措施的小窗，假如开口尺寸大到容得下一人钻过，也难说小偷会不会由此进入。

比较常见的小窗防盗措施，是在窗外加上一面现成的铝格窗，但格子往往会阻碍视线。因此对于尺寸较小的推拉窗，可以在中央焊接钢棒做成格栅，就能在防盗的同时确保视线不受影响。

此外，因为外翻窗无法在外侧设置网面格窗，所以可以考虑在内侧方木中嵌入不锈钢角钢条，再立上强化钢柱。这样一来，偷盗者打破窗玻璃后还需要想办法解决这根钢柱，不仅费时，而且还会发出响声。这为屋内的人争取了时间，有效提高了住宅的防盗性。

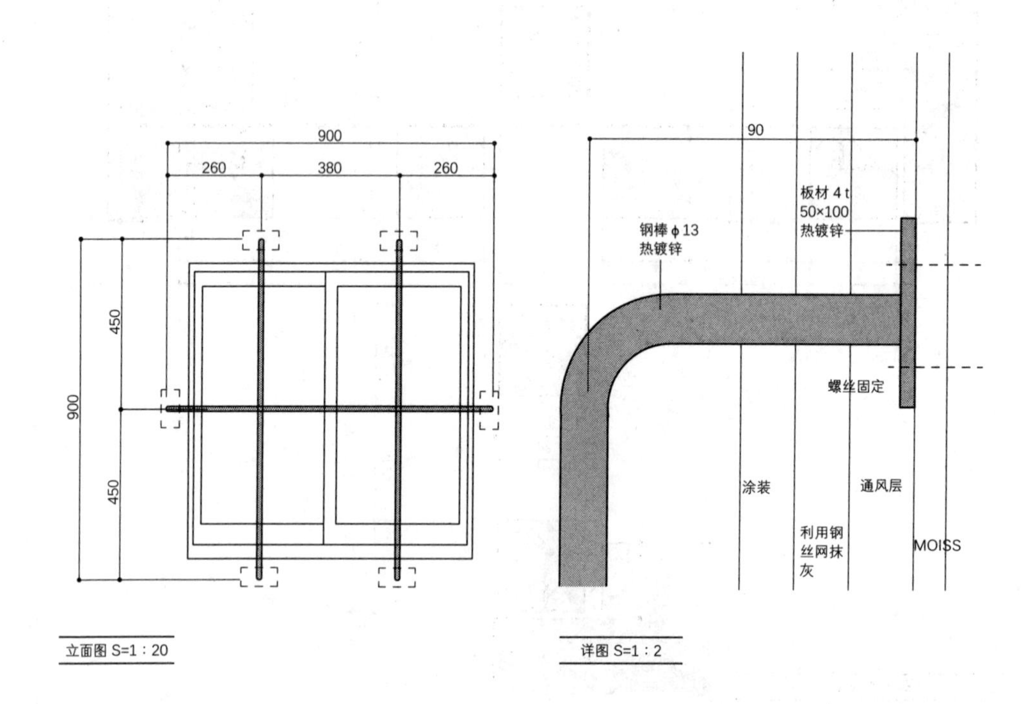

立面图 S=1：20

详图 S=1：2

房间内侧　　外侧嵌入不锈钢角钢条

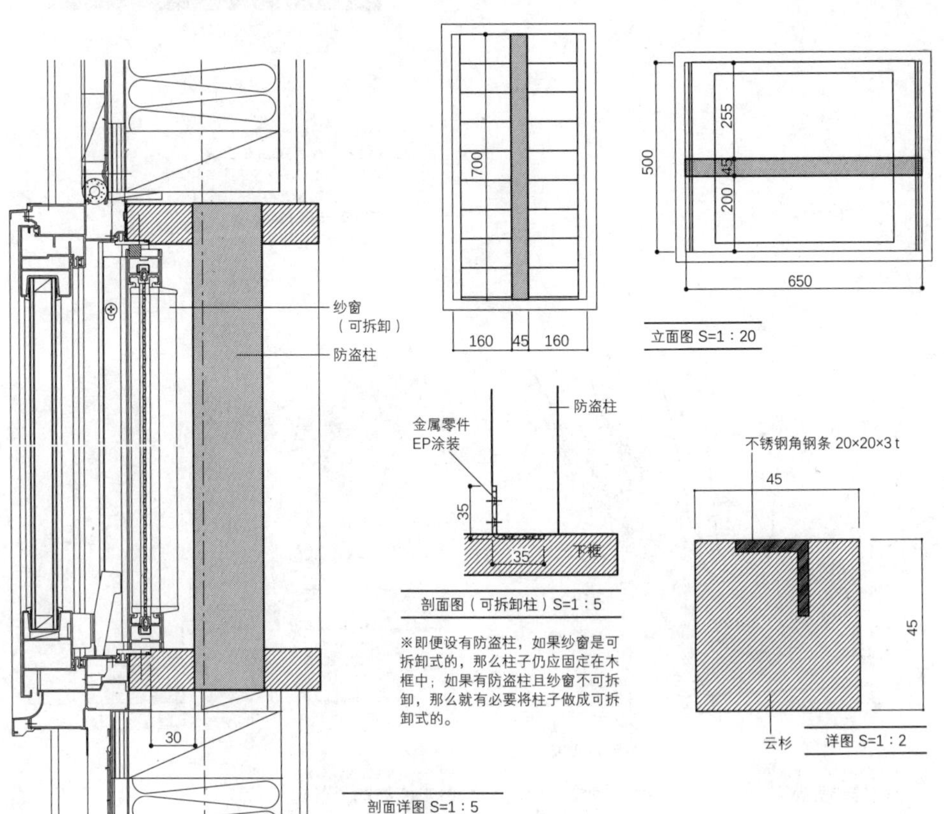

※即便设有防盗柱，如果纱窗是可拆卸式的，那么柱子仍应固定在木框中；如果有防盗柱且纱窗不可拆卸，那么就有必要将柱子做成可拆卸式的。

07

打开屋角焕然一新①

我第一次设计住宅（自宅）的时候，就想着要做出像吉村顺三的轻井泽山庄那样颇具开放感的开口部。轻井泽山庄的一角面对着广阔的森林，自宅也参考了这样的做法，在2楼起居室东南角装了一面通往室外的移门，试图营造出开放感。这其中最重要的，莫过于角落细节。设计时我一边想象着透过窗门看到的景色，一边思考着窗框、玻璃等的布局方式。为了实现开放感，我去掉了门窗外框，仅仅保留了立柱；又利用墙壁内侧的卷帘盒将窗帘收纳起来，使其不易被人发现。每每将首次来访的客人带到2楼起居室，他们都会惊叹于这种意想不到的开放感。能听到他人的称赞也是一大乐事啊……

去掉外框仅剩立柱的开放空间

外框：花旗松＋保护涂层
内框：云杉木 +OSMO 彩漆
隔断：花旗松＋保护涂层
导轨：铜质 静音导轨
移门锁：BEST1491 黄铜
滑轮：不锈钢滑轮

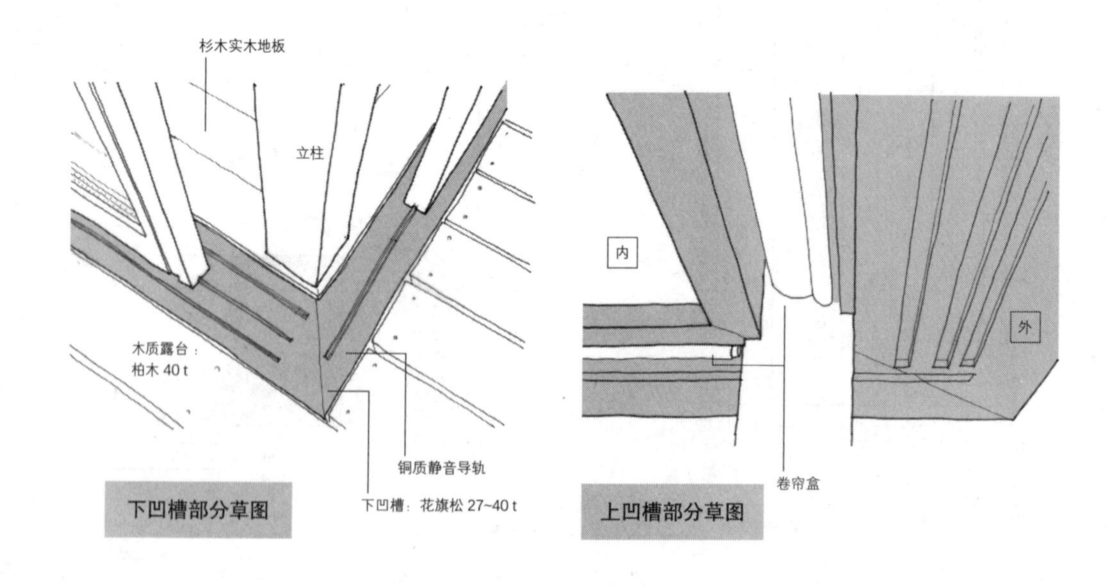

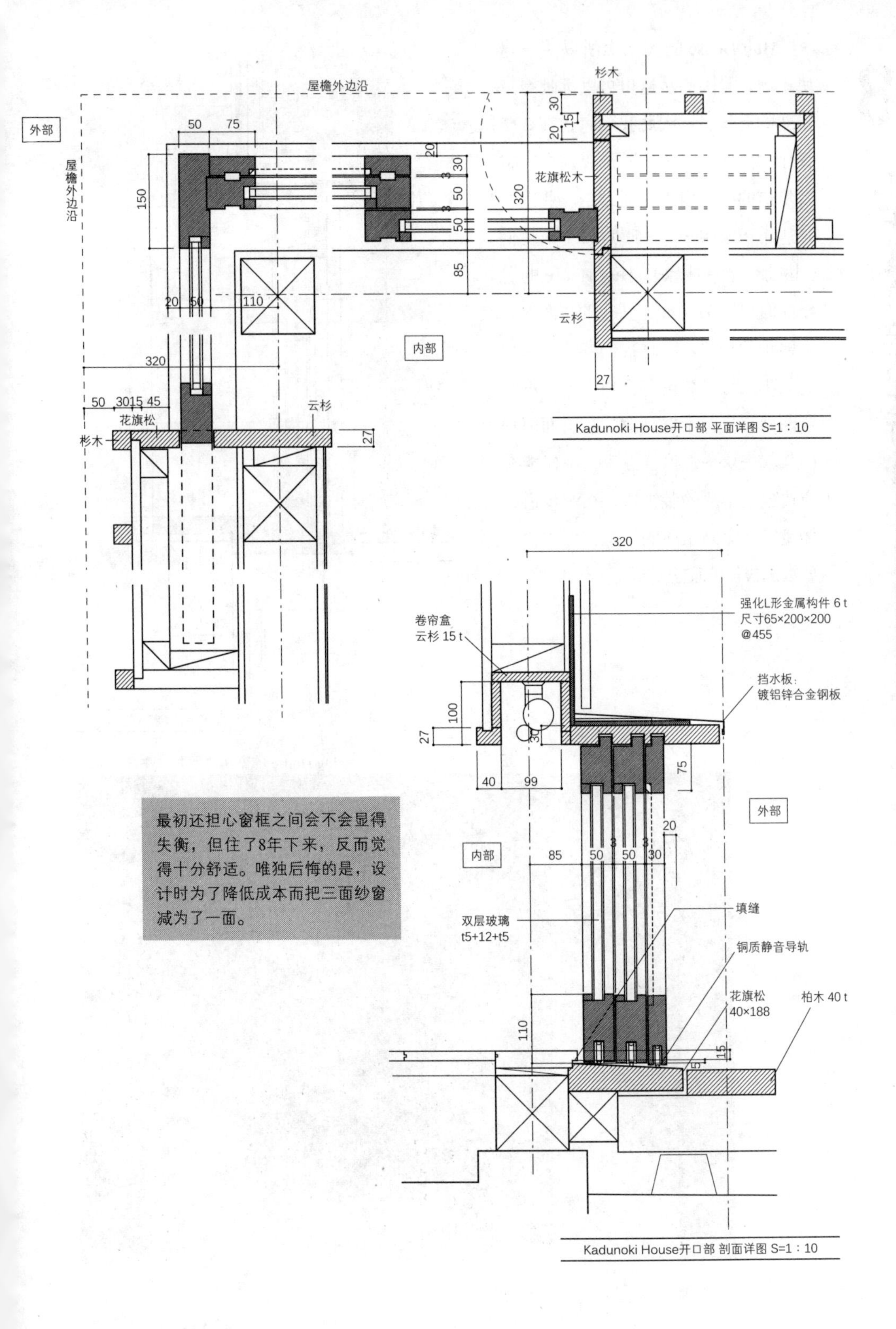

Kadunoki House开口部 平面详图 S=1：10

Kadunoki House开口部 剖面详图 S=1：10

最初还担心窗框之间会不会显得失衡，但住了8年下来，反而觉得十分舒适。唯独后悔的是，设计时为了降低成本而把三面纱窗减为了一面。

08

打开屋角焕然一新②

Hug House 的夫妇之所以买下这块土地，是因为从这里可以远眺绿意盎然的游步道。因此我们考虑在 2 楼餐厅的西南角开窗，并加设露台，将游步道的绿色引入生活之中。业主同时还希望家中多一些暖意，于是我们又增加了颗粒壁炉。Hug House 的总楼面面积是 62.7 m^2，狭小的空间限制了壁炉的布置。因此我们调整了窗户的大小，将壁炉设在窗户下方，再配合西面窗户的下框高度，在南面窗户中架起一块板。这样一来，不仅能在窗边放上小巧的装饰物，在游步道一侧也能感觉到生活的气息，形成了一处氛围极佳的窗边空间。

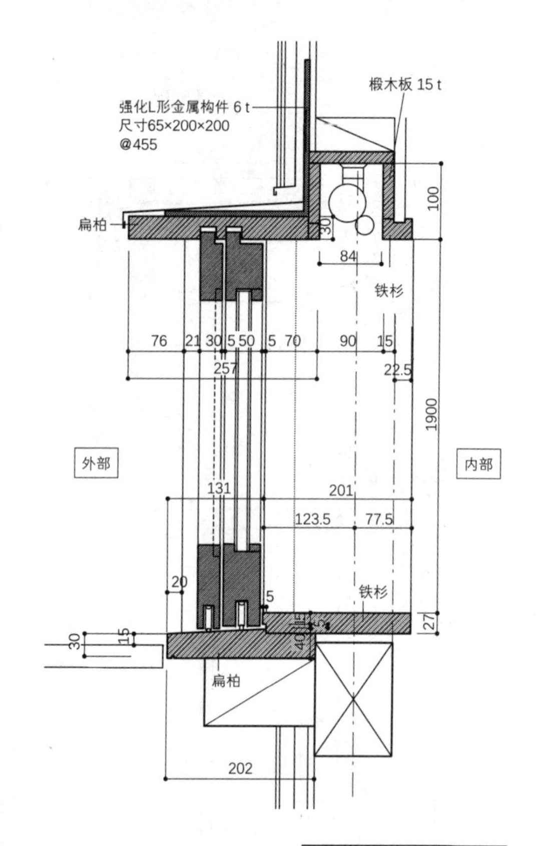

a-a'剖面详图 S=1：10

Hug House 的窗边（照片：牛尾幹太）

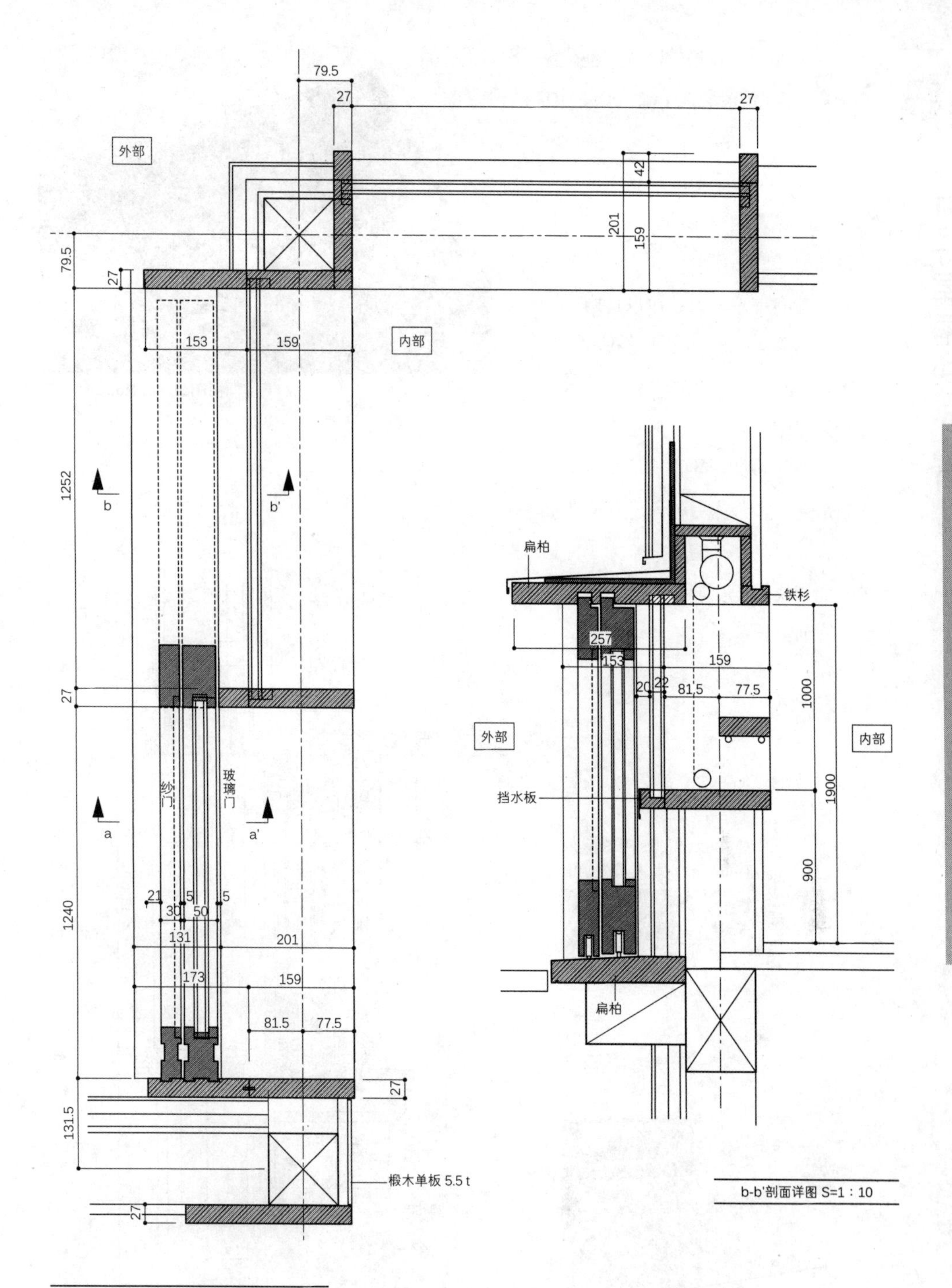

Hug House开口部 平面详图 S=1：10

b-b'剖面详图 S=1：10

09

打开屋角焕然一新③

在和业主讨论的时候，他们话语中一定潜藏着表达意向的关键词。

在我们接手 Hidamari House 项目后的第一次讨论中，业主在提出具体要求时，不经意说出：“家里最好能有一个地方，可以像咖啡馆中能晒到太阳的那个角落一样。”于是我们就思考在哪个位置能够坐着享受阳光和微风，最终在东南角做了些能够打开的木质门窗，其南面是连接室外露台的落地窗，东面则有一扇齐腰高的窗户。为了保证安全，我们还在外侧加了不明显的钢管细栏杆。

仰视Hidamari House的窗口

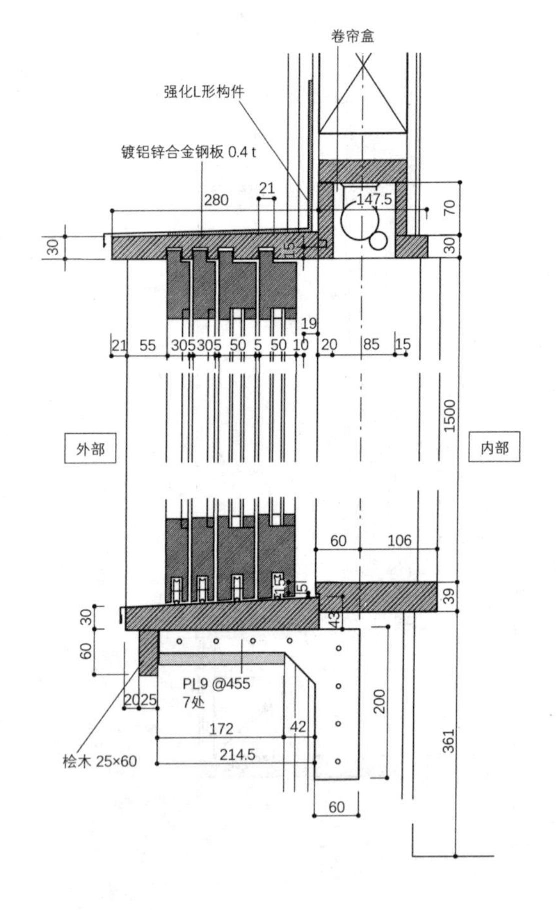

a-a'剖面详图 S=1：10

窗边成了舒适的休息场所
（Hidamari House 照片：西川公朗）

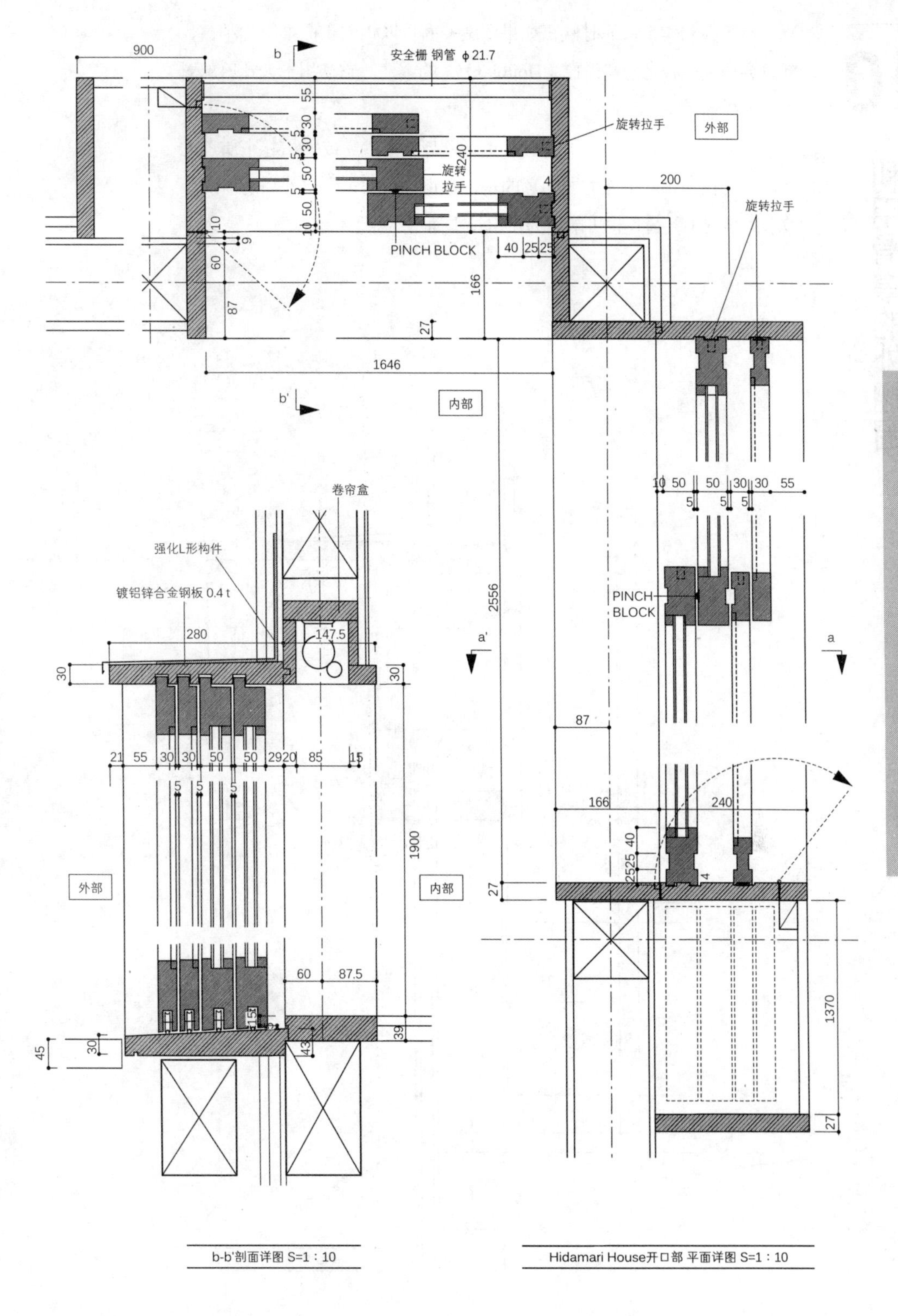

b-b'剖面详图 S=1：10

Hidamari House开口部 平面详图 S=1：10

10 利用滑撑的外翻窗

请工匠制作木窗的时候，如果要做一面可以横向正面推出的小窗，就总会用到一种名为“滑撑（Hoitoko）”的零件。它多用于大开口部对面墙上的通风窗。

纱窗无疑是内开式，不过有时也可以与格子纱窗或使用卷帘质地的纱窗结合在一起。另外需要注意的是，在窗户尺寸过大或使用防盗双层玻璃的情况下，窗户也可能因为自重过重而自然翻下。

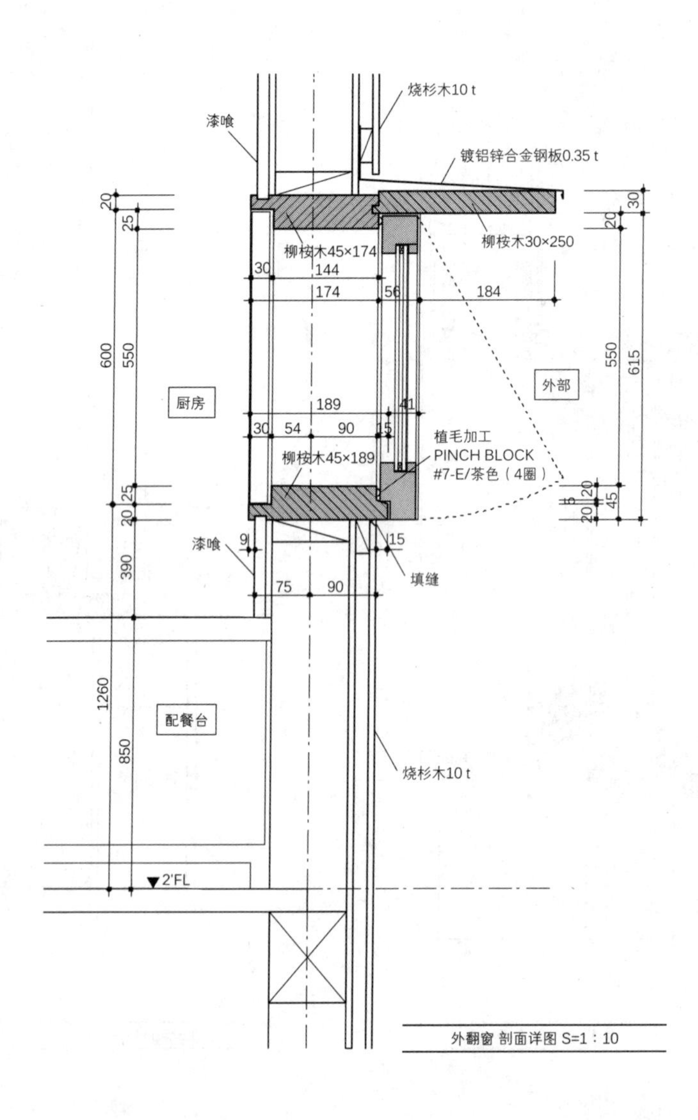

外翻窗 剖面详图 S=1：10

工匠制作的木窗带有手作感，用得越久就越有韵味，这种魅力是铝框窗所没有的

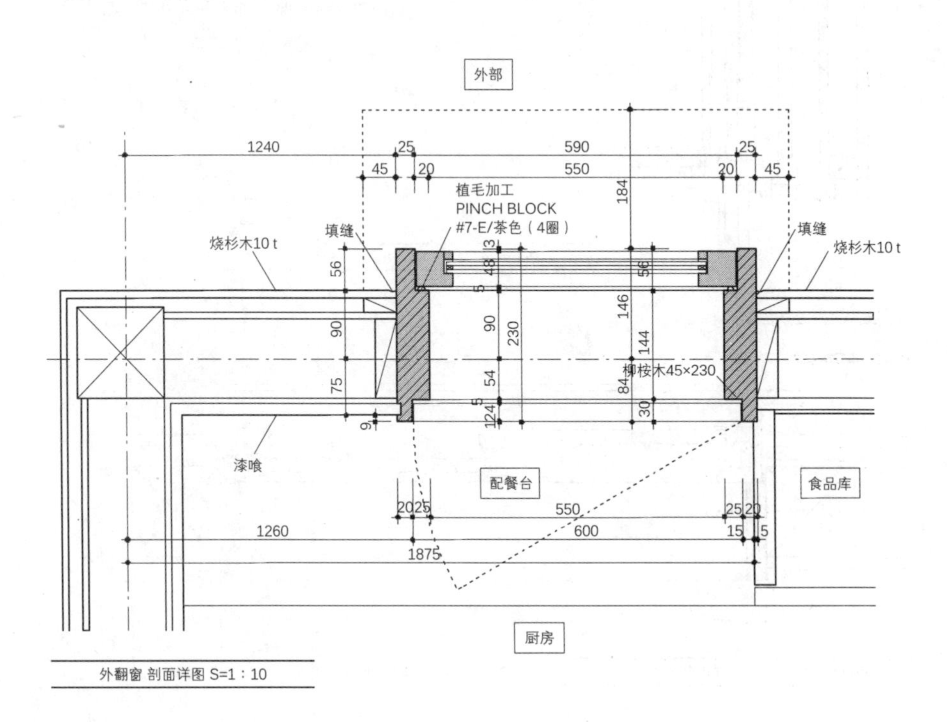

外翻窗 剖面详图 S=1：10

11 自然光的表演①

穿过窗户进入室内的美妙光线一照在墙壁或天花板上，房间就会立刻产生一种别样的氛围。

窗户和墙壁、天花板之间可以有各种各样的位置关系，但要显得干净清爽，就得让窗户挨近墙壁或天花板。这样就不会在墙壁上形成阴影，窗边看上去也能轮廓分明。如果再将窗框嵌入墙壁和天花板中，使之位于同一平面，就能掩饰窗框两端突出部分的阴影，而且还可以创造出自然光落在墙壁和天花板上的渐变美。

Engawa House铝窗窗框紧贴天花板和墙壁

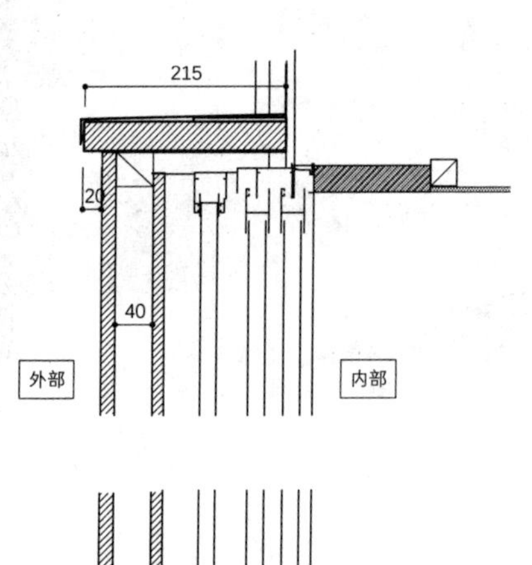

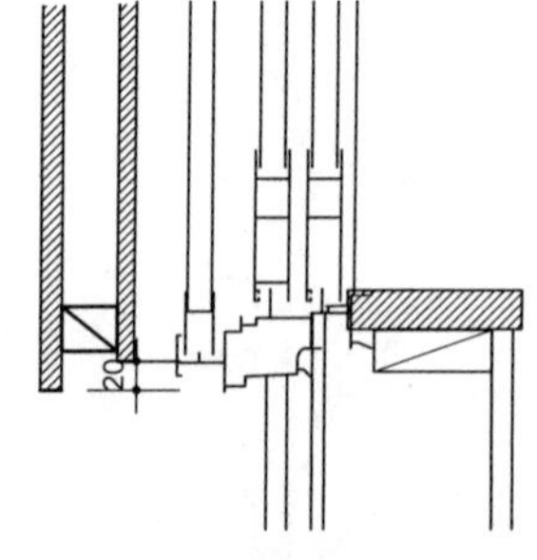

Engawa House铝窗剖面详图 S=1：10

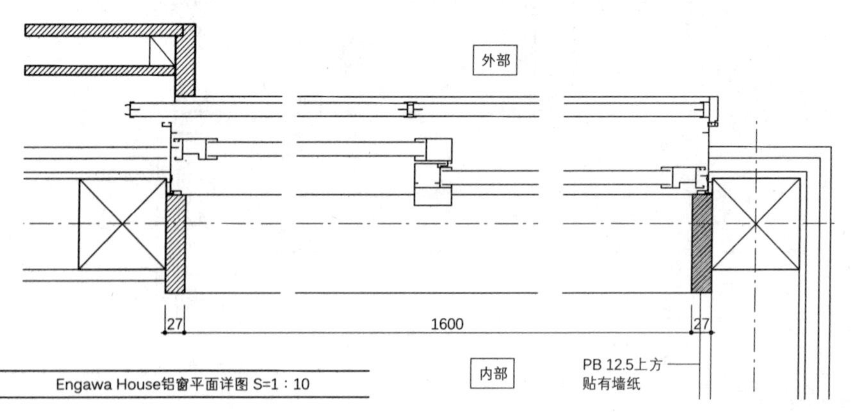

Engawa House铝窗平面详图 S=1：10

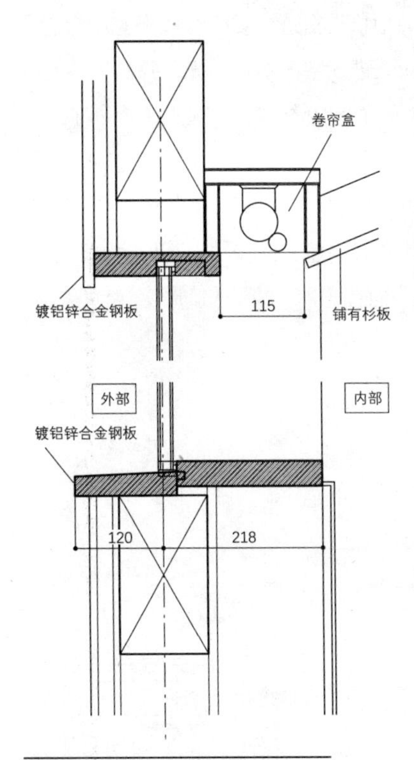

Hinode House 固定窗剖面详图 S=1：10

Hinode House 通高空间中的固定窗
（照片：西川公朗）

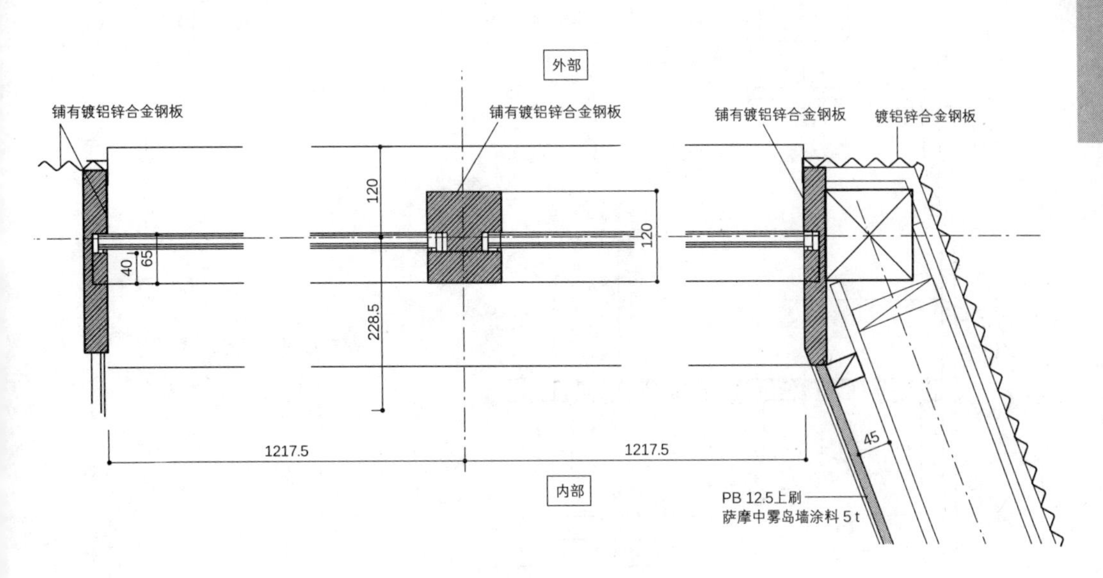

Hinode House 固定窗平面详图 S=1：10

12

自然光的表演②

自宅 Kadunoki House 的楼梯间设在西侧，与邻地挨得很近，要想开一扇实用的窗户并不容易。因此我决定开一面天窗，保证有自上而下进入室内的自然光，并实现一定程度的通风。我将楼梯间上方阁楼的一部分地板，换成了 FRP 格栅板，又在上面加了层聚碳酸酯板，这样就可以随季节变化来控制通风。

住进去之后，我也确实感到这个天窗十分实用。唯独有一次突然下起雨，我忘记关窗，导致墙壁和地板被雨淋湿。可以设置天窗的地方有很多，但在用于高处换气时，便于开关的电动式天窗会显得更有优势。这种天窗还备有传感器，骤雨来临时会自动关闭，因此即便开着窗外出也无须担心。

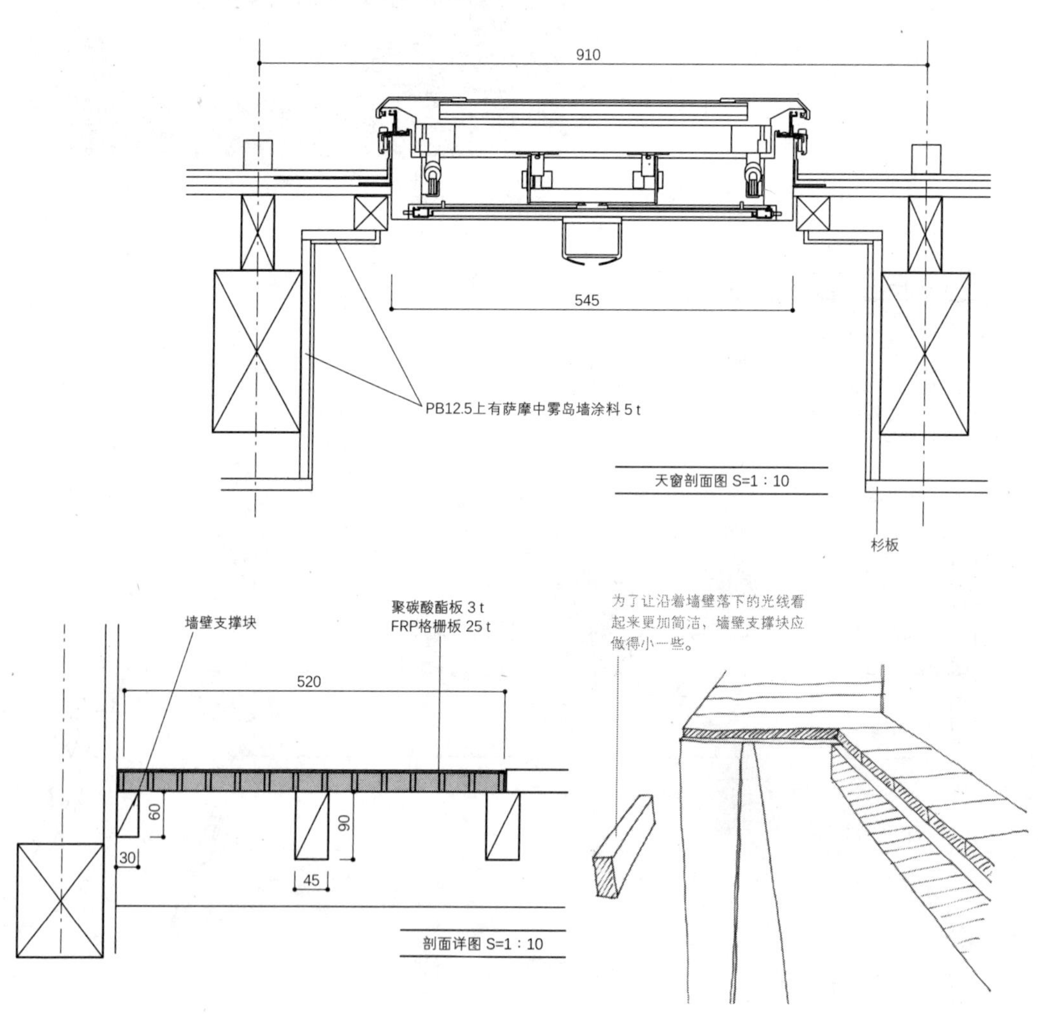

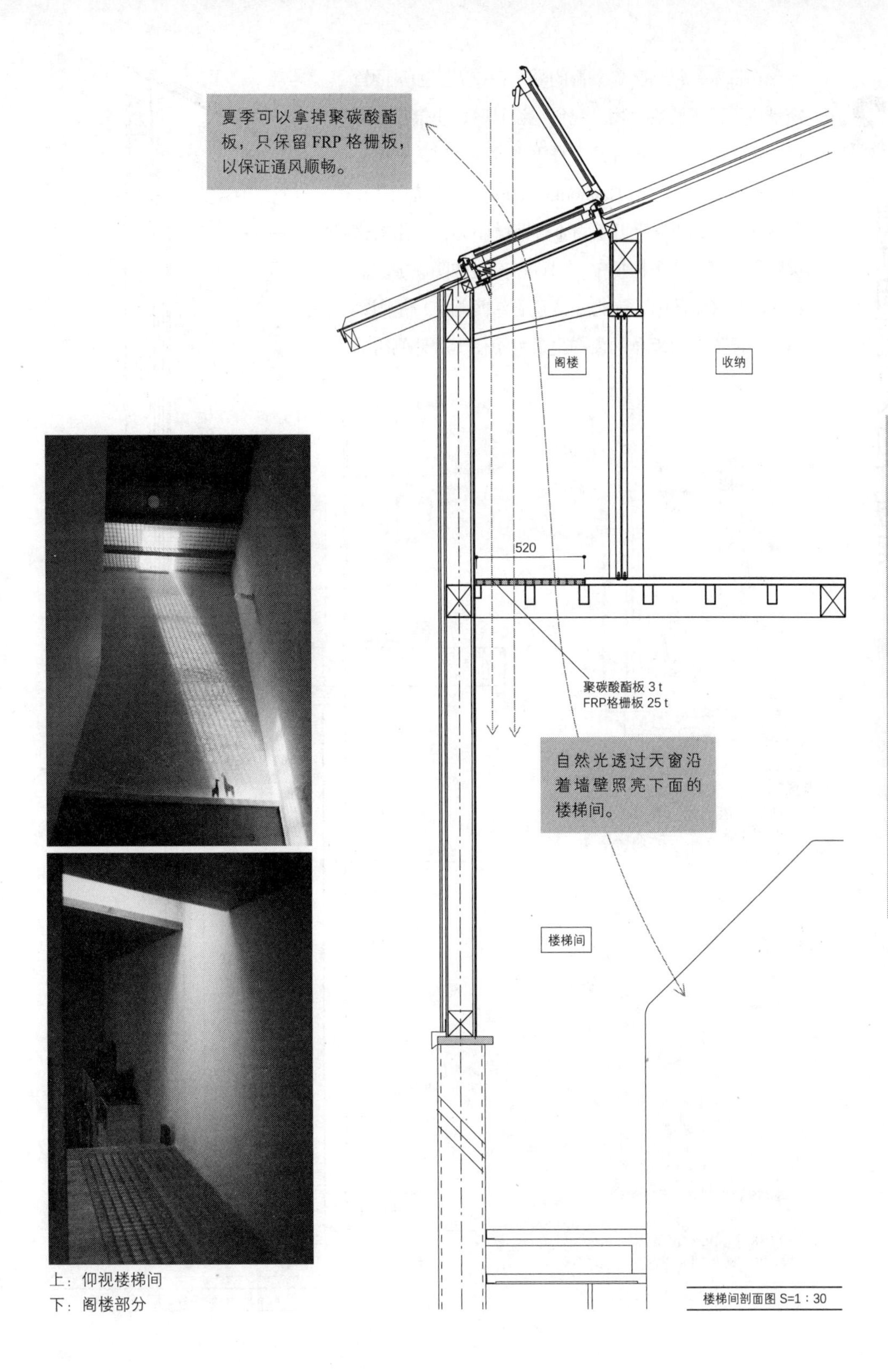

楼梯间剖面图 S=1：30

上：仰视楼梯间
下：阁楼部分

13 照顾细节需求的竹帘架

在日本，每到高温潮湿的夏季，遮光且通风的竹帘就成了不可或缺之物。我们在设计时，也会提前考虑大窗和正对日光的窗户在夏季需要挂竹帘的情况。在起居室位于1楼的Dannoma House中，1楼和2楼都有露台。2楼露台可以为1楼遮挡阳光，凸出的横梁刚好还可以用来挂竹帘，保证了充足的阴凉地。而在Kaede House中，因为2楼起居室西侧窗户是固定窗，所以设在西南角的窗户也是为了便于从外侧给固定窗安装竹帘。

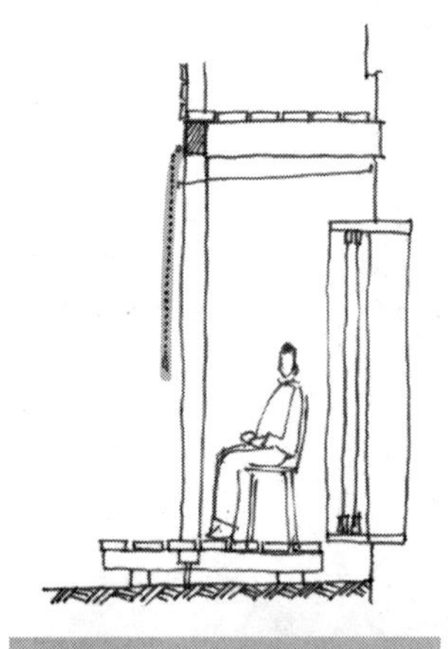

普通露台
露台就是凸出于建筑的部分，竹帘与落地窗保持一定的距离。

Dannoma House 的露台
竹帘挂在2楼悬挑的屋梁上，进一步扩展了屋檐下的阴影空间。

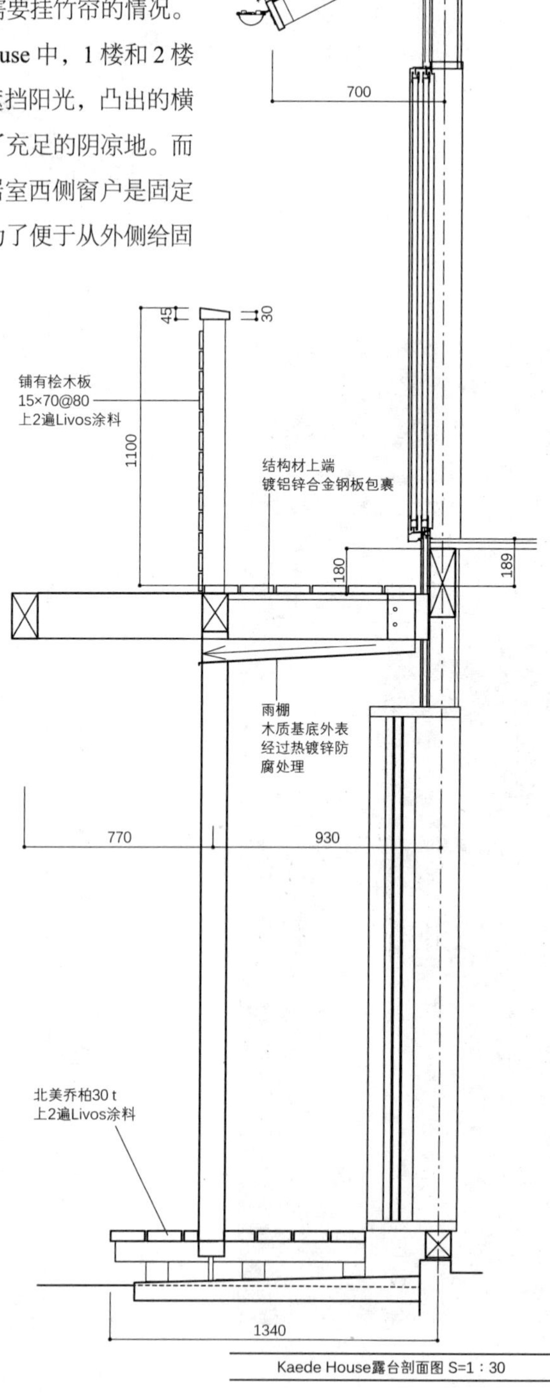

Kaede House露台剖面图 S=1：30

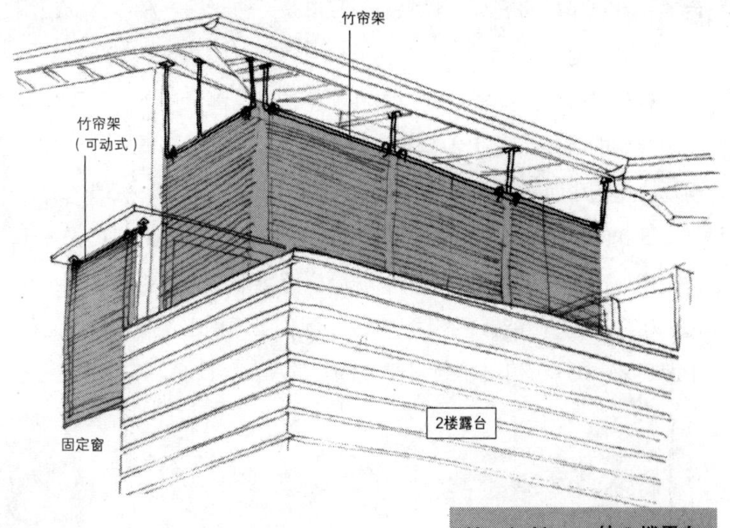

Kaede House 的 2 楼露台

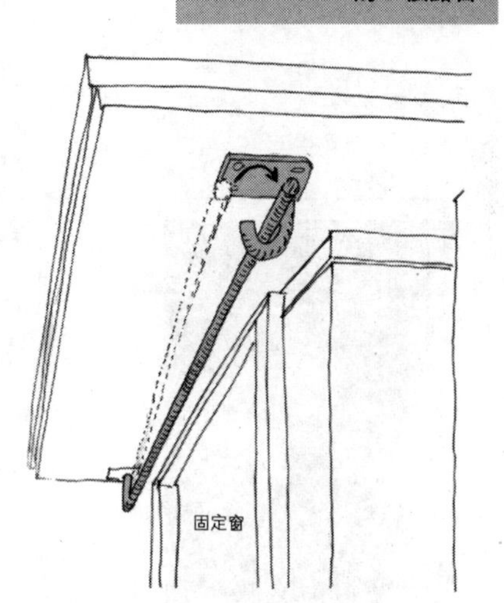

竹帘架草图

为了在固定窗外挂竹帘，我们做了个与草图类似的竹帘架。实际操作时，先在竹帘上打个环状的结，然后举起横杆，穿过露台从固定窗的外侧将竹帘挂上去。

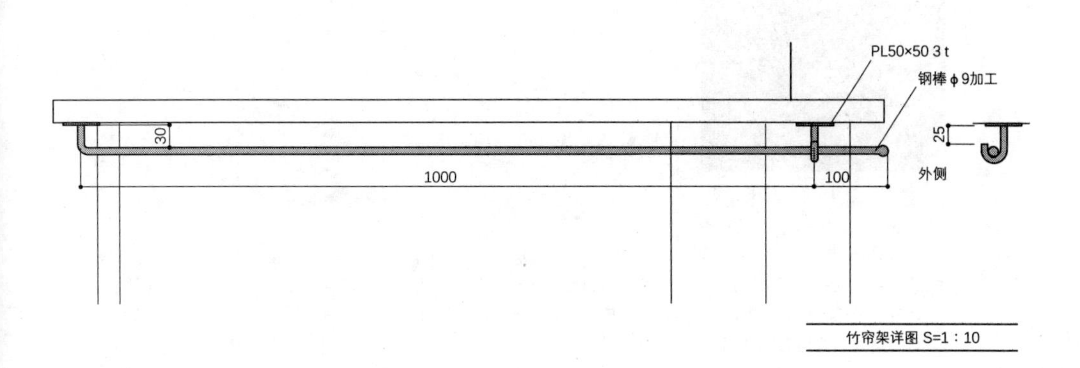

竹帘架详图 S=1：10

14 必用的零部件（平开式门窗）

我的老师曾教导我，就算预算再少，也不要在零部件上节省成本。学生时代，制图台的一旁总是堆着五金工具手册，我总是一边学习各种零件的使用方法和结构，一边写写画画自己的心得。

有时候碰到一些极富魅力的零部件，自己都会停下手头工作端详起它们来。特别是在刚开始的时候，我还会参考前辈画的图来了解每一款零件产品，这也是为了能在施工现场快速选用而必须做好的一步。

日本的零部件有很多做得不错，一些老牌制造商到现在仍在生产零件；只是随着时代变化，市场上越来越多的门窗中已嵌有零部件，纯粹的零件正面临着逐渐被淘汰的险境。为了让制造商能够不断生产下去，我们必须指出定制零部件的优点，并一直使用下去。下面我来一一介绍下本人尤其喜爱的几款零部件产品。

【原则】

零部件的材料多种多样，但要记住基本的配色原则：使用黄铜色零件搭配看似木材质地的门窗，用发纹不锈钢等银色零件搭配白色门窗。有时候零件只有一种颜色，此时要注意避免因色彩搭配欠妥而产生违和感。

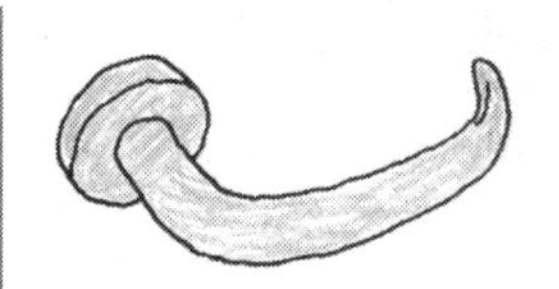

HORI MCR 圆形底座（小）

这种门把手主要用在玄关门上，手感也十分贴合

如果利用实木板制作玄关门，因为门本身很重，所以铰链也应相当牢固。以前通常会用2片尺寸最大的铰链HORI 182-A，但因为这款只有黄铜色，所以逐渐弃用，改用3片182-C

在这个屋檐仅8寸（约242 mm）深的住宅中，玄关门是用刷有聚氨酯防水涂料的硅酸钙板做成的平板门。而安装在这面简洁的白色门板上的门把手，就是HORI LBR

HORI 182-A,B,C,D

一种十分牢固的用于玄关门的铰链。虽然价格很高，但毕竟是用在对耐久性要求最高的地方，也就不计较成本了

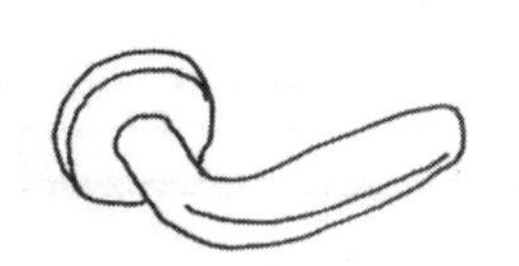

HORI LBR 圆形底座（小）

最近尤其爱用的一款门把手。比MCR稍微小一些，但设计得更有现代感

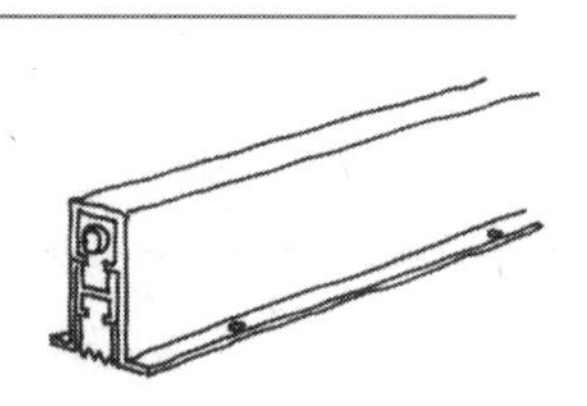

BEST No.558-1LW

安装在玄关门底部且保证气密性的零部件。关门时，黑色橡胶带就会落下

在室内房间门上试用了 MCS，并拿掉了圆形底座，看起来相当清爽

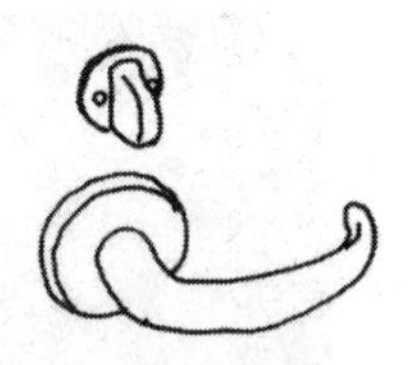

HORI MCS 圆形底座(小)
MCR 门把手的缩小版，有相当可爱的设计。直到最近都没有被收录进零部件清单中，是行家才知道的一款产品

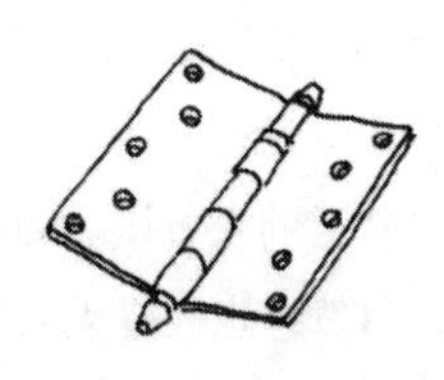

BEST No.110
应用于单开窗的铰链。十分牢固，价格也比较高昂

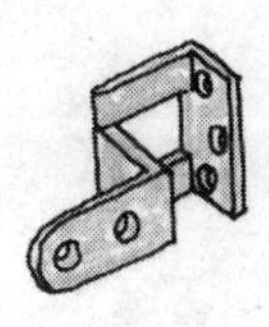

SUGATSUNE AHS-24M
可用于格子纱窗的转角铰链。这个尺寸刚好可以让格子挡住铰链部分

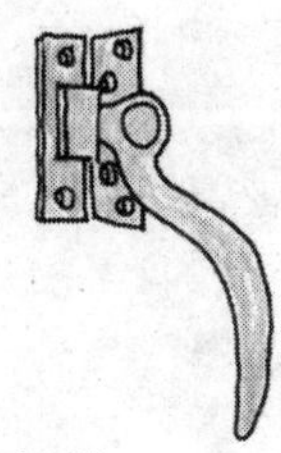

HORI 1015
可用于单开窗或外翻窗的窗锁

通风小窗除了在横向外翻窗中使用滑撑，在纵向平开式窗户中也常常用到这种部件。定制的木窗框虽然性能上不能与铝框相媲美，但有十足的手工感，这种魅力是无可取代的

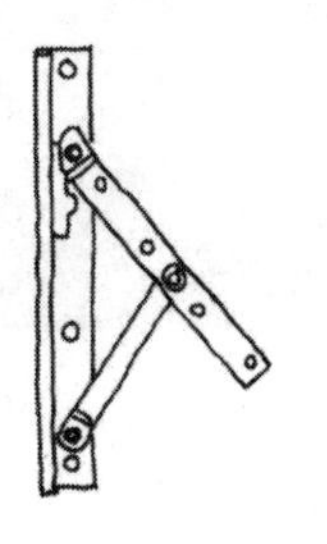

BEST No.462 / 200 mm
滑撑铰链，可用于外翻窗

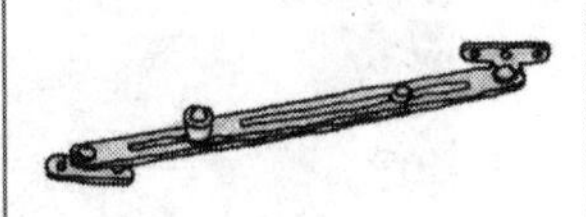

HORI 571
滑撑铰链，可用于纵向平开窗，以固定开合角度

SUGATSUNE 7813-031
简洁的钢棒拉手，可安装于家具柜门上

除了空调，太阳能系统出风口的格栅门也是定制而成的。使用了 PL 铰链

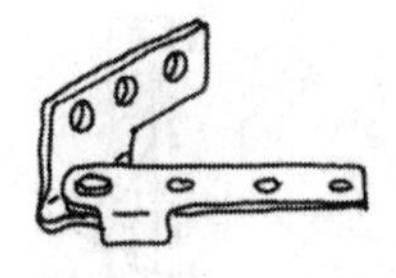

SUGATSUNE PL-60
PL 铰链、转角铰链的一种。可用于空调柜的百叶门

15 必用的零部件（推拉式门窗）

关于起居室的主门窗，可用的类型大约有百叶门窗、纱窗、可隐藏的障子等。这样在全部打开的时候，室内外空间就可以融为一体，自然风也能毫无阻碍地涌入室内，让人的心情变得格外舒畅。堀商店的铜制静音导轨和滑轮从50多年前就开始生产——这一点我已得到制造商确认，堪称经久不衰的产品。

常陆太田之家的起居室朝向东面，外侧有一条蜿蜒的小河，中间安有2面推拉式落地窗。打开门窗，风景一览无遗，自然风也随之涌入舒适的室内（照片：岩为）

BEST No.355 / 75 mm
安装在移门上的半旋转拉手

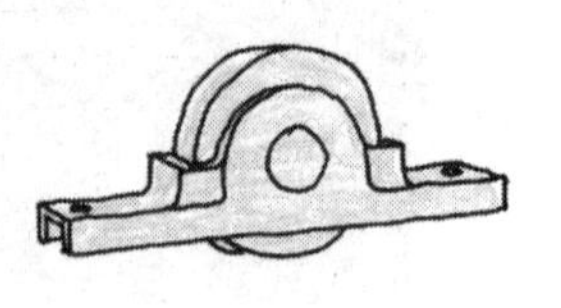

HORI 2416-A / ϕ45
用于玻璃门框的铜质滑轮

HORI 2421-B / ϕ30
用在纱门上的 Derlin 滑轮

中政 38-05 仙德（小）
用于推拉式障子的内扣式拉手

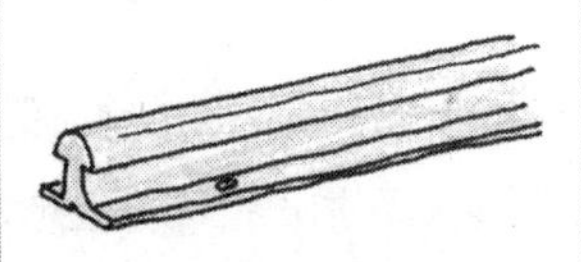

HORI 2420
静音导轨。拿掉了导轨与滑轮接触面上的钉子后，尖锐的声音随之消失

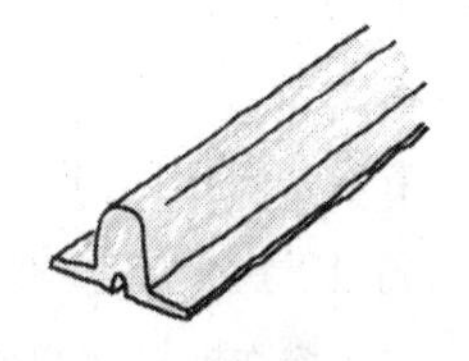

MITSUGI MO 导轨
最近上市的新品，静音结构上安有相当稳固的导轨

在极具设计感的和室中，隔扇纸用了较艳丽的京唐纸“兰花纷飞”，此时可以用仙德镀色的拉手来平衡视觉效果

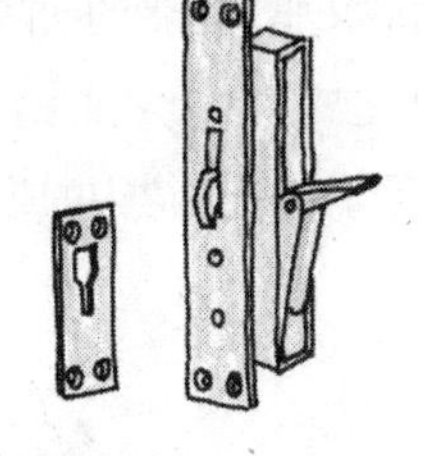

BEST No.250
用于推拉窗的钩锁。价格较高，但气密性很好

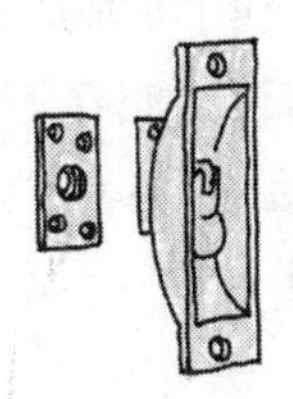

HORI 中弯螺旋锁
过去就有的、用于推拉门窗的螺旋锁

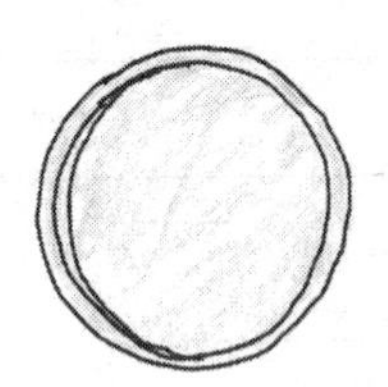

中政 18-01 中益仙德丸（大）
隔扇的拉手。个人喜欢仙德镀色后的质感

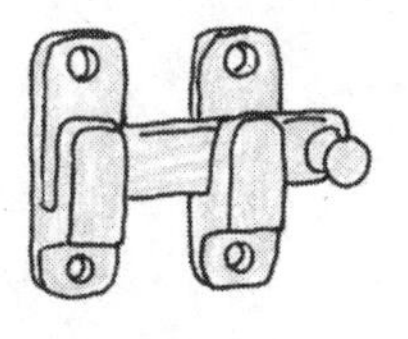

BEST No.550
装在卫生间门上的插销。紧急情况下可以在外面用尺子打开门

木窗很难做到完全将自然风挡在窗缝之外，不过这个位于高台上的河津之家，就通过隐蔽式下窗框，减少了缝隙过风的可能性

16 准防火地带的大开口设计①

在准防火地带，为了预防火势蔓延，往往需要在开口部加设防火设施。所谓的"防火设施"，就是经过防火标准认定的窗框，或是按照公告中的模板做出来的设计。从多年前开始，得到防火标准认定的铝框式样就变得复杂和严格，设计的自由度也渐渐被剥夺。

在这一标准下，推拉窗最大只能做到1.78 m宽，但这一宽度对于起居室来说未免显得过于狭小。虽然带上百叶之后，推拉窗可以达到2.6 m宽，但这么长的卷帘盒又很难被掩饰起来。如果使用经过防火标准认定的木质密封窗框，最大宽度也有2.6 m，但成本又太高了。

因此我们在着手设计前，不得不先在地基图上画出火势可能蔓延的范围，再考虑四周环境，决定房屋开口的朝向。

这个项目的地基是既非三角形又非五边形的凹凸状地块。南侧建满了2层住宅，挡住了日光，也容易给人带来压迫感。因此我们稍稍调整了建筑的布局，做了2个三角形庭院，它们分别面向不在可燃烧范围之内的起居室和餐厅的大玻璃窗。

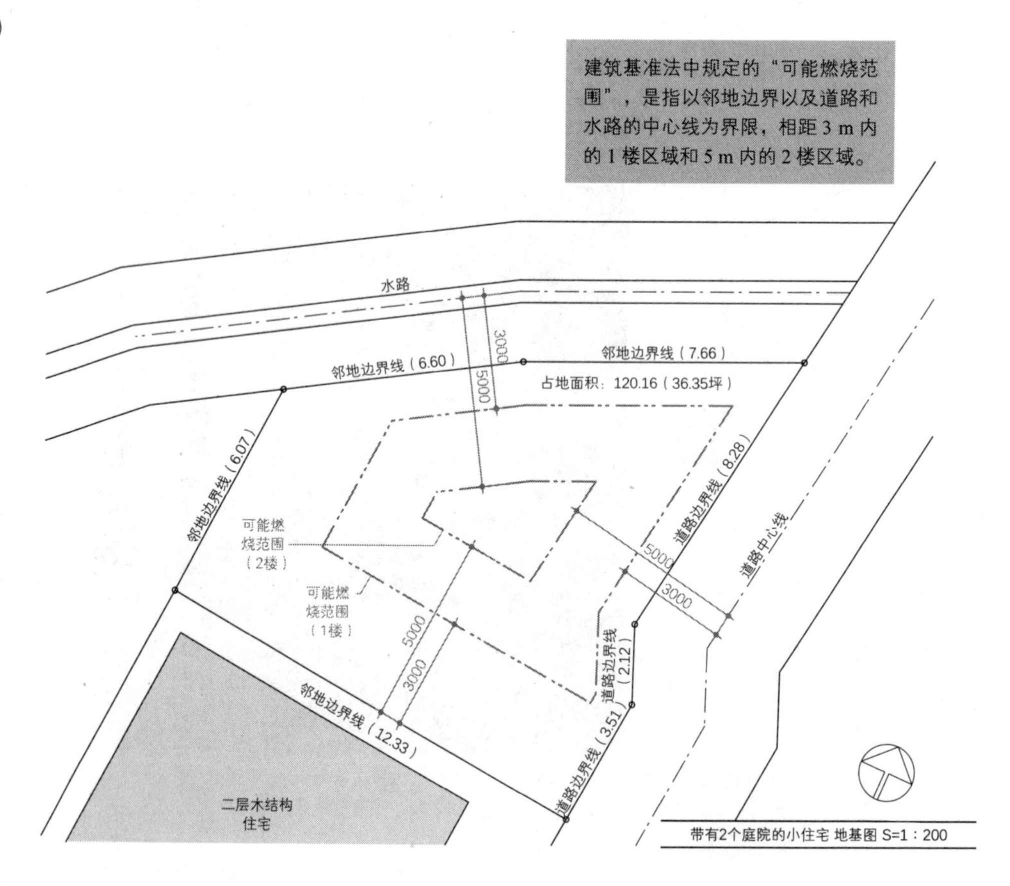

带有2个庭院的小住宅 地基图 S=1：200

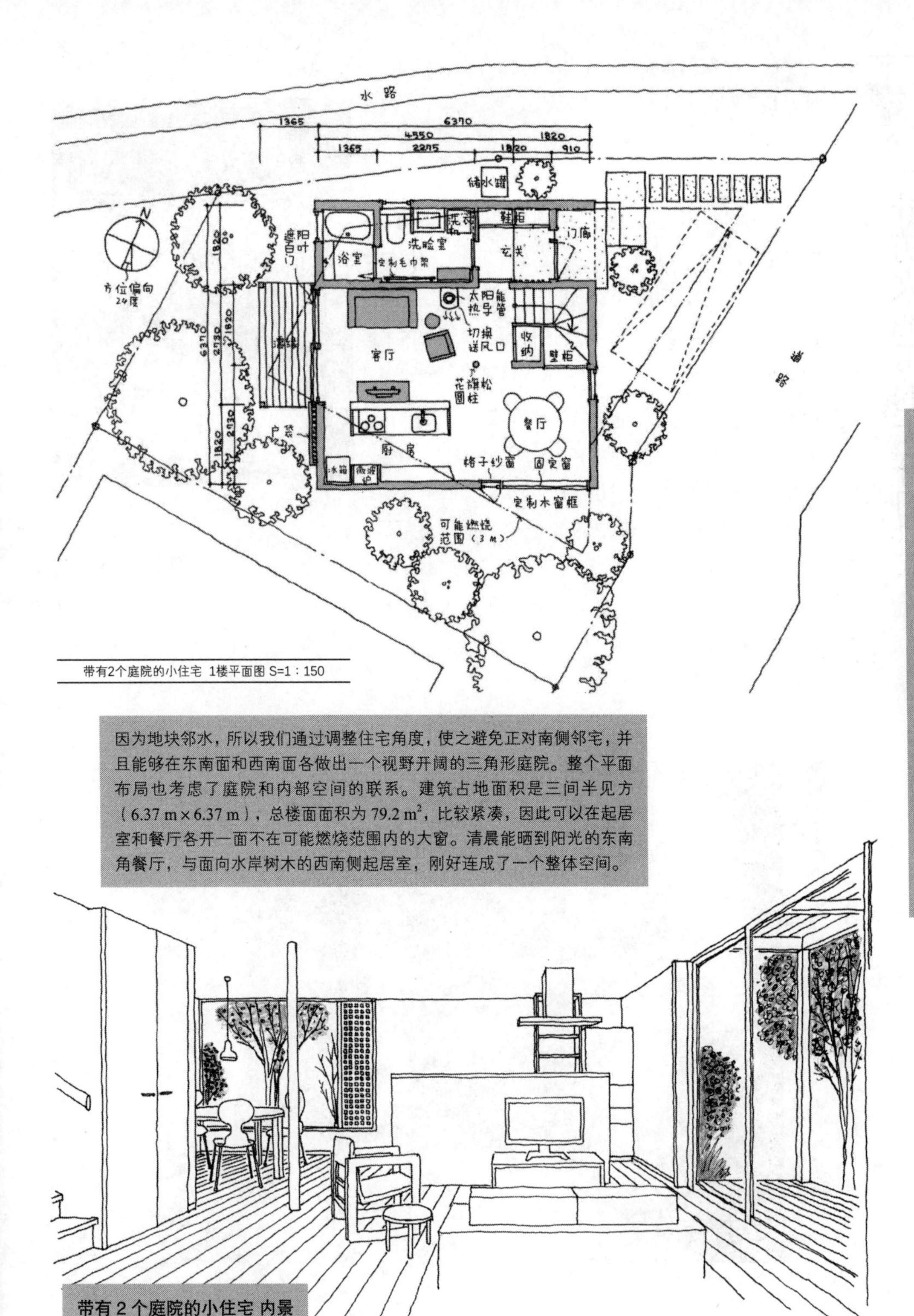

带有2个庭院的小住宅 1楼平面图 S=1：150

因为地块邻水，所以我们通过调整住宅角度，使之避免正对南侧邻宅，并且能够在东南面和西南面各做出一个视野开阔的三角形庭院。整个平面布局也考虑了庭院和内部空间的联系。建筑占地面积是三间半见方（6.37 m × 6.37 m），总楼面面积为 79.2 m^2，比较紧凑，因此可以在起居室和餐厅各开一面不在可能燃烧范围内的大窗。清晨能晒到阳光的东南角餐厅，与面向水岸树木的西南侧起居室，刚好连成了一个整体空间。

带有 2 个庭院的小住宅 内景

17 准防火地带的大开口设计②

前一个案例有充足的空间，因而有机会在可能燃烧范围之外开窗；但如果地块是像鳗鱼穴一样的长条状，恐怕就没有哪儿不在可能燃烧范围内了。

但此时得出“无法做出大开口”的结论还为时尚早。

在这次的案例中，我们就利用建筑基准法施行令第 109 条第 2 项中记载的被视为防火设施的袖壁和围墙，实现了大开口部。具体来说，便是将 1 楼的作为防火结构的外墙，延长到与外廊齐平的位置上。

起居室与外廊之间的落地窗采用了 2 面全开式窗框，推拉窗则配有木质窗套。将整个窗户完全收起的时候，客厅空间就一直延伸到外廊部分。其中袖壁的外侧是黑色镀铝锌合金钢板，内侧则是刷有 Jolypate 涂料的板墙。

稻口町之家 2 外观
（照片：Soa Studio）

稻口町之家 2 防火袖壁和外廊
（照片：Soa Studio）

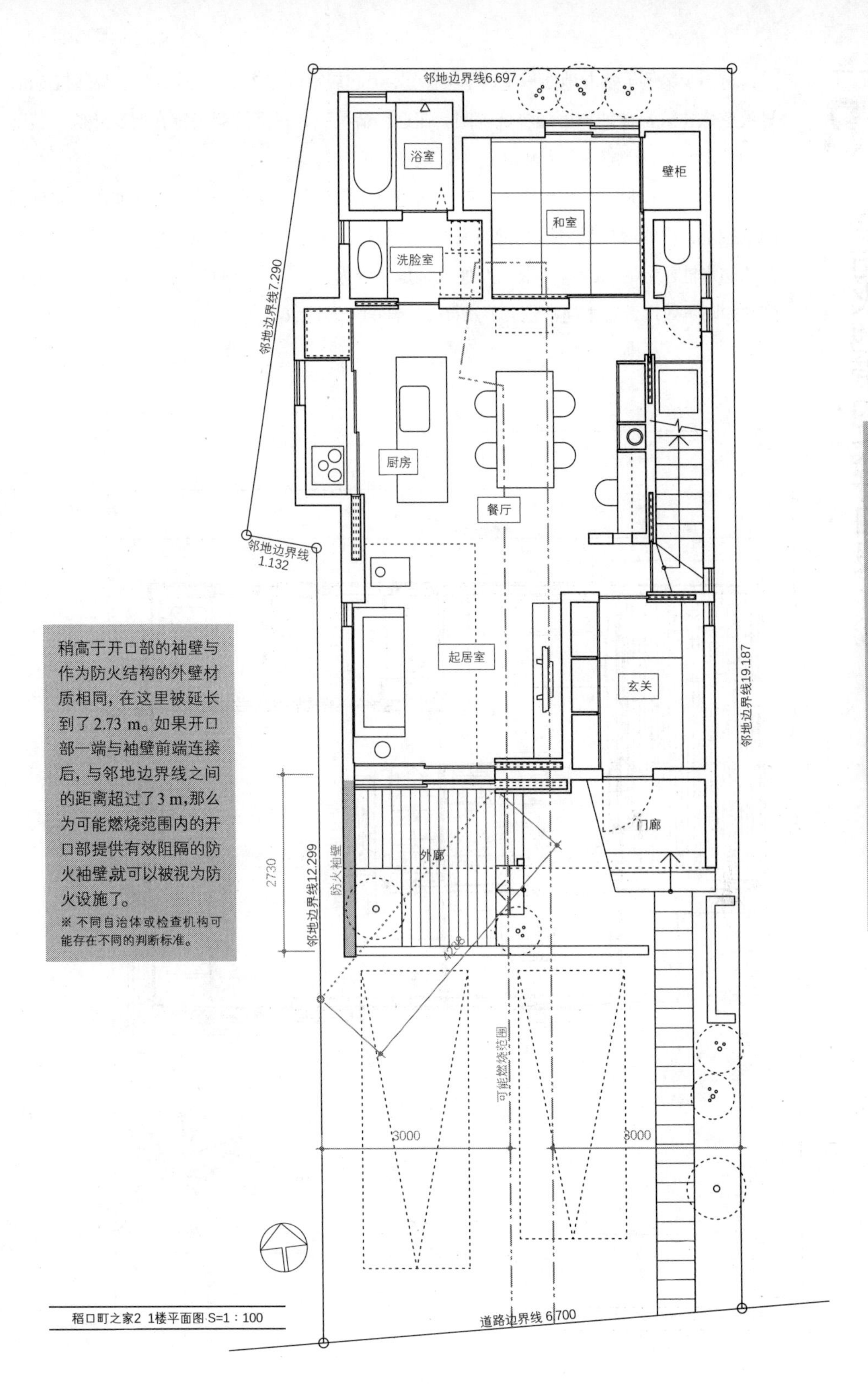

稻口町之家2 1楼平面图 S=1：100

稍高于开口部的袖壁与作为防火结构的外壁材质相同，在这里被延长到了2.73 m。如果开口部一端与袖壁前端连接后，与邻地边界线之间的距离超过了3 m，那么为可能燃烧范围内的开口部提供有效阻隔的防火袖壁就可以被视为防火设施了。

※ 不同自治体或检查机构可能存在不同的判断标准。

18

准防火地带的大开口设计③

有不少案例虽然占地面积超过了案例②，但起居室设在 2 楼，距离邻地边界线仅 5 m，导致整栋建筑都被纳入可能燃烧范围。在这种情况下，只要按照规定在门窗外侧安装防火护门窗板，就仍能实现大开口。

防火护门窗板除了防火之外，在夜间还可以起到隔热保温的效果。在使用木质窗框的基础上，再用隔热材料填充护门窗板，就能进一步增强隔热性能。此外，虽然现在窗户的防水性已经有所改善，很少有住宅只是单纯为了应对台风而加设护门窗板，但考虑到它的防盗效用，业主通常也会愿意接受这样的安装建议。

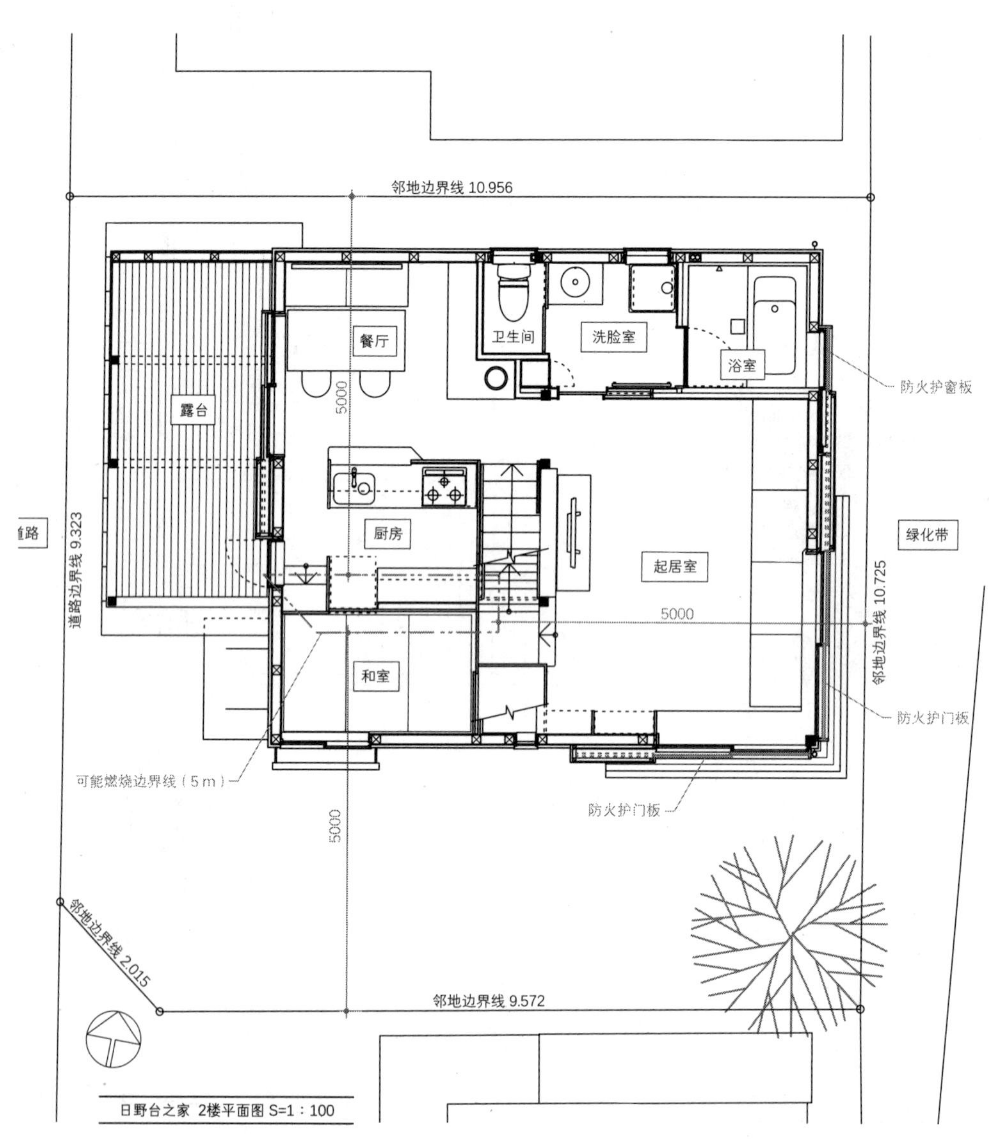

日野台之家 2楼平面图 S=1：100

防火护门窗板的制作方法参照建设部公告第 1360 号 1-2-Ho：“木结构骨架须刷有防火涂料，屋内一侧应铺设厚度超过 1.2 cm 的水泥木屑板，以及厚度超过 0.9 cm 的石膏板；屋外须铺有热浸锌板。”

※ 不同自治体或检查机构可能有不同的判断标准。

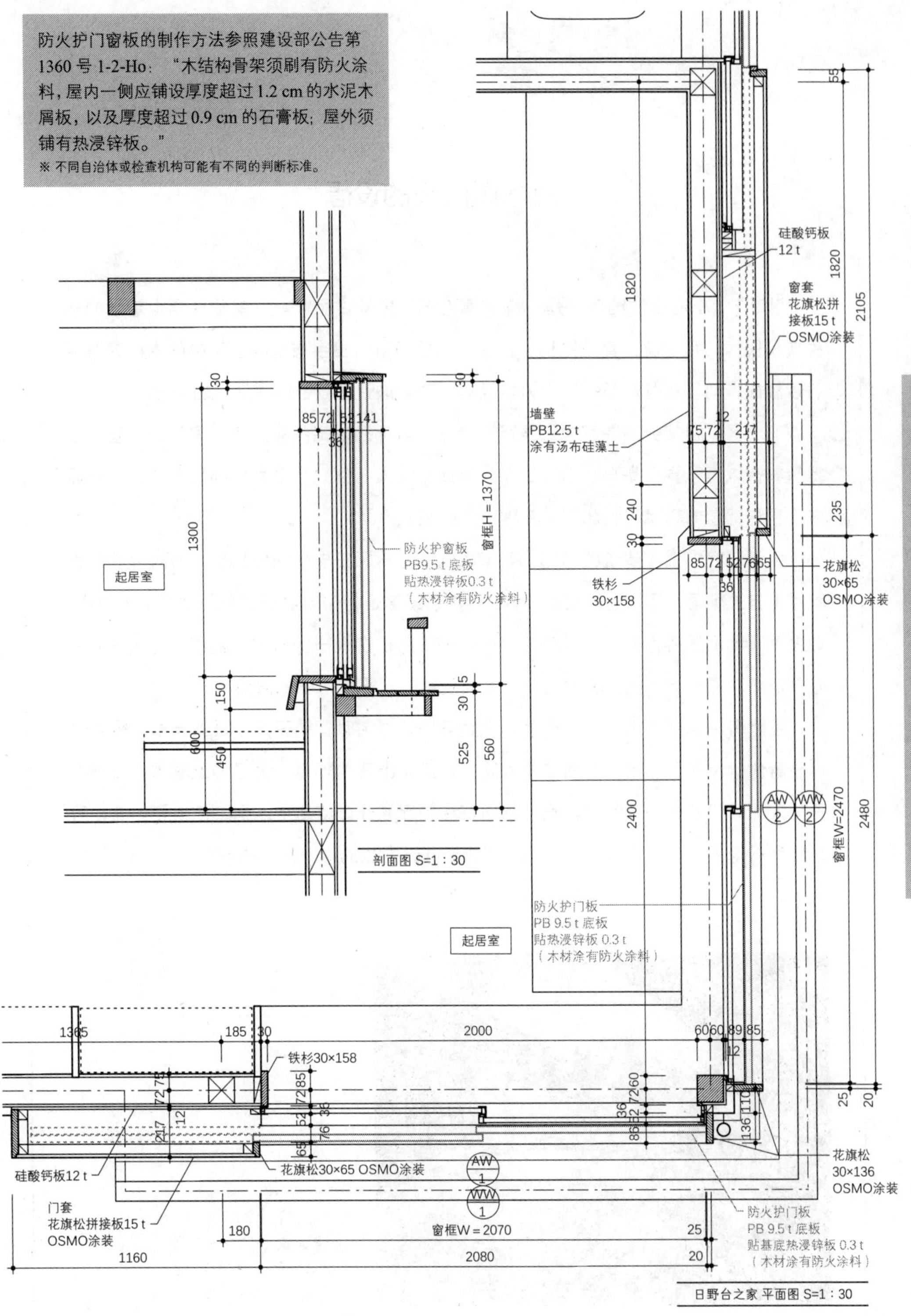

剖面图 S=1：30

日野台之家 平面图 S=1：30

专栏

对木质门窗的设想

我（T）小时候住的房子是一栋有着百年历史的古民家。它就像从画中走出的那种典型民居，瓦屋顶、真壁结构、土墙、木质门窗、田字布局等。家中的木门窗有些可以轻松搬动，有些却是费了大力也纹丝不动。这就是我曾经生活过的地方。

有一天，祖父突然决定把家里所有的木门窗都换成铝制品。当时家里的门窗松动得厉害，以至于觉得是自己看花眼了，因此全家人听到这个消息后都欣喜不已。然而对于铜色铝窗的质感，我却怎么都喜欢不起来。

大学时我走上了建筑的道路，有幸看到了吉村顺三先生的作品集。当时我的目光就不由自主地落在了没有门窗的照片上。本以为这是将门窗全部卸到外面后拍的照片，却发现实际上是将百叶窗、纱窗等都像以前使用护窗板一样移进了窗套中，故令我大吃一惊。从那时起，我就决定终有一天要设计出一座全木质门窗住宅。

正因有着这样的志向，我在第一次负责设计住宅时，就开始尝试做全木门窗。然而一看估价惊呆了。木门窗的成本太高，远远超出我的预算。为了降低成本，我不得不将大部分门窗改为铝制品，唯独起居室和餐厅的开口使用了木框。但即便如此，我已经高兴得不行。如今想起来，仿佛还像是昨天发生的事一般历历在目。

独立后的第一个项目
日比津之家1（2005年竣工）是老家的改建项目。毫无疑问加入了木质门窗

第 6 章

楼梯、走廊、储藏室……内部空间也需要精雕细琢

考虑到如今住宅面积有限，

走廊、楼梯间等原本用于通行的空间，

也开始在越来越多的项目中得到有效利用。

而对于大部分住户来说，

能够毫不浪费地使用空间也值得欣喜。

本章就来介绍相关的设计方法。

01 半地下卧室与低天花板土间

在住宅和街道距离较近的情况下，一般都会设置围墙，或做成中庭式布局，总之大多数方案会试图围合出一个私密空间。只是这样一来，朝向街道的一面也就很容易呈现出封闭式外观。

为此，我们设计了一种交错式楼层，例如将卧室设在半地下（下陷深度不足常规的一层），将起居室和餐厅设在通常1、2楼的中间（中2楼）。于是就有了靠近地平面、让人感觉安稳且容易入眠的卧室，以及能够避开行人视线、使用起来更加自在的起居室和餐厅。中2楼下方的空间如果全部做成半地下式，施工成本显然要增加不少，因此我们将其中一部分做成了天花板较低的土间，使其同时作为收纳空间，存放摩托车、自行车、户外工具等。

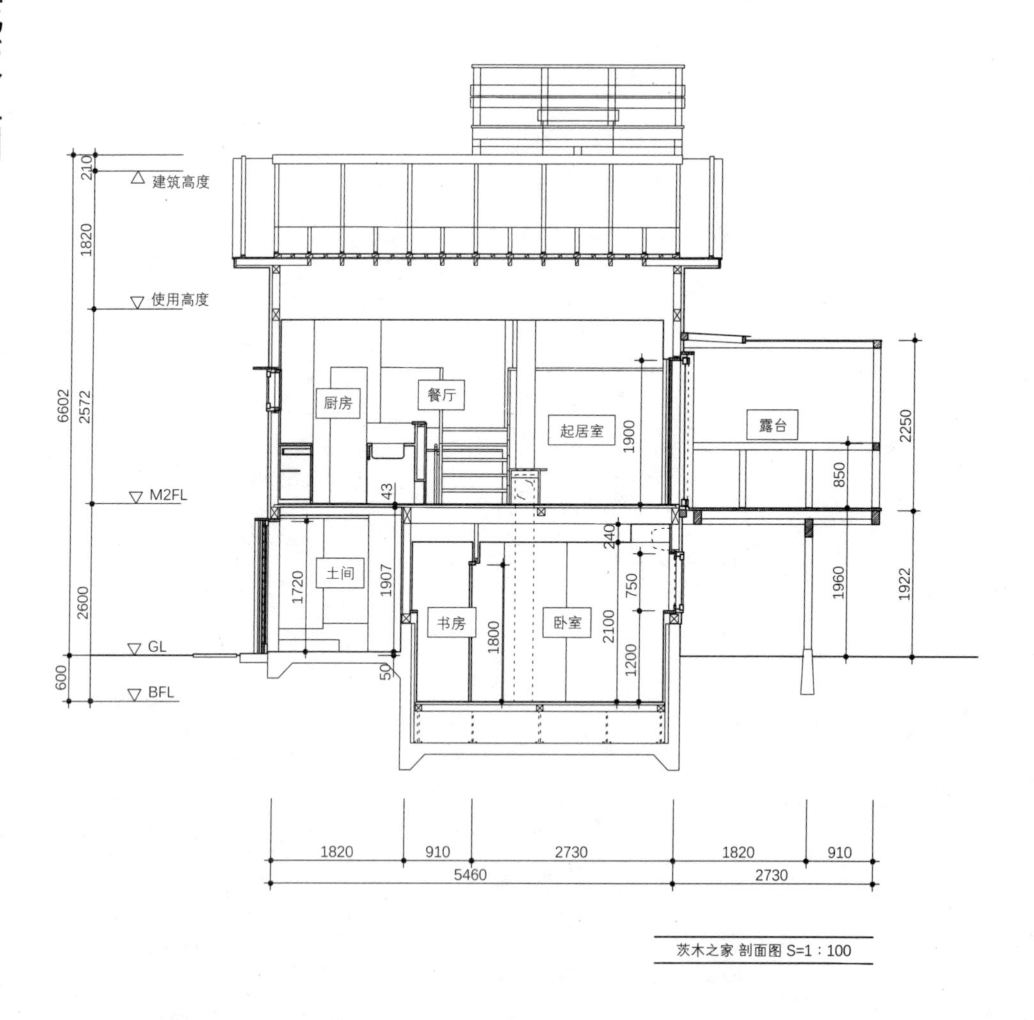

茨木之家 剖面图 S=1：100

茨木之家 半地下卧室

根据建筑条例，如果下陷深度不足层高 1/3，就可以被视为地面 1 楼。考虑到地下层有许多建筑限制，设计中有意将地陷深度做到刚好符合地面 1 楼的标准，以避开操作上的限制。至于地下部分的混凝土浇筑，室内外都应涂上 BANDEX 防水剂，内侧还要铺上 50 mm 的泡沫隔热板以防止结露，在此之上再刷涂料，最终整个墙壁比地上部分厚了 90 mm。下半部分的墙面则和天花板一样，使用柳桉木单板进行留缝拼接。半地下卧室的优点在于冬暖夏凉，而且由于人之本能，靠近地表也会睡得更加安稳。但同时也存在缺点，例如较厚的地基混凝土和隔热材料会使房内空间减小。另外，如果不设通风井，被褥就必须抱到楼上才能保证干燥；而加设通风井的话，开挖土方的工程量就会增加，防水措施也必须到位，最终导致施工成本的提高。（照片：筑出恭伸）

茨木之家 土间入口

虽然土间天花板仅 1.9 m 高，但存放自行车之类的东西还是绰绰有余的。入口装有 2 扇可隐藏的推拉式玻璃门和木格栅纱门，可以全部打开。纱门安有门锁，因此即便打开玻璃门通风，也无须过于担心安全隐患。土间和玄关之间，还有一扇高 1.4 m 的小门。（照片：筑出恭伸）

02 楼梯间的全方位利用

设计面积受限的都市住宅时，能否有效利用建筑的每个角落十分关键。曾有一次拜访一位业余做木工活儿的朋友的家，惊讶地看到楼梯间墙壁和上部空间都被改成了书架。于是我将这种做法应用在自己的设计中，在1楼楼梯的上部隔出了一个收纳空间，并保证一定的高度，以免撞头或给人带来压迫感。这样的收纳空间大约进深630 mm，高1800 mm，吸尘器等大件物品也能放得下。虽说如今楼梯下方的空间常常被设计为卫生间，但实际上可利用的空间还有很多。

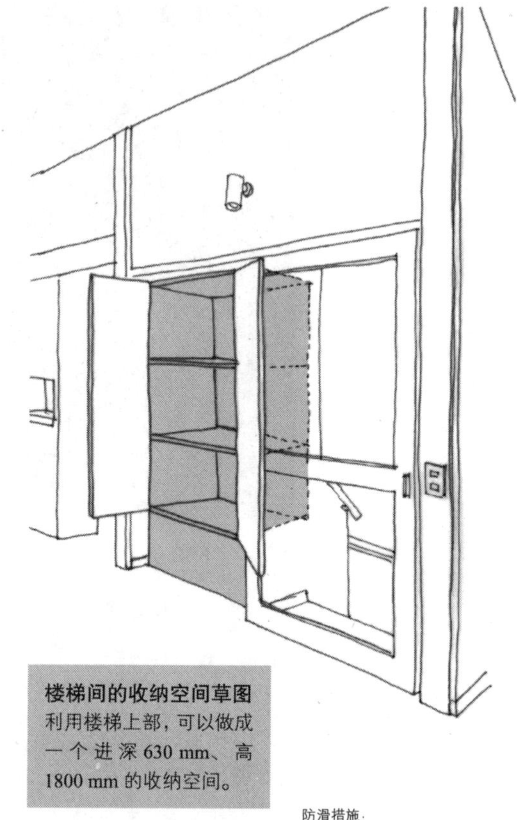

楼梯间的收纳空间草图
利用楼梯上部，可以做成一个进深630 mm、高1800 mm的收纳空间。

楼梯上部空间可以用作收纳柜或装饰架
（NEST House 照片：牛尾幹太）

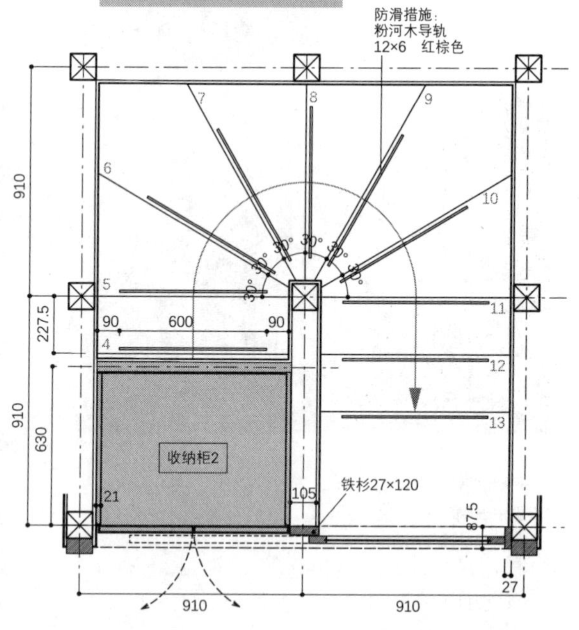

楼梯间的收纳柜 平面图 S=1：30

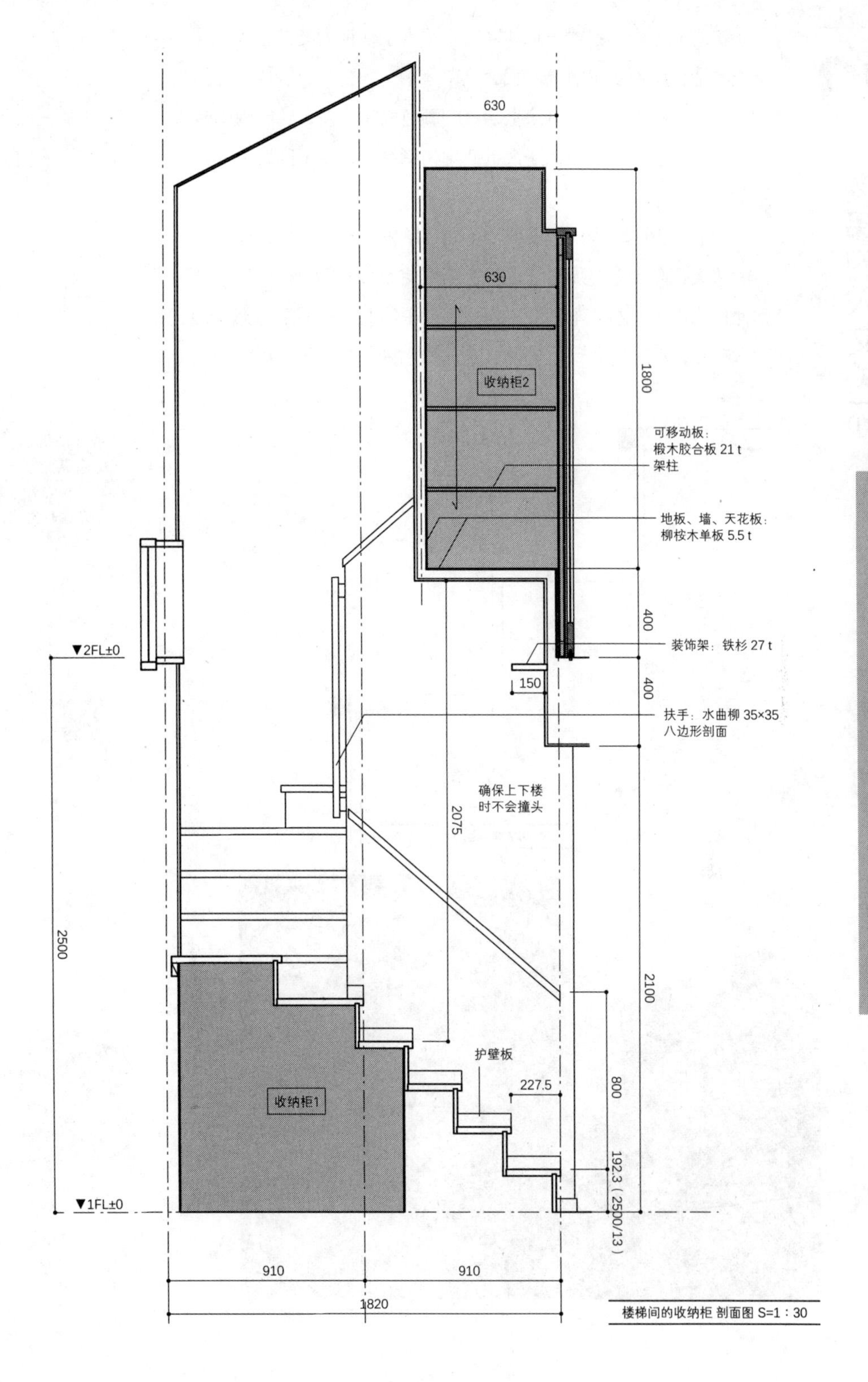

楼梯间的收纳柜 剖面图 S=1：30

03 楼梯的人文关怀

曾有业主表示："一想到以后年纪大了，视力变差，到了晚上连看清台阶都变得困难，就会觉得害怕。"公共建筑或室外的楼梯，还会在踏步外边沿涂上醒目的颜色以示级差；住宅内的楼梯非但没有这样的措施，还大量使用树脂制品，安全问题愈发得不到保证。

我们考虑在踏步外边沿使用不同于踏板材质的木材，通过木色的浓淡让高度差更加清晰可辨。踏板使用杉木集成材，外边沿则使用胡桃木方木，高度差一目了然。只不过这一方法（方案A）成本略高，有时也会利用现成木导轨来控制成本（方案B）。

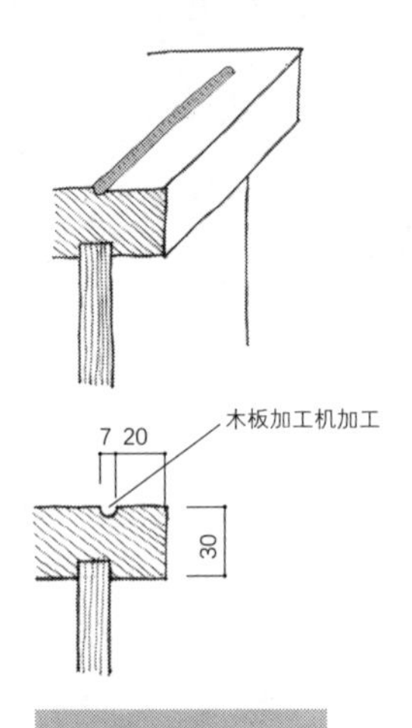

常规木条加工
踏步高度差不易分辨，对视力较差的人而言比较危险。

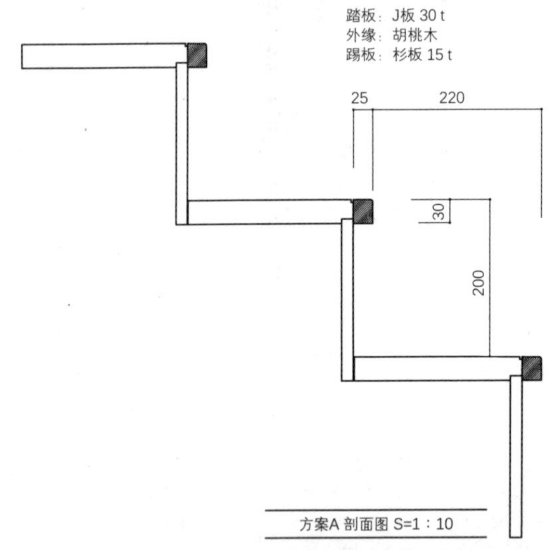

方案A 剖面图 S=1：10

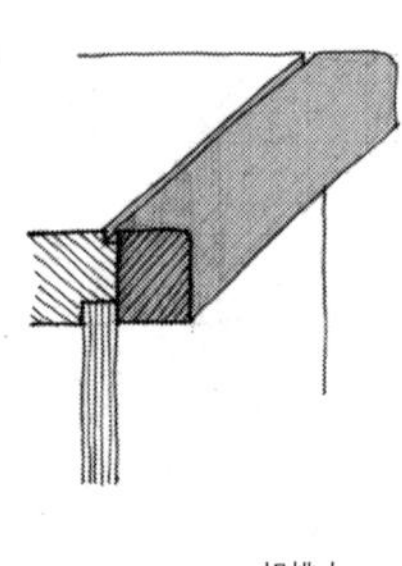

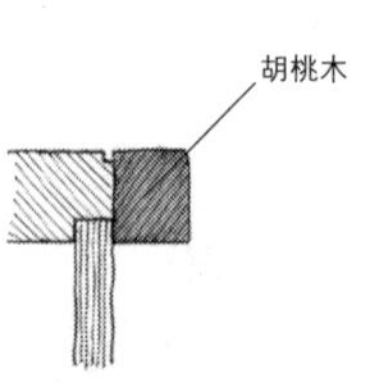

方案A
踏步外边沿采用深色木条，突出了高度差，只是成本较高。

外缘使用胡桃木的踏步

现场讨论的其他方案

贴上薄胡桃木板的方案
薄木板可能脱落，耐久性差。

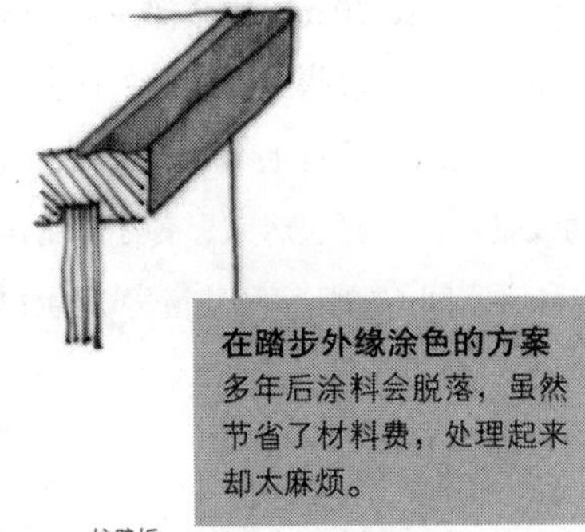

在踏步外缘涂色的方案
多年后涂料会脱落，虽然节省了材料费，处理起来却太麻烦。

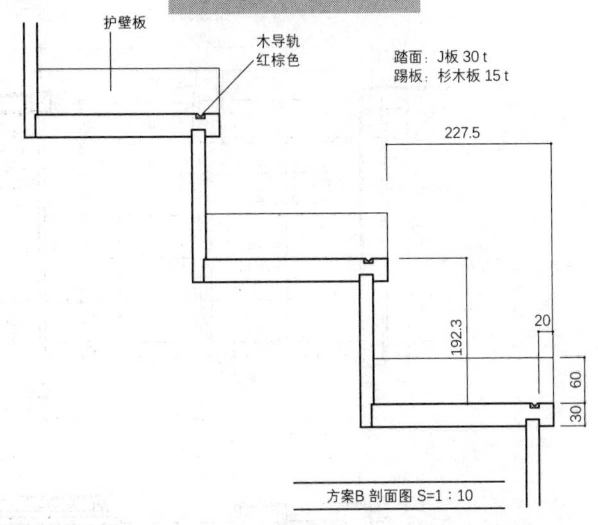

方案B 剖面图 S=1：10

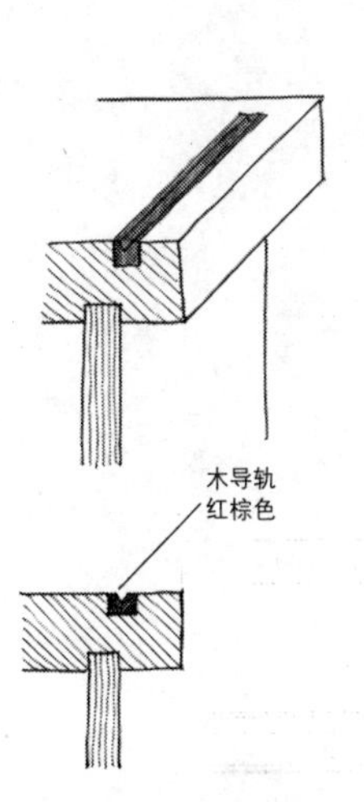

方案 B
使用现成木导轨，可以控制成本，同时确保安全。

踏板外缘埋有木导轨的踏步

04

宽度不一的跃层楼梯

在带有跃层的住宅中，楼梯直接分隔了多个房间，因此不设走廊也没有问题。在这种情况下，整个住宅空间——从 1 楼玄关到半地下卧室、从中间跃层的起居室和餐厨到 2 楼的儿童房——都是以宽 1820 mm 的楼梯为中心展开的。

如果想要使用起来更宽敞些，可以撤去楼梯中间的墙壁，改用带有扶手和支撑梁的薄木板扶手墙。这是我从前辈身上学到的技巧，现在也应用在了自己的项目上。在这个案例中，主要动线是从玄关到起居室、餐厅和厨房，因此我还试着将这段楼梯的踏板做得稍宽于通往较私密空间（如卧室和儿童房）的楼梯踏板。

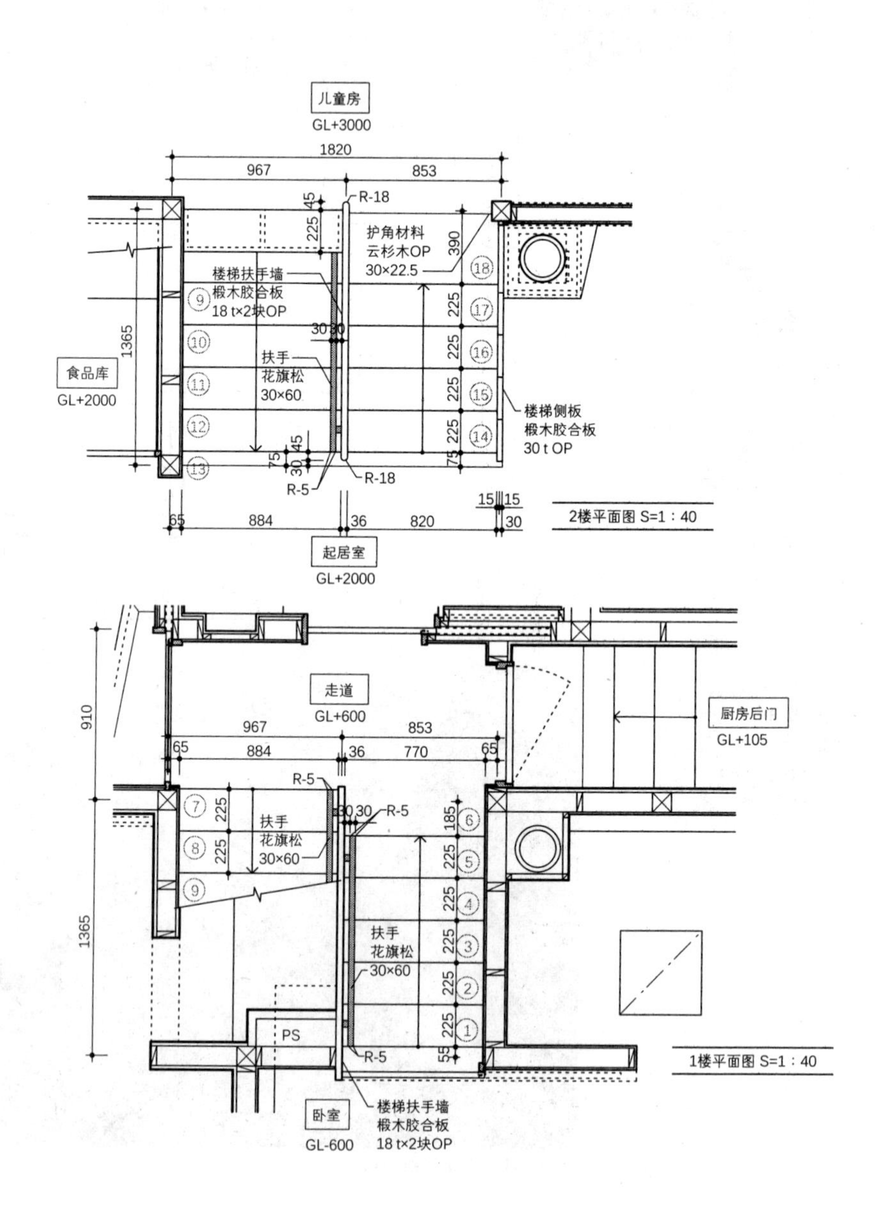

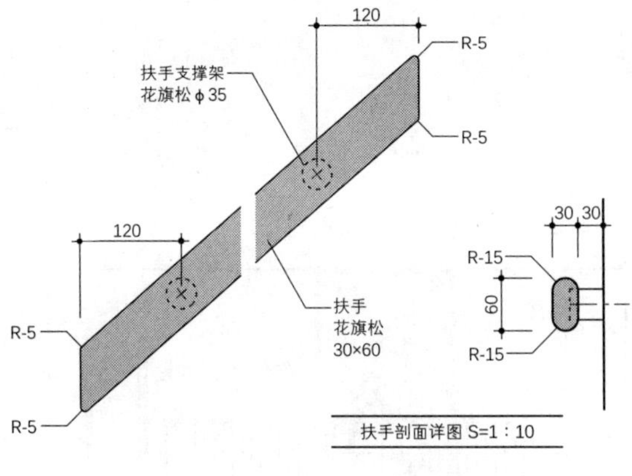

扶手剖面详图 S=1：10

扶手的设计参考了老师的做法，只是根据住宅的具体情况有所修改。扶手并没有指定的形状，我也是摸索着调整适合手握的尺寸和半径的大小。倒是安装在墙上的支撑架的设计比想象中困难。墙壁与支撑架之间、支撑架与扶手之间的螺丝都可能松动，因此必须确保支撑架足够稳固。以前常用与扶手截面相同的长圆形材料作为支撑架，最近根据木匠的新提议，考虑到将长圆形支撑架嵌入扶手中比较费事，且直径 35 mm 的圆形材料已能够较好地进行固定，因此开始将后者作为选材标准。

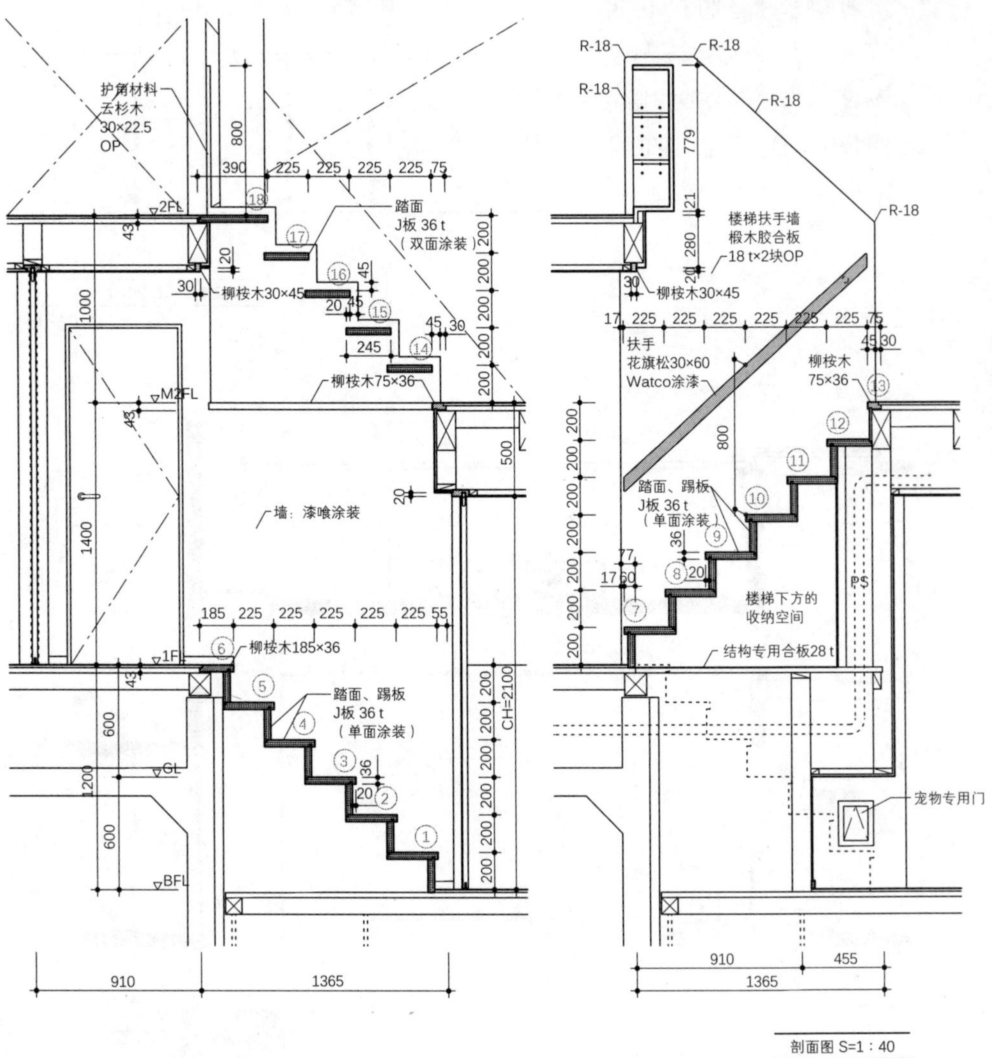

剖面图 S=1：40

05 巧用走廊空间①

走廊常常被认为是连接房间和房间的用于通行的空间，但只需稍微下些功夫，就能赋予它有趣的新功能。Bulat House 的 2 楼就以通高空间为中心，在四周分布房间和露台。如果家中的 4 个孩子不仅拥有各自的卧室，还能走出卧室，透过通高空间环顾自家，应该会很有趣吧。这么想着，就设计了一个带窗台的飘窗。除了小坐之外，还可以在这里摆上装饰物或书籍，营造出家的环境氛围。

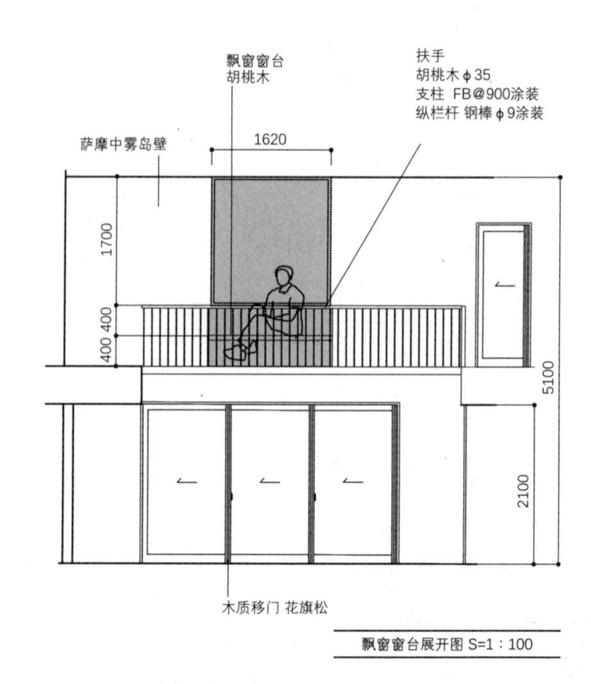

飘窗窗台展开图 S=1：100

露台
卧室
书房
通高空间
小起居室
收纳柜
衣柜

Bulat House 平面草图

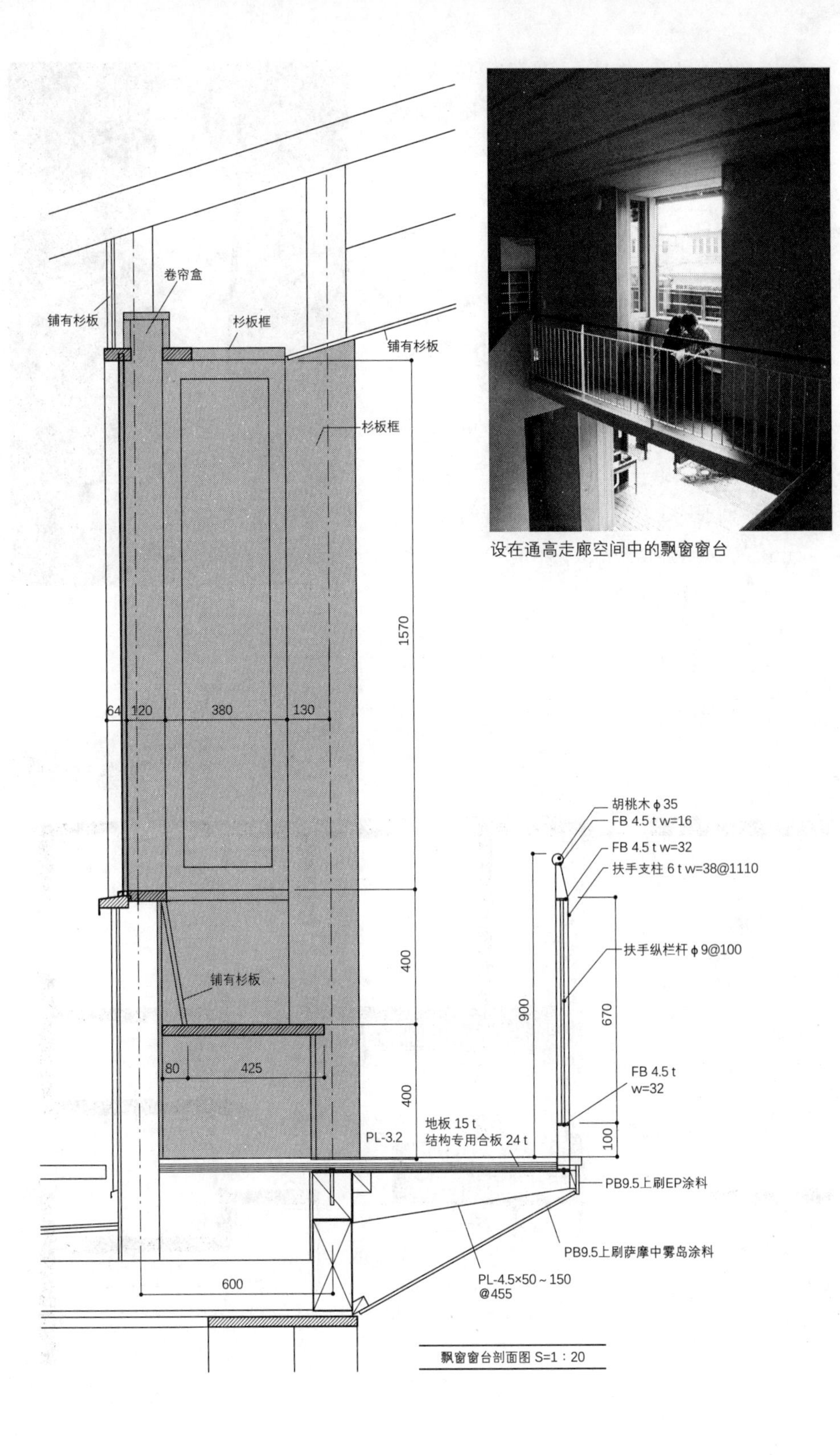

设在通高走廊空间中的飘窗窗台

飘窗窗台剖面图 S=1：20

06 巧用走廊空间②

这个项目的业主是一对住在东京的夫妇，他们的子女已经成人，因此二人开始规划回归田园的生活。业主表示，住到乡下后第一件事就是要尽情地享受烹饪、缝纫等事务，但又希望日常生活动线尽可能合理，例如要确保从玄关一侧就可以进入厨房，以及从家或停车场任何一边都能进到仓库。最好还有专门的缝纫间、同时进行烹饪和清洗等家务的场所等，总之不要浪费任何一个角落。

我们在住宅中心位置的旁边，用平行的书桌和书架夹出一段通道，做成了一个如同走廊空间般的工作区域。有了这样的布局，无论是去厨房还是用水区，不消 10 步就可到达。

如同走廊空间一般的工作区

喜里 House 平面草图

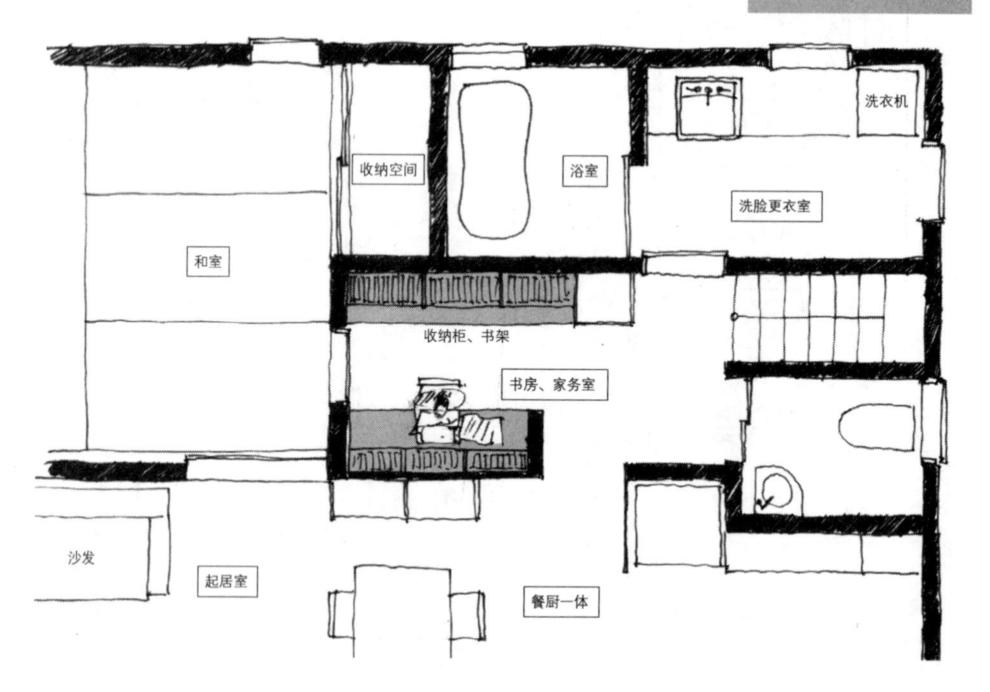

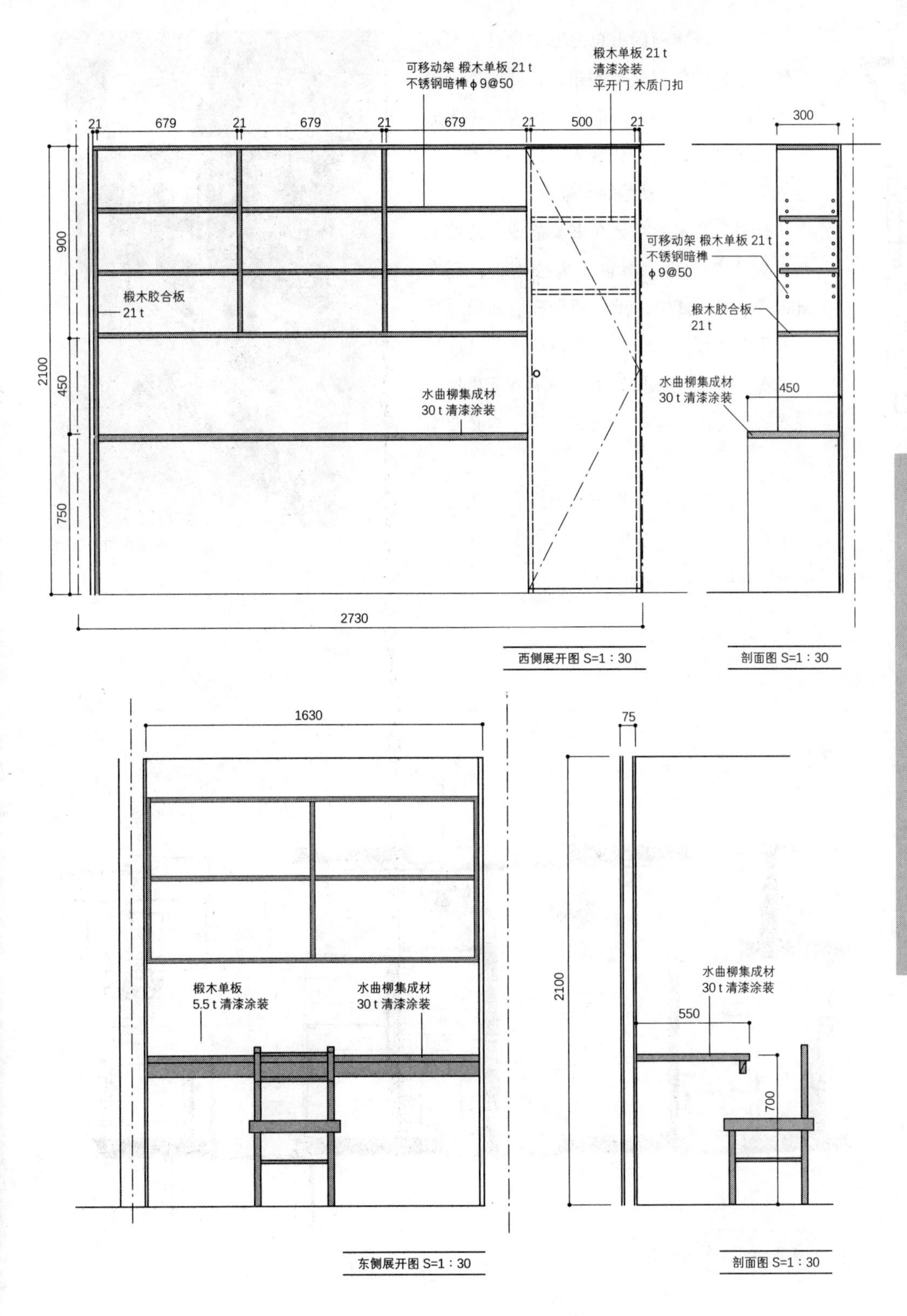

西侧展开图 S=1：30

剖面图 S=1：30

东侧展开图 S=1：30

剖面图 S=1：30

07 巧用走廊空间③

不知为何冰箱门上总是贴着文件、日历和孩子学校的传单之类的东西，要是冰箱设在不显眼的位置还好，但万一出现在家人放松休息的地方，或是让客人一进门就看到，难免会给人一种乱糟糟的印象。

有书房的家通常会在书桌前或旁边的墙壁上贴上软木板，将它作为公告板；而在Mizuniwa House中，我们把走廊墙面做成了一面大公告板。这个位置既可以避开从起居室或餐厅投来的视线，又能让人在忙于做饭、洗衣等家务活的同时，快速确认一些必要事项。

另外，这个案例的一家子都很喜欢看摩托车赛，因此这个公告板还能用来贴赛车手的海报，这令他们欣喜不已。

利用走廊墙面的公告板

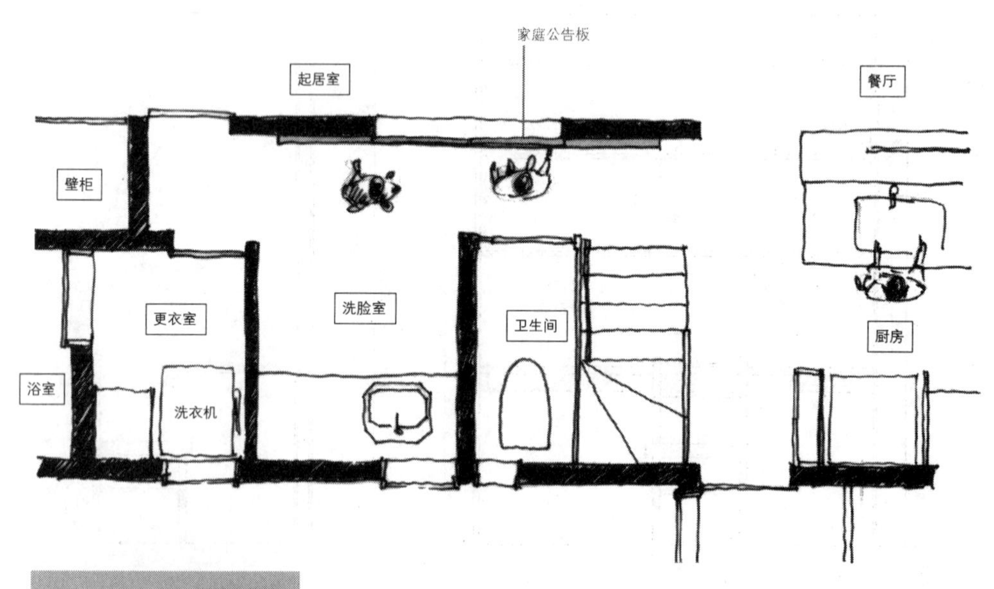

Mizuniwa House 平面草图

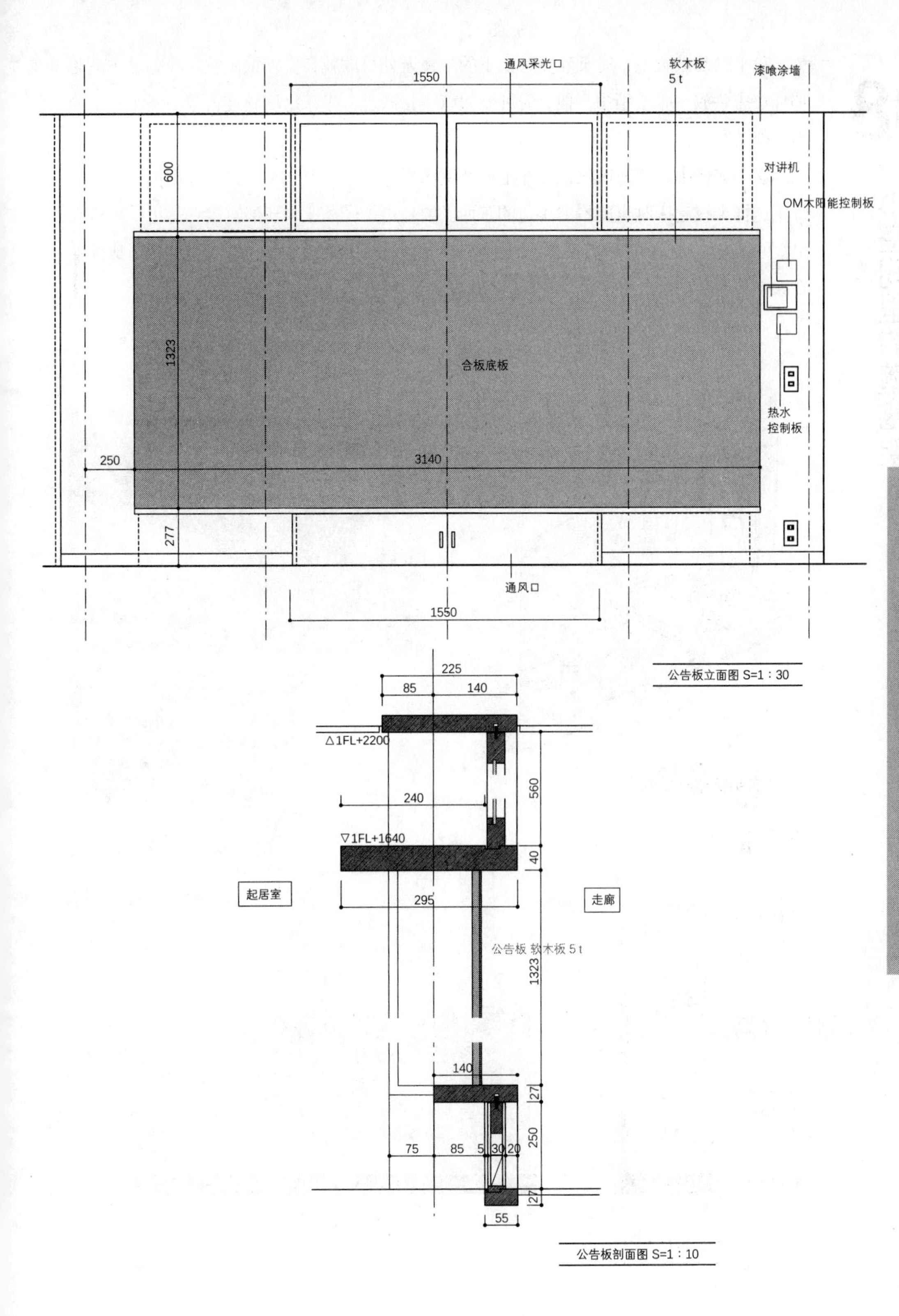

6 楼梯、走廊、储藏室……内部空间也需要精雕细琢

08 小空间里的壁龛架

我平时都戴眼镜，对于睡觉时摘下的眼镜无处可放就会觉得很困扰。我想过像酒店那样在床头放一张小柜子，但有时卧室太狭小，搬进一张床之后就连再放一张小柜子的地方都没有了。

这个案例中，我为戴眼镜的业主在卧室床头设计了一个壁龛，并在里面加了一盏小灯，这样半夜起床时也能看清手边的东西。要是再加个插座，还能直接在这里给手机充电。可见当空间小到连家具都显得碍手碍脚的时候，在墙壁上打造一个壁龛会更有成效。在家中其他容易被占用空间的地方，也可以根据场所需求来设置壁龛。

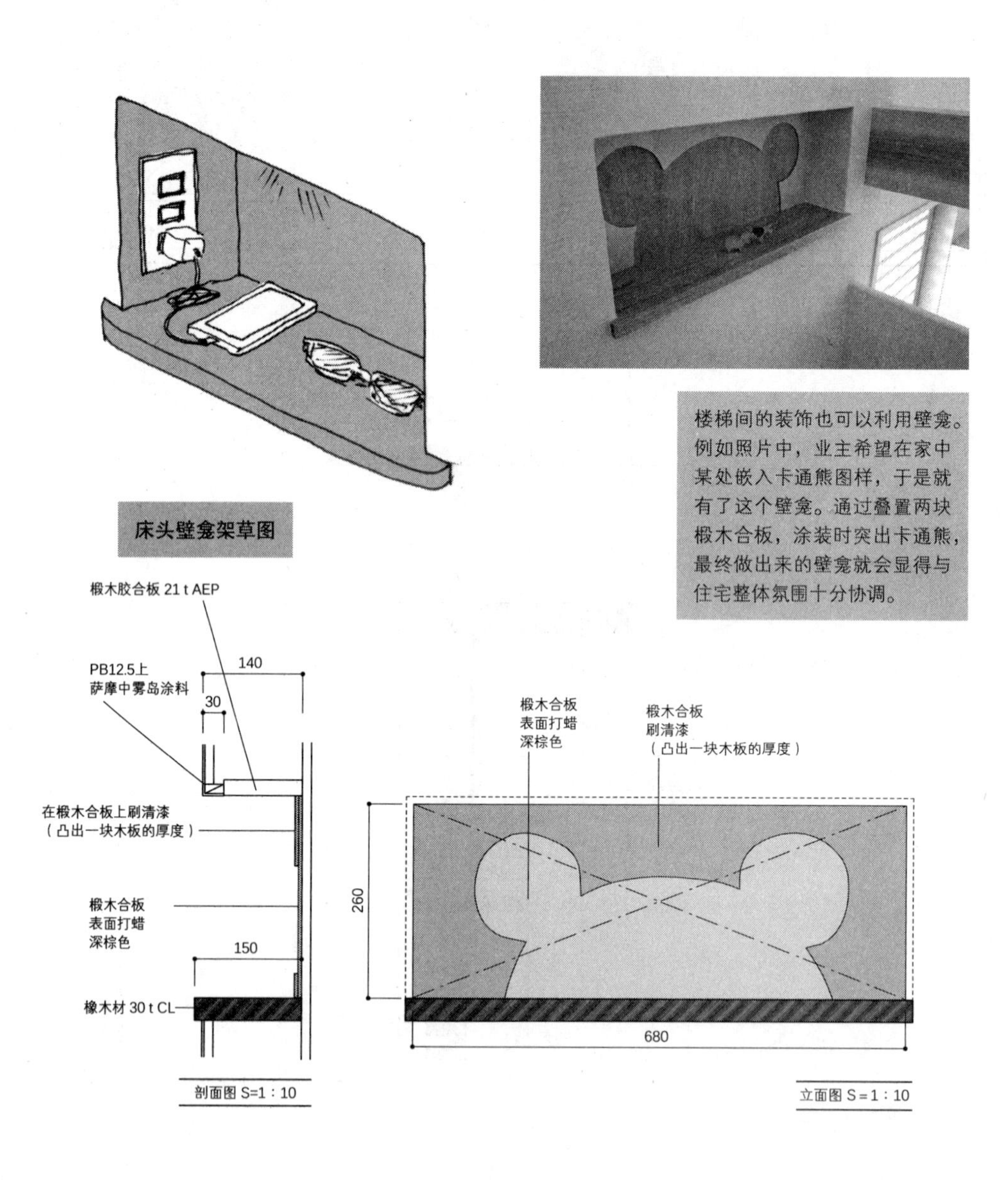

床头壁龛架草图

楼梯间的装饰也可以利用壁龛。例如照片中，业主希望在家中某处嵌入卡通熊图样，于是就有了这个壁龛。通过叠置两块椴木合板，涂装时突出卡通熊，最终做出来的壁龛就会显得与住宅整体氛围十分协调。

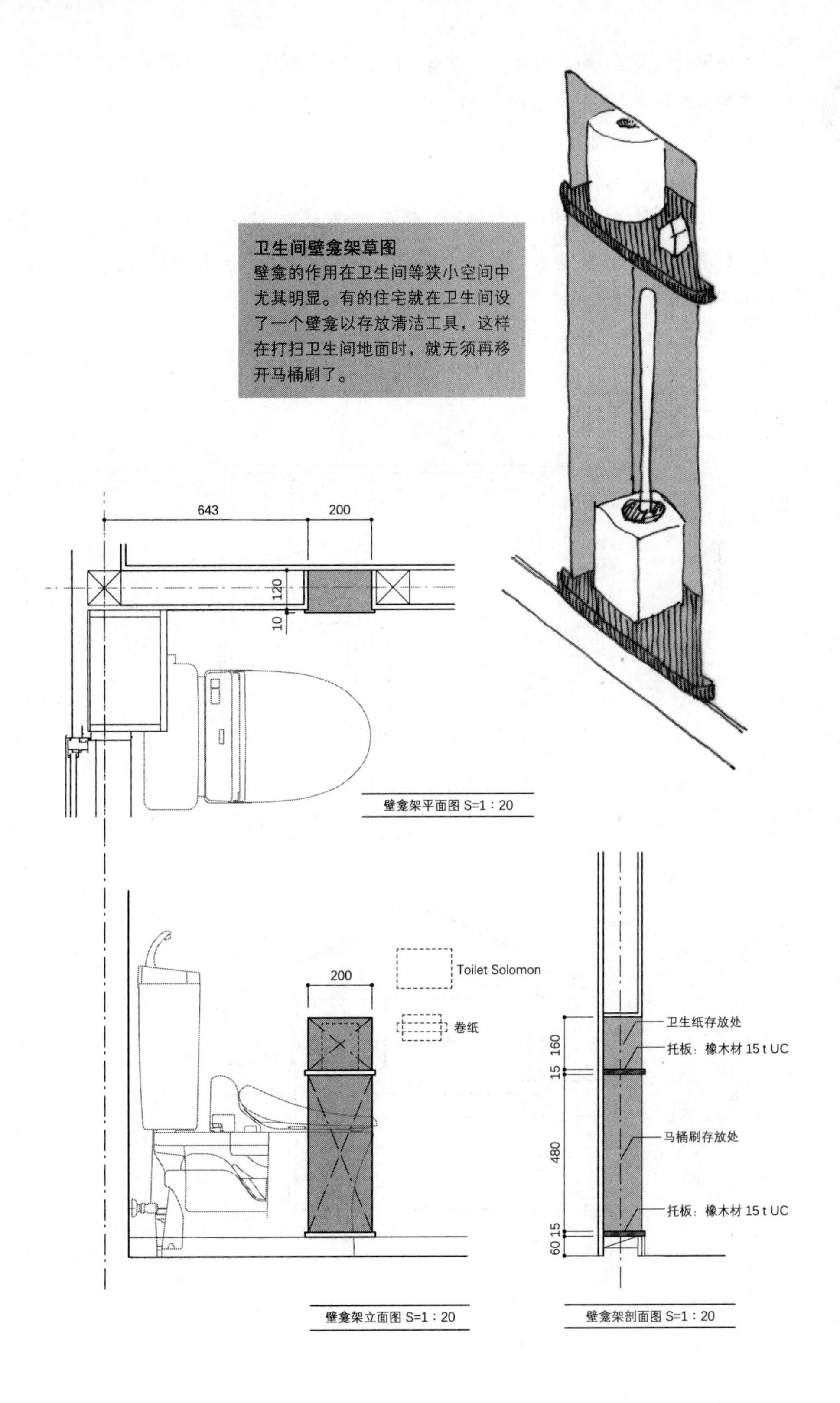

卫生间壁龛架草图

壁龛的作用在卫生间等狭小空间中尤其明显。有的住宅就在卫生间设了一个壁龛以存放清洁工具，这样在打扫卫生间地面时，就无须再移开马桶刷了。

09 独立的学习角

在设计有孩子居住的住宅时，常常会讨论到一个问题，即孩子真的能够利用房间里的书桌来好好学习吗？对于这个平面简洁的正方形住宅（边长约 4 间长），我们建议做成以楼梯为中心的围合式住宅，起居室设在 2 楼，并将内部动线经过的一部分设计为全家都可使用的学习角。

因为和室、楼梯间和储藏室隔开了学习角与起居室、餐厅、厨房，所以人为制造出了一种既能感觉到对方存在，又能集中注意力的距离感。学习角和楼梯之间有一道障子作为软隔断，有时稍稍拉开也无妨。学习角下方是常有寒气进入的玄关门廊，因此我们还贴心地在书桌底下嵌入一块温水式加热板。

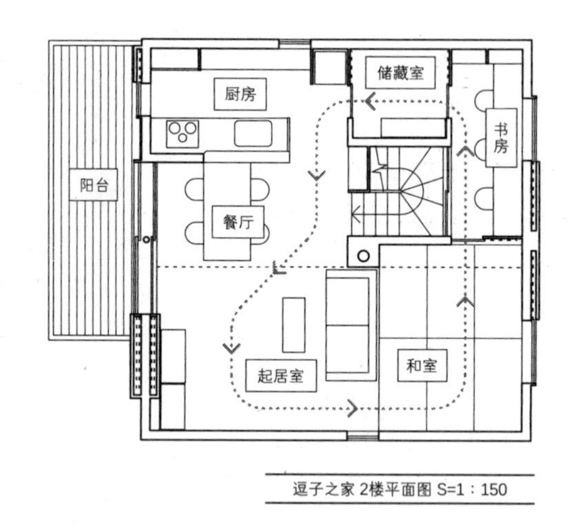

逗子之家 2楼平面图 S=1：150

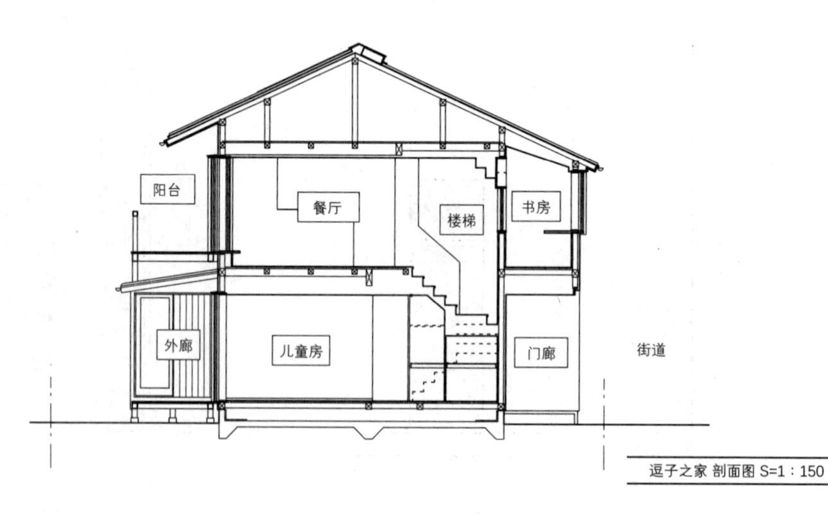

逗子之家 剖面图 S=1：150

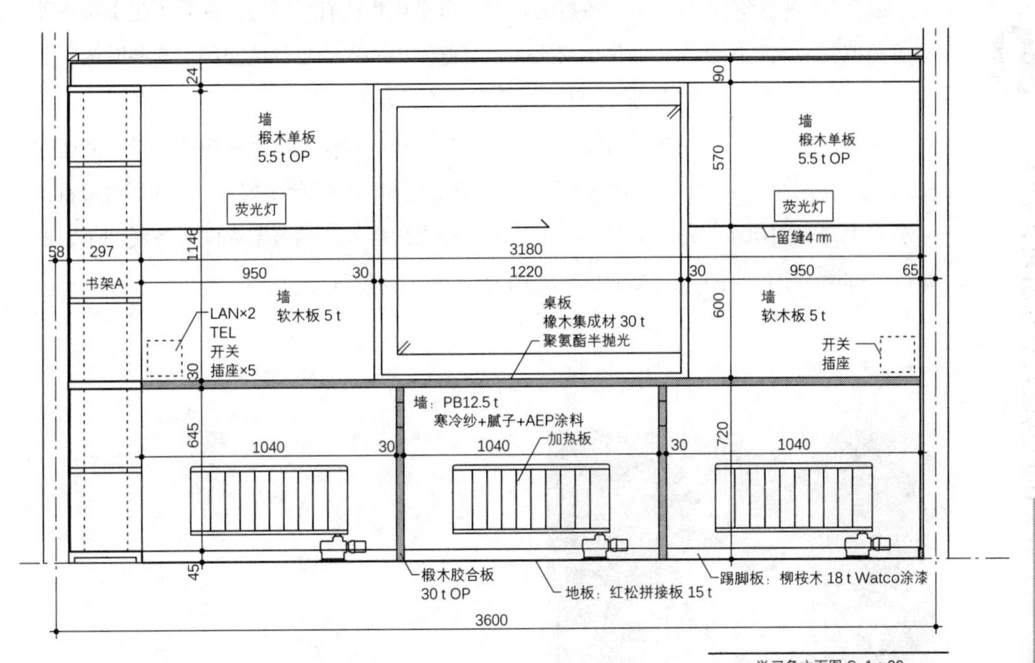

学习角立面图 S=1：30

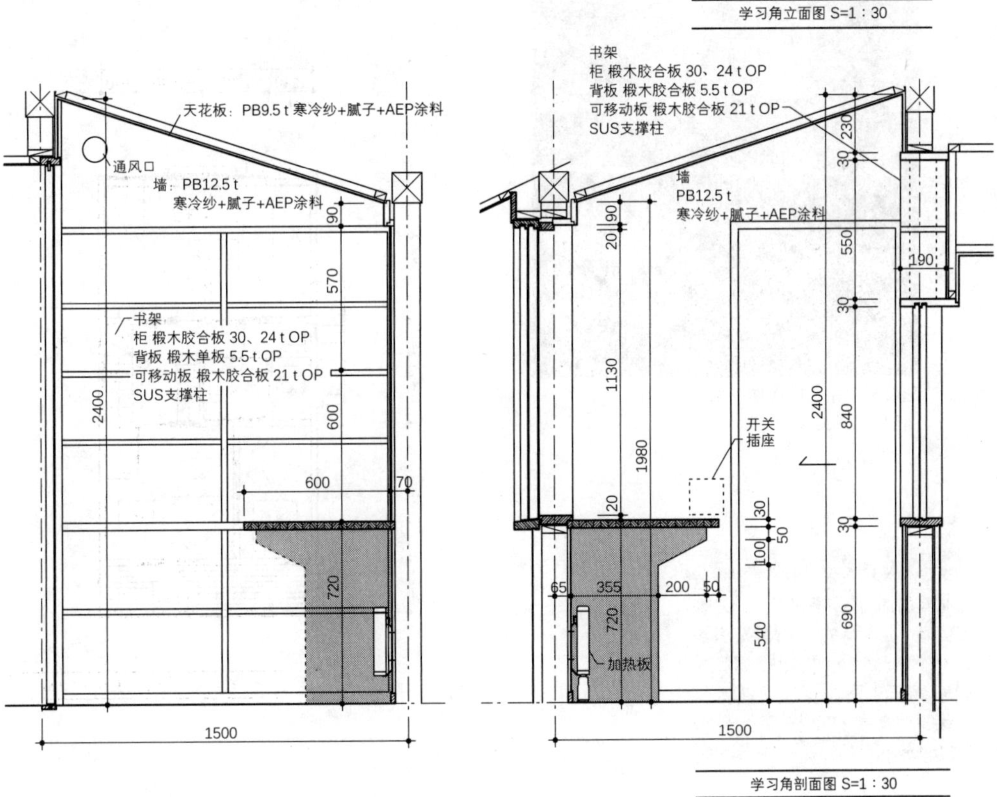

学习角剖面图 S=1：30

10 储藏室深处的书房

迄今为止听到的来自业主的各种需求中，再小也想要有个书房，并且不是那种在卧室一角放张书桌的阅读角，而是确确实实用墙壁隔出的属于自己的空间。有些时候，业主还希望这个空间兼具其他功能，此时就不得不给对方泼冷水了。

在这个案例中，业主想尽可能减少开支，于是我们建议在储藏室内侧加设一间迷你书房。整个空间基本上作为储藏室来使用，只有最里面的一部分是书房。完成后再来看，才愈发觉得空间虽小，却充满魅力。夹在卧室和书房中间的储藏室如同一条缓冲带，形成一处静谧的书房空间，让人能够在其中自在地享受独处时光。

稻口町之家 2 的迷你书房
（照片：Soa Studio）

这是个天花板仅 1.9 m 高却相当充实的空间。虽然只有 2.1 m² 大，但有一整面墙的书架，并配有实木书桌、有线 LAN、电源和插座。椅子也是选择了北欧家具设计师布吉·莫根森（Børge Mogensen）的作品“J39”。

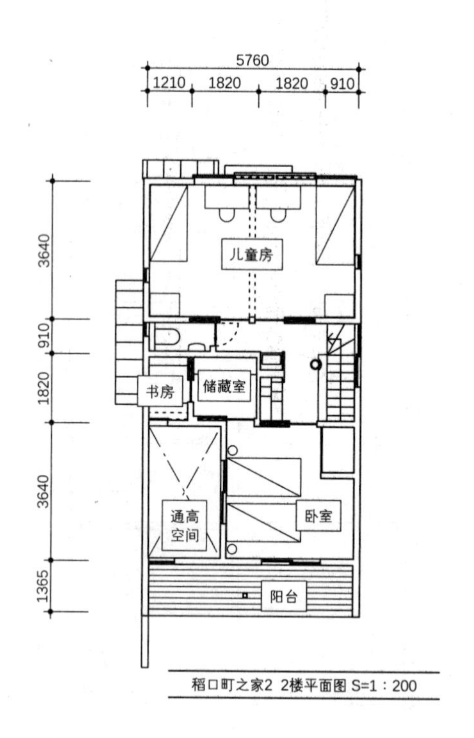

稻口町之家2 2楼平面图 S=1：200

从迷你书房望向起居室的通高空间
透过障子中的小窗，可以望见窗外的绿植。

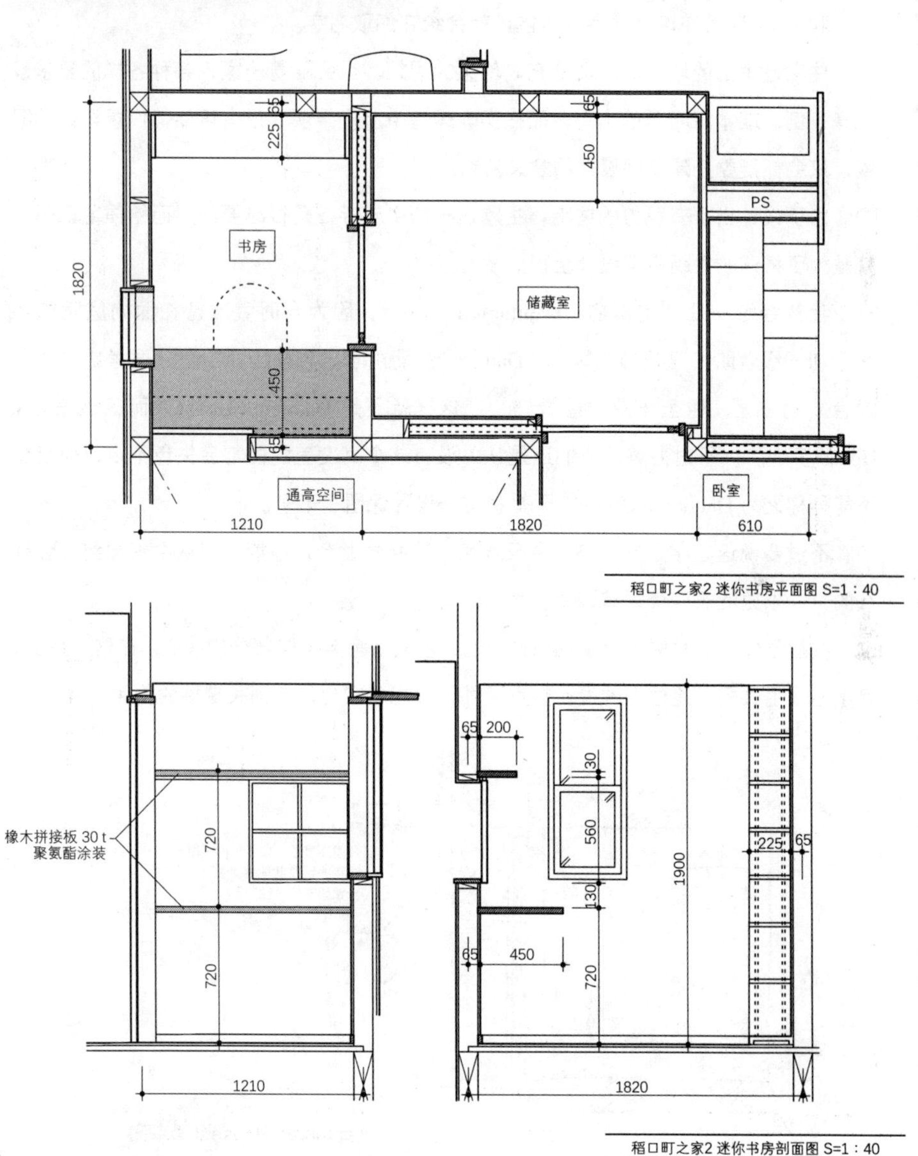

稻口町之家2 迷你书房平面图 S=1：40

稻口町之家2 迷你书房剖面图 S=1：40

专栏

给家取名

我（S）通常在设计住宅的时候，就会给它们取名字。

住宅是生活的地方。即便是充满创意的规划，也会随着一家人各种各样的要求、规章条例、成本等问题的出现，而在实际建造中流于平淡。很有可能等你意识到的时候，只会怀疑委托建筑师设计的意义何在。

为了设计出富有魅力的住宅，主题这样的中心存在是很必要的。而给住宅取名，就是为了将这一主题贯穿设计全程。

我曾经给一处住宅取名“Dannoma House”，因为当时我准备在面向庭院的地面上加一级台阶（日语为“段”，Dan）。然而由于各种原因，中途一度考虑改为不设台阶的方案，以至于业主感慨道：“这样就不是Dannoma House，而应该是Flat House了吧。”不过最终，我们还是认为没有这个高度差的住宅会失色不少，而且也不能再称之为Dannoma House，于是将这一设计保留了下来。

不过要说这名字是自己与业主及其家人的共同财产，还能一同从中感觉到温暖什么的……未免就有些夸大其词了。

在赋予住宅各种魅力元素的时候，也必须具备舍弃某些部分的决心。在这一点上，除了与业主共同决定住宅的设计重点之外，我想名字也能起到关键性的作用。

Dannoma House剖面草图

第7章

连接街区的外部结构、入口通道

设计住宅的关键，

并不只是有个舒适的居住环境，

还应处理好住宅与街区的关系。

为了让住宅融入街区，

除了借助赏心悦目的外观、空地上的绿植

来恰到好处地展现生活，

外部结构和入口通道的设计也不容忽视。

01 门窗套成为立面主题

对于作为住宅门面的立面（外观），应当设计得亲切宜人一些。

外墙材料由于受到防火标准的制约，常常使用涂墙或钢板，但门窗套可以不受此限制而使用木板，因此在立面中显得较为特别，而立面外观也可以借此变得愈发亲切。

一般，采用推拉式木质门窗的住宅都会搭配门窗套；还有些安装铝制门窗的住宅，由于设有遮蔽阳光的推拉式格子窗，也会附上门窗套。在没有安装门窗套的情况下，可以使用遮光板或在阳台栏杆上铺设格栅板。

住宅立面图 S=1：200

02 连接天空的瞭望台

尽管瞭望台是很早以前的设计，用在住宅上却好评不断，于是我们连续在 3 处住宅中尝试了这一做法。第一处住宅设置瞭望台，主要是为了能登上屋顶远眺大海；相比之下，后两处就少了独特的景观，仅仅可以俯瞰四周的街区。但在改建过程中，瞭望台提供的视野景象仍给人带来了不少惊喜。

茨木之家中，住户可以从 2 楼儿童房借助梯子爬上阁楼，再由阁楼的楼梯爬出屋子，来到瞭望台。高台结构并不复杂，只需要在出入口固定立柱，并结合防雨需求把金瓜柱架在屋顶上方。

瞭望台的地板开口盖被单板等隔热材料裹住，又覆盖着镀铝锌合金钢板，导致自重很重。在建造第一处住宅的时候，我们利用了气泵来帮助打开，但气泵的冲击力太强，最终不得不再加固瞭望台自身的结构框架。基于这一经验，在后来的住宅中我们就不再使用气泵，而是改用了金属支架。

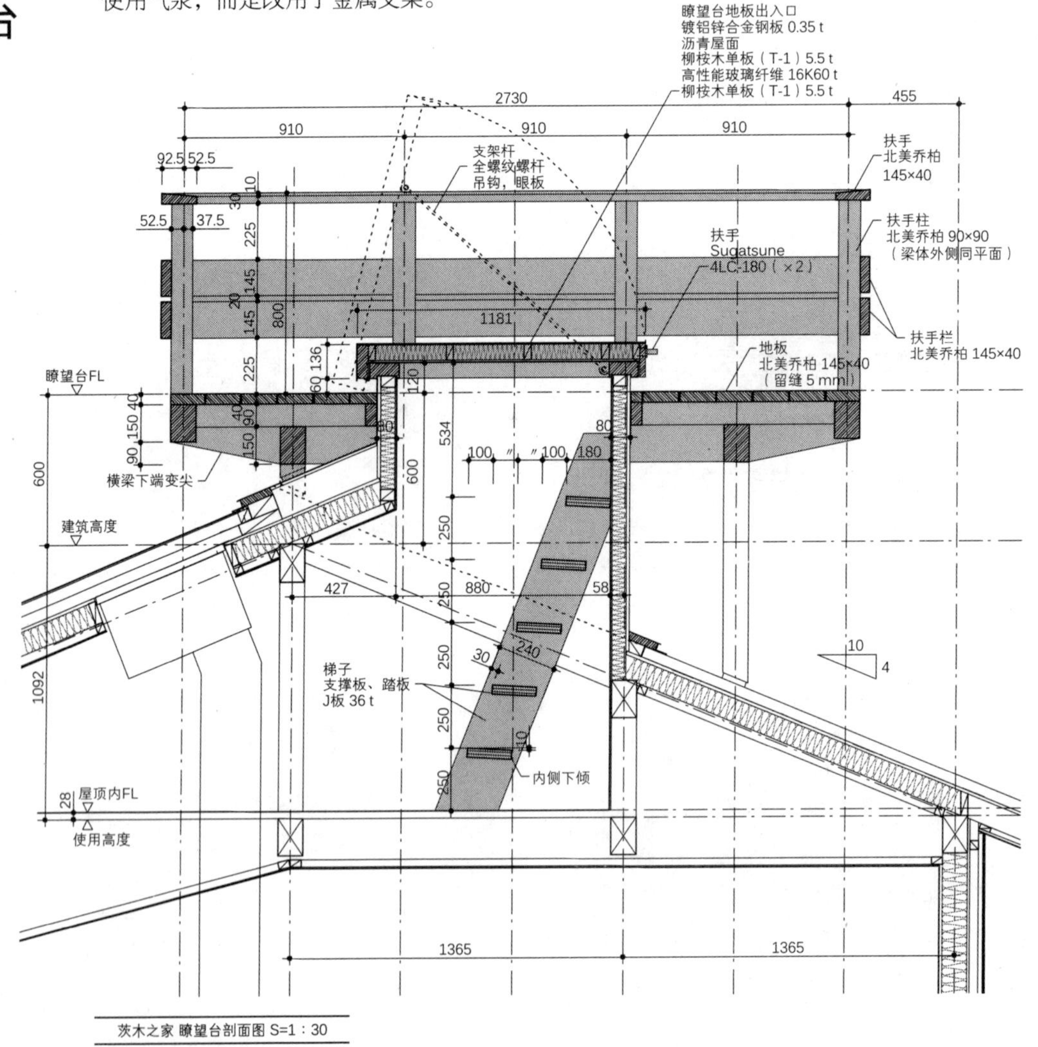

茨木之家 瞭望台剖面图 S=1：30

右上：茨木之家外观
右下：从瞭望台远望（照片：筑出恭伸）
左：瞭望台地板出入口

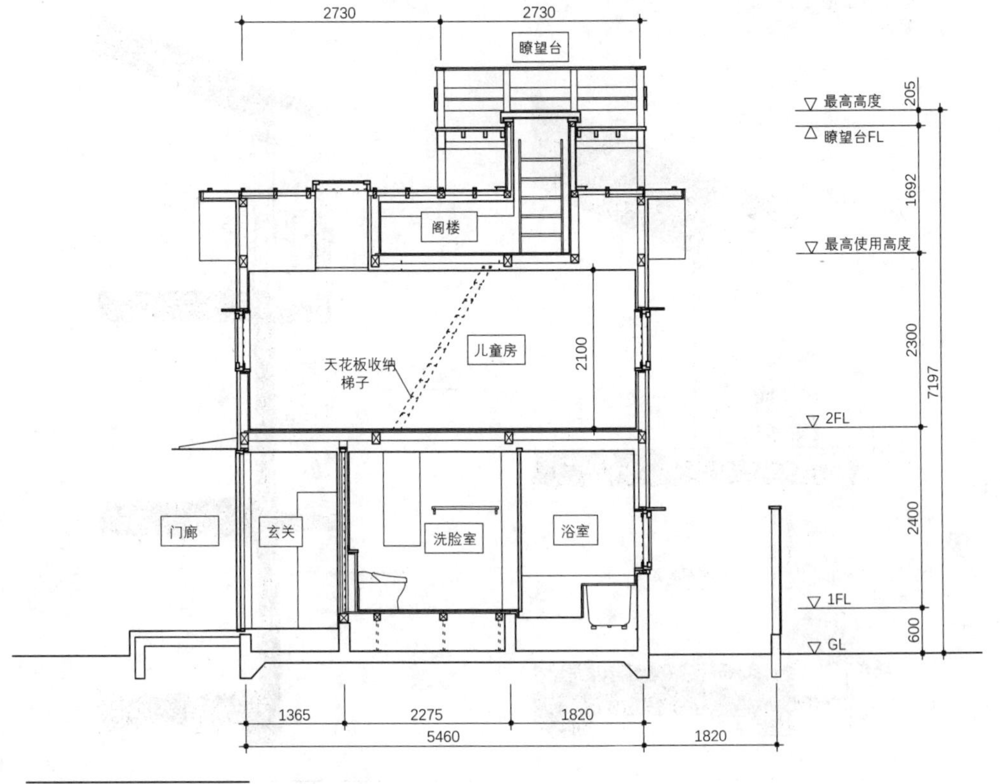

茨木之家 剖面图 S=1：200

03

在剖面的凹凸空间中酝酿生活气息

建筑剖面形状若是凹凸不平的，就意味着住宅中存在部分半室外空间，而一些闲适的生活气息恰恰由此而生。

譬如下雨天在玄关处开门关门或开伞收伞的时候，如果设有屋檐，或者2楼平台稍显突出，都会有利于遮挡雨水。假如屋檐或2楼突出部分足够宽，下方空间就还能被巧妙地用于停放自行车或放置物品；而靠近厨房后门的地方则会被用作垃圾回收日前的垃圾集中堆放处。如果住宅中还有露台或外廊，住户就能享受这些半户外的场所，在这里度过一段愉快的时光。

就这样，住宅四周的凹凸部分不仅具备各自的空间功能，还能将周围街区也变成生活场所的一部分。这应该就是行人眼中颇具亲近感的住宅了吧。

Hedgerow House 剖面
2层露台向外悬挑，恰好为下方处理庭院杂务的家人提供了中途休息的阴凉空间。由于露台有将近一间的进深，放上桌椅后还能更好地享受半室外的空间。

露台

2楼起居室

缘侧露台

庭院

1楼起居室

Hedgerow House剖面图 S=1：100

Kadunoki House 剖面
Kadunoki House是在钢筋混凝土结构的1楼上方建造木结构2楼的住宅建筑。2楼楼板是悬挑混凝土板，为1楼提供了遮风避雨的场所。2楼厨房后门上方也有屋檐，因此门外可以作为垃圾堆放处。

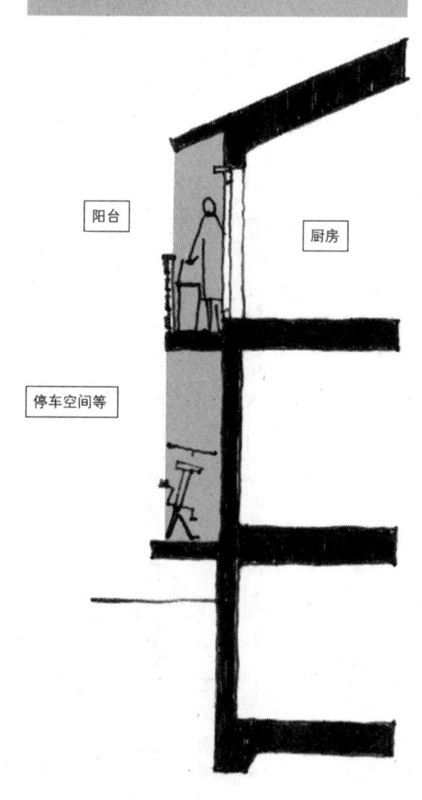

Kadunoki House剖面图 S=1：100

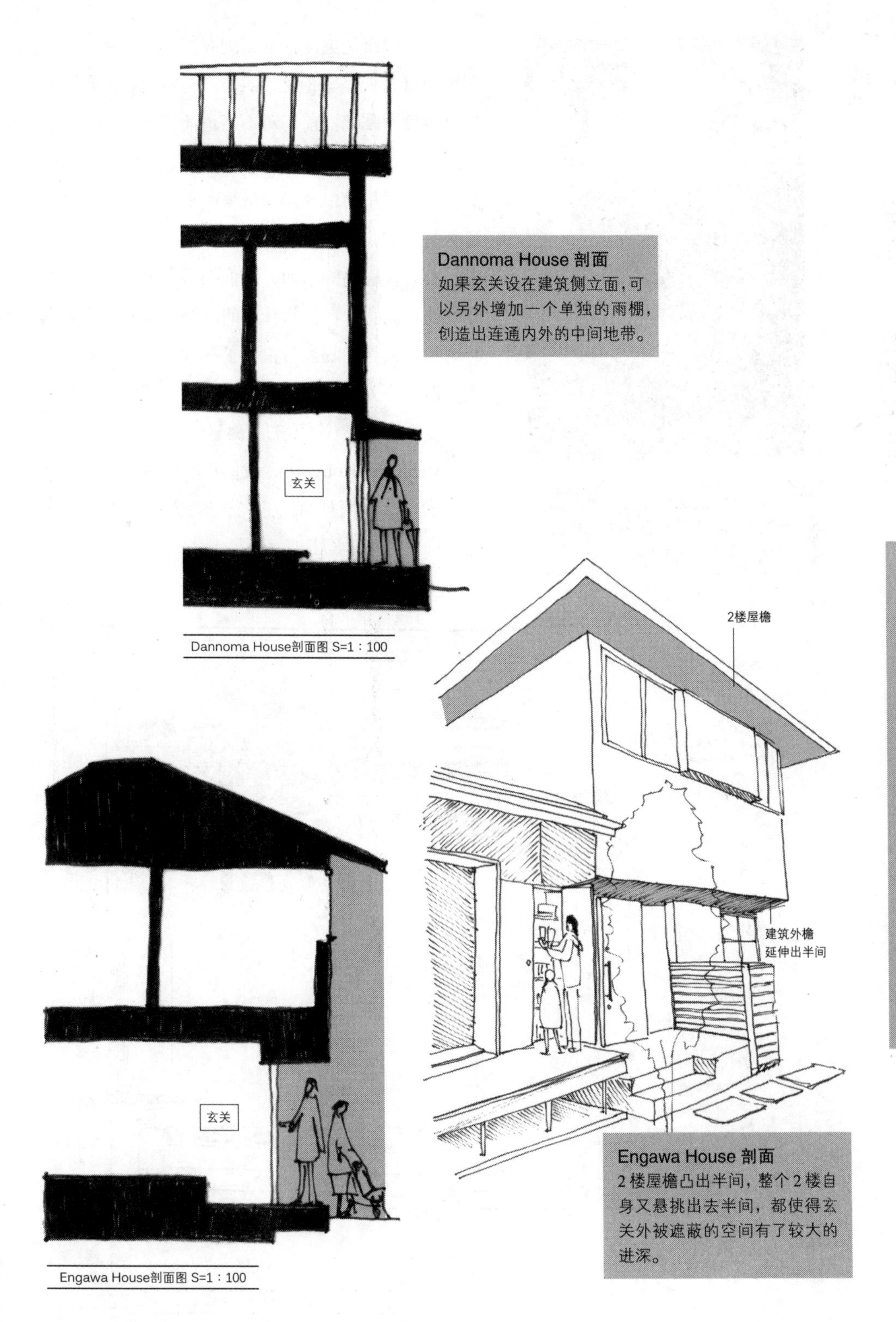

Dannoma House剖面图 S=1：100

Engawa House剖面图 S=1：100

Dannoma House 剖面
如果玄关设在建筑侧立面，可以另外增加一个单独的雨棚，创造出连通内外的中间地带。

Engawa House 剖面
2楼屋檐凸出半间，整个2楼自身又悬挑出去半间，都使得玄关外被遮蔽的空间有了较大的进深。

04 住宅和街道的中间

Mizuniwa House
在约 9.7 m^2 大小的空间中，设有木格栅、植栽、水池等。

走在城市住宅区，会见到有些住宅用砖块砌出围墙，有些则完全相反，四周就是水泥地，既没有植物也没有围墙。前者对于街道而言是封闭的，后者则透过窗户完全暴露在行人眼中，以至于日常生活中常常得用窗帘或护窗板来隔断与外部的关系。还有些住宅，会在中间地带放上盆栽、木栅栏或垂帘之类略显通透的东西，它们的层叠感能给人恰到好处的距离感。在常常开窗的夏季，枝繁叶茂的落叶树形成天然的隔离带；到了冬天，虽然叶子会落光，但始终关着的窗户又成为隔断。就这样，在不同季节都能保证有适度的距离感。

Mizuniwa House 中，我们基于业主的想法在庭院中开了一口水池。我想这个充满魅力的中间地带，无论对于住宅还是街道，都是十分宝贵的。

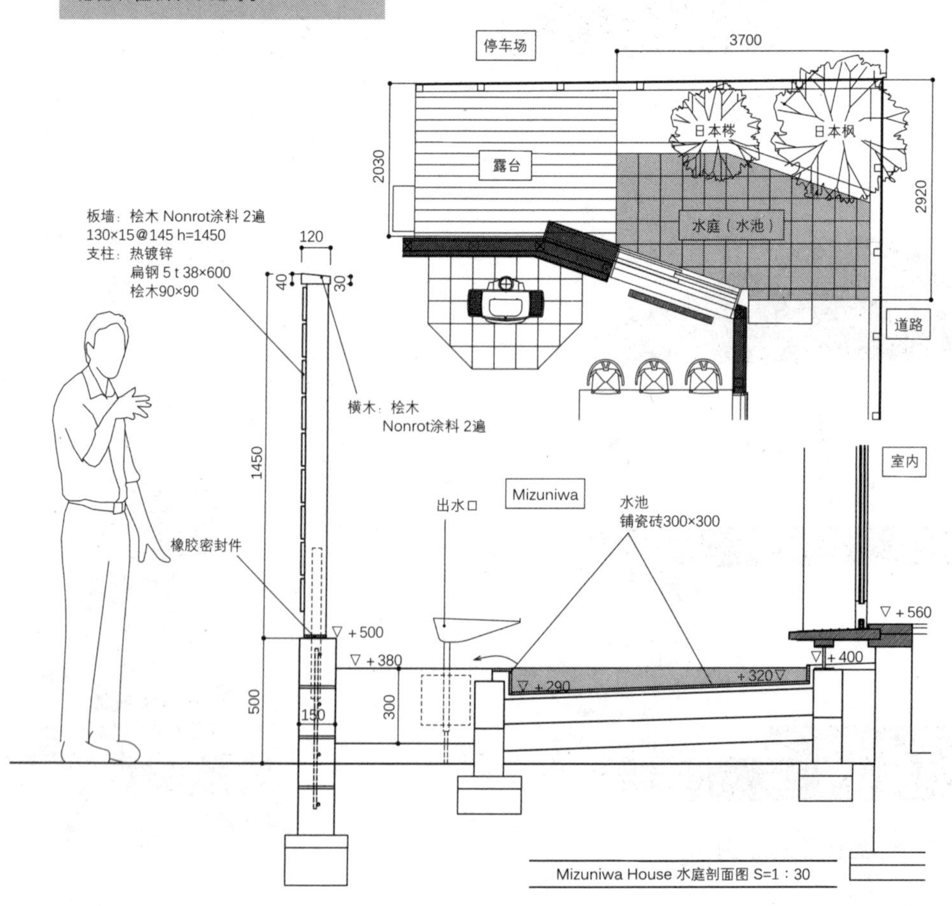

Mizuniwa House 水庭剖面图 S=1：30

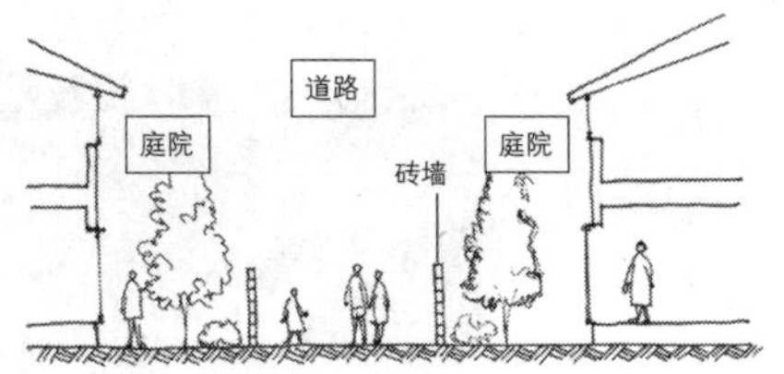

采用砖墙隔开街道的住宅显得比较封闭。

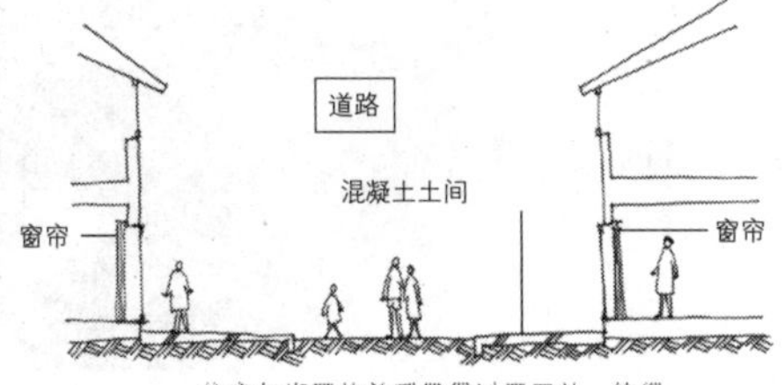

住宅与街区的关系显得过于开放，使得白天也要拉上窗帘或关上滑窗，破坏了街道的氛围。

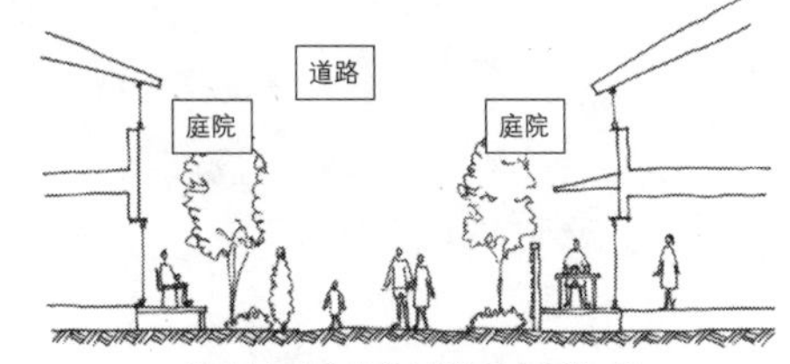

通过在住宅和街道之间设置木格栅、植物、雨棚或阳台等，模糊住宅和街道的界线，形成一个有生活气息的街区。

Kadunoki House
住宅和街道之间高矮不一的绿植成为一道缓冲带，形成了恰到好处的距离感。

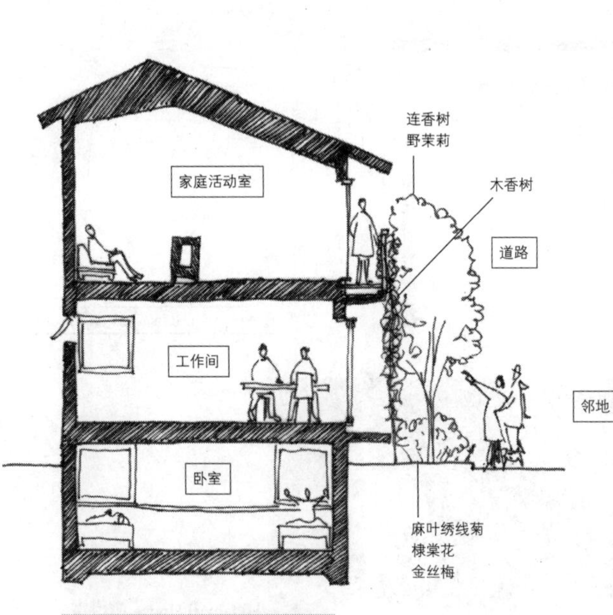

Kadunoki House 剖面草图

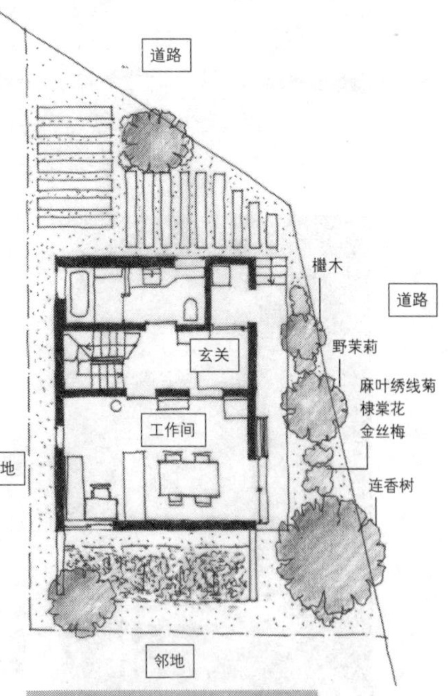

Kadunoki House 平面草图

05 住宅和街道的中间

学生时代住在京都，很喜欢诗仙堂、法然院的过道，不知走过多少次。那种刻意制造转角的手法，也可以被参考应用在住宅的过道设计中。一旦在转角处放上主人想展示给来访者的或吸引眼球的事物，过道就会立刻变得生机盎然。不妨在这个焦点上放置会开花、结果或是秋天会变成红叶的树木，这样在出入住宅时，就能无意识地察觉到季节的变换。除了植物，能够感知到生活气息的木质小窗等也可以作为焦点，同样会很有趣。还可以在玄关正面栽上植物，这样冒出新芽或开出花儿的树木每天早上都会目送着你出门。

Bulat House的入口

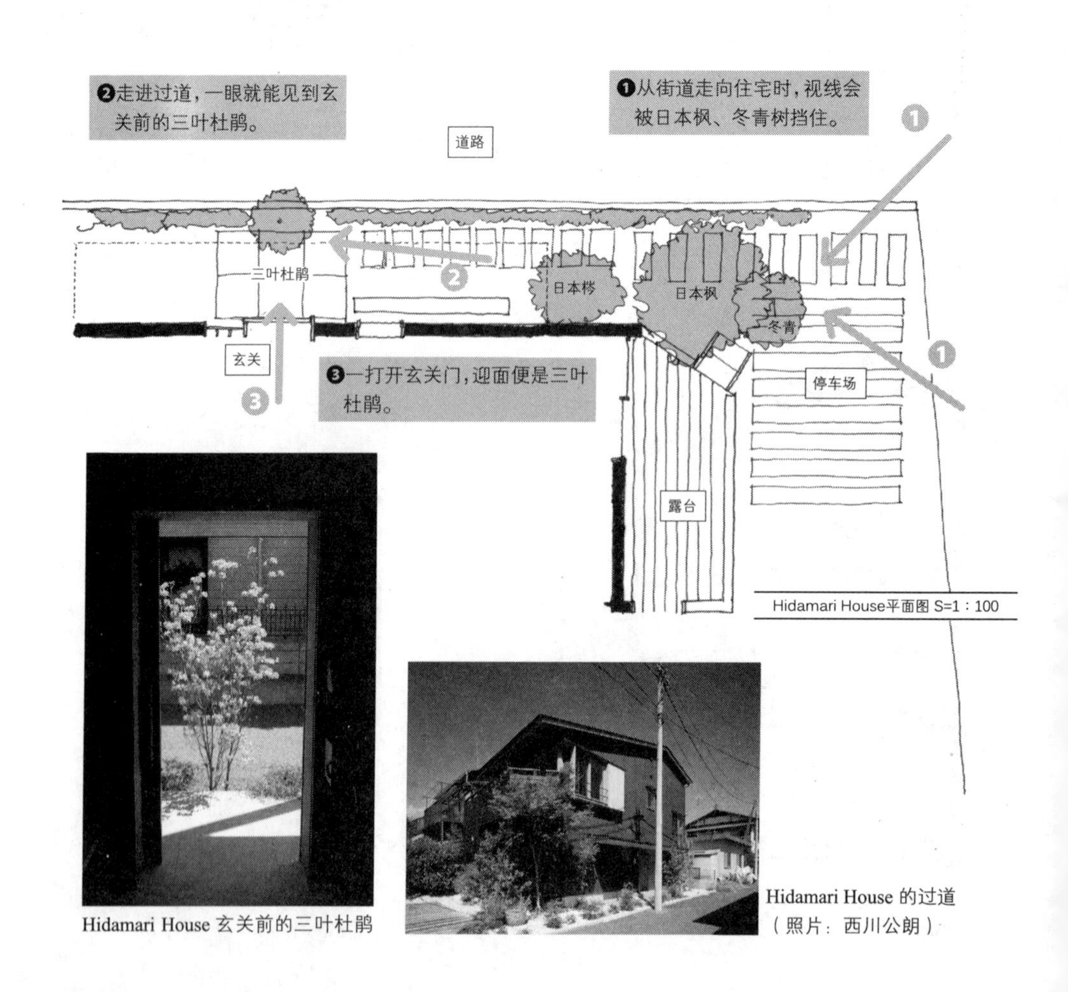

Hidamari House 玄关前的三叶杜鹃

Hidamari House 的过道（照片：西川公朗）

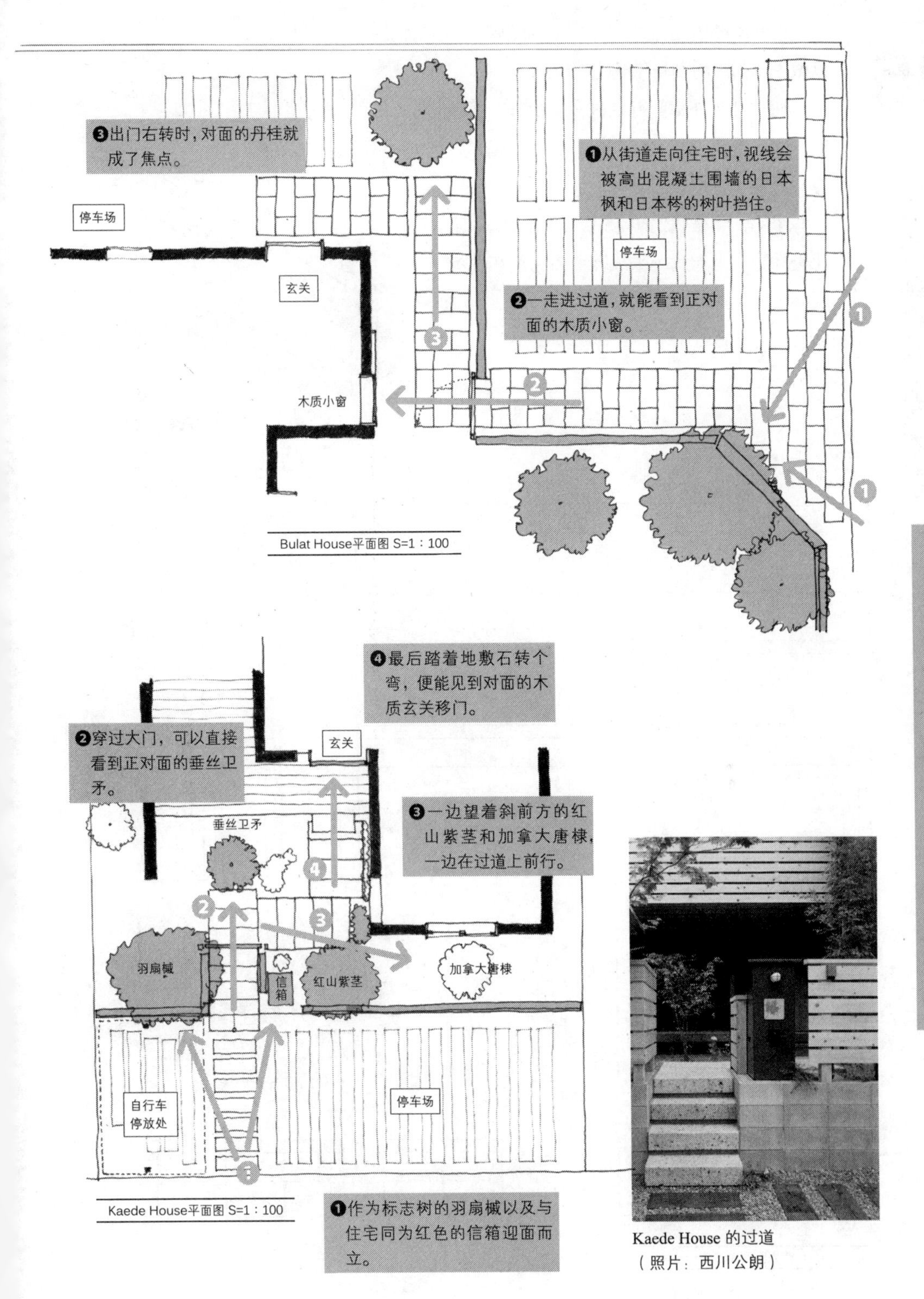

Kaede House 的过道
（照片：西川公朗）

06 兼作长凳的外廊

想在 1 楼落地窗外加设外廊的时候，可以做一个如同活动长凳般的外廊。

通常打造外廊都得经过多个步骤：在预制混凝土基座上将支柱和横木钉在一起，上方架起龙骨，再铺上板材。但就不能再简单一些了吗？于是我们想到从顶部用螺丝固定北美乔柏木。如此一来只需要将它放在现浇混凝土地面上即可成为外廊。

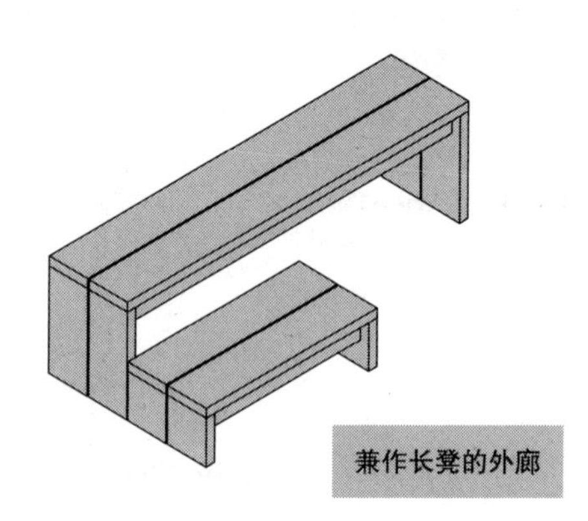

兼作长凳的外廊

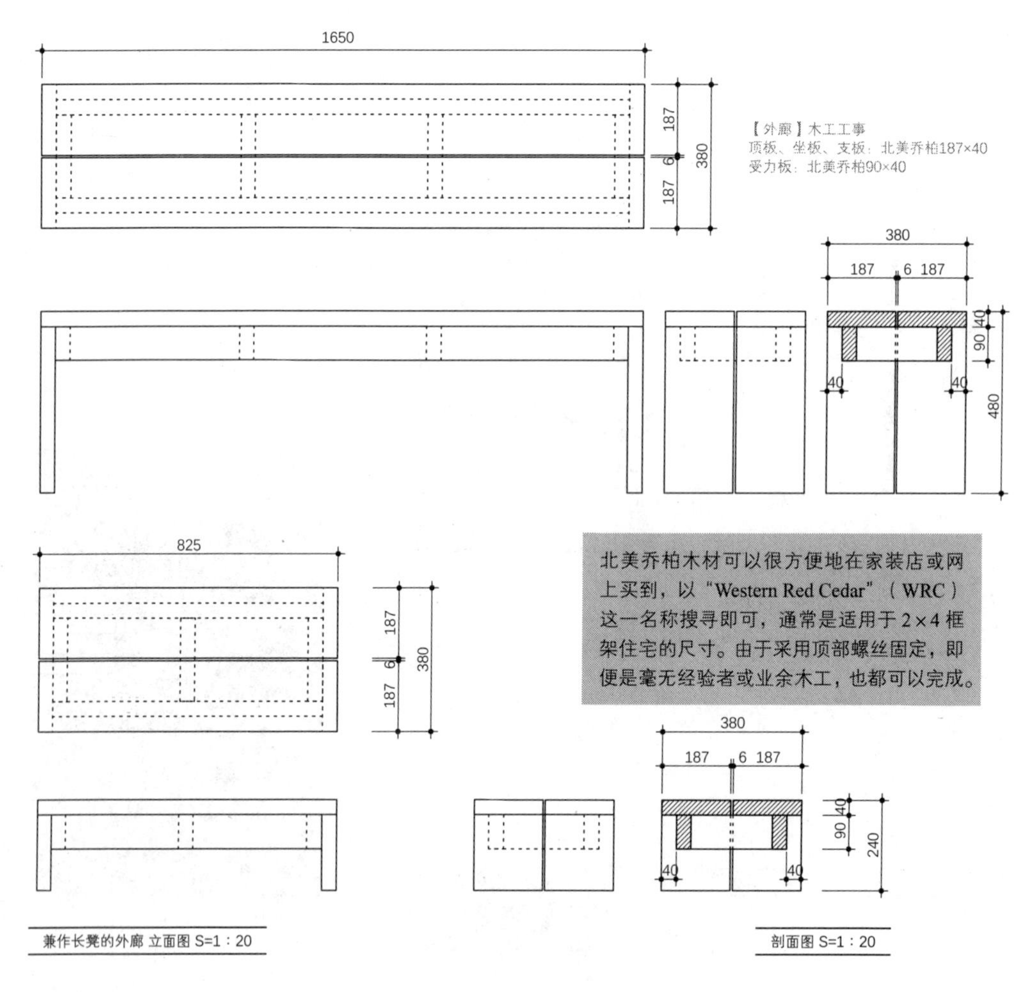

北美乔柏木材可以很方便地在家装店或网上买到，以"Western Red Cedar"（WRC）这一名称搜寻即可，通常是适用于 2×4 框架住宅的尺寸。由于采用顶部螺丝固定，即便是毫无经验者或业余木工，也都可以完成。

兼作长凳的外廊 立面图 S=1：20

剖面图 S=1：20

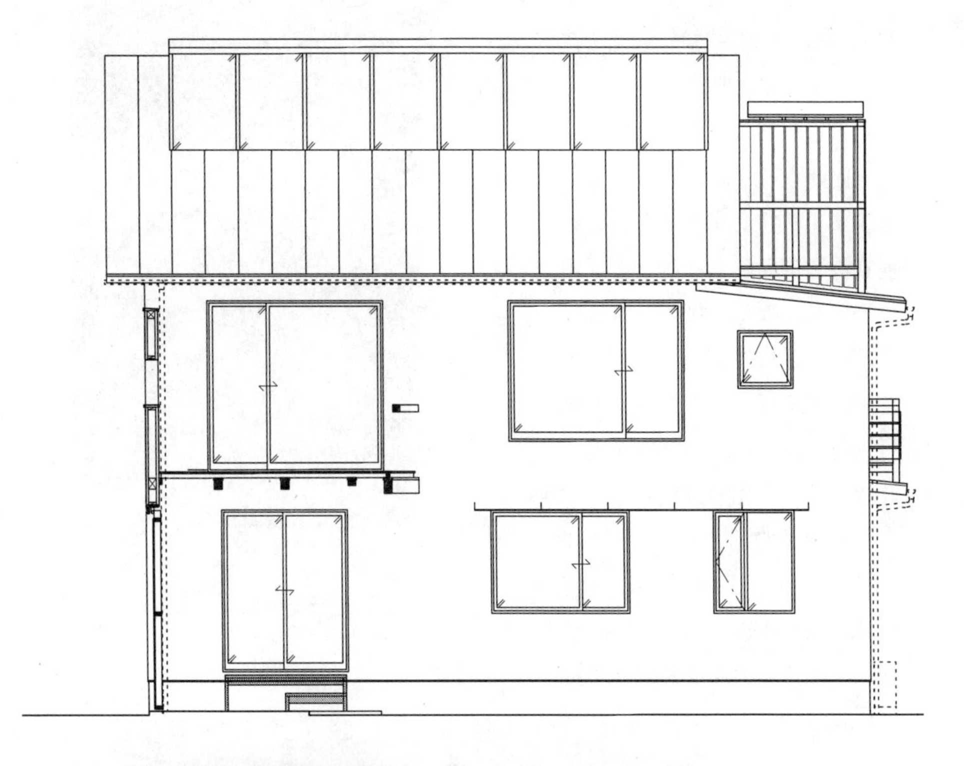

玄关门廊一旁采用同种方式制作而成的长凳。与其说用来坐，不如说更便于购物回来时顺手搁置物品和包包。

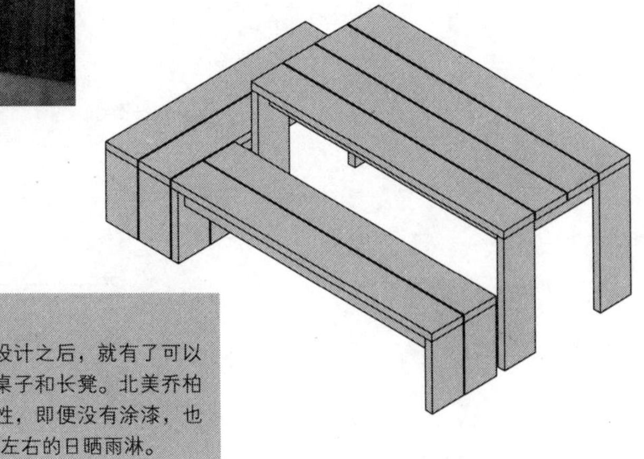

应用于露台

继续延伸这一设计之后，就有了可以放在露台上的桌子和长凳。北美乔柏有较强的防水性，即便没有涂漆，也能经得住10年左右的日晒雨淋。

07 0建筑面积的带顶棚的自行车停放处

在城市中建造住宅时，由于受到建蔽率的限制，常常无法在停车场上方安装顶棚。

自行车停放处也有同样的问题，因此不少方案都是无顶棚的。但事实上花些心思的话，也有可能在0建筑面积上打造出带顶棚的自行车停放处。例如悬臂结构建筑中，从柱芯到屋檐顶端1 m范围内都不算入建筑面积，因此可以将雨棚从建筑中延伸而出，此时自行车靠墙横放即可。

若想将自行车独立于建筑之外纵向放置，则可以将顶棚从中央的钢筋立柱向两侧展开。这样顶棚进深最多可达2 m（1 m+1 m）。

带顶棚的自行车停放处

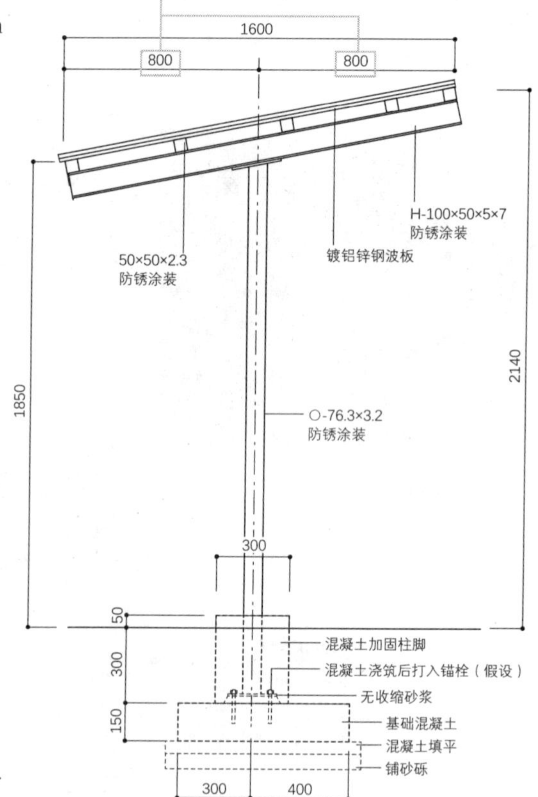

带顶棚的自行车停放处立面图 S=1：30

若在停放场四角立上柱子，则场地会被算入建筑面积中。

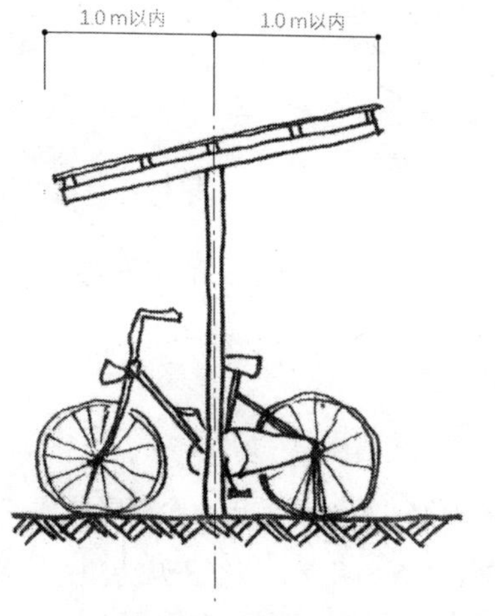

若在中央立柱，做成向两侧伸展的形状，只要两边各在 1 m 以内就不会被算入建筑面积。

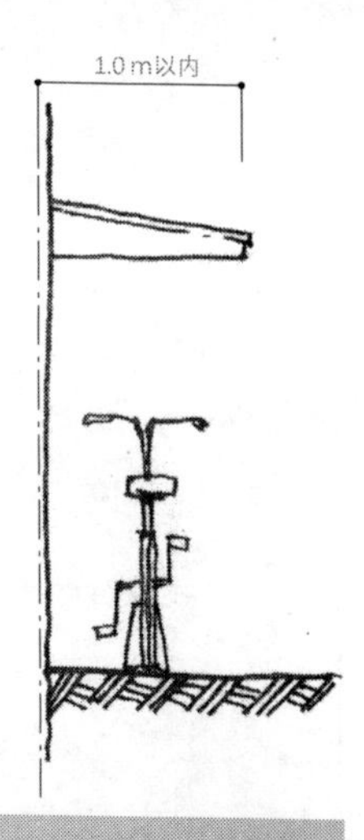

若不另外立柱，而是直接利用建筑本身做成雨棚，则从建筑柱芯开始的 1 m 范围内，都不被视为建筑面积。

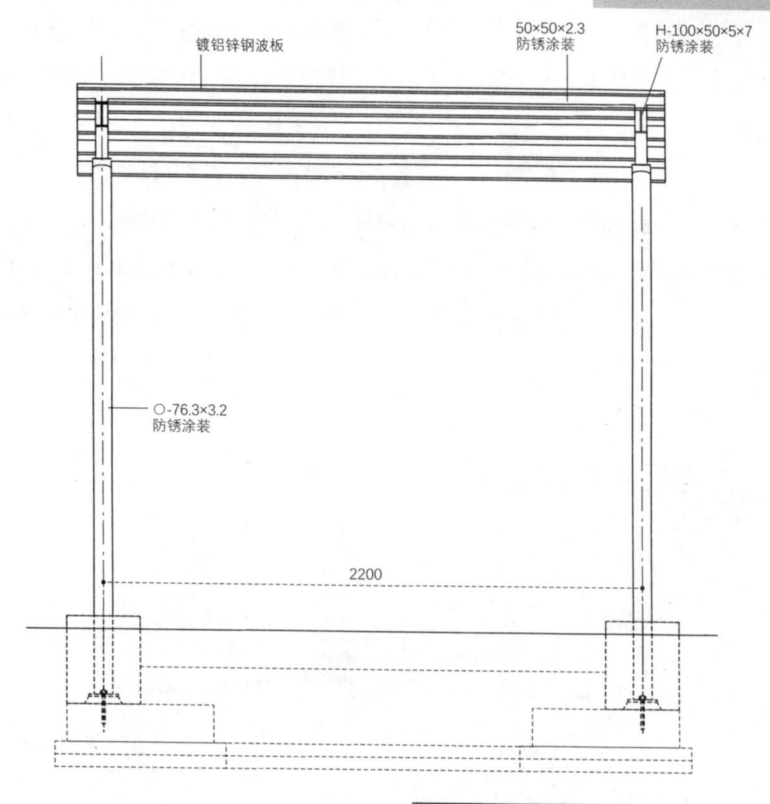

带顶棚的自行车停放处立面图 S=1：30

专栏

住宅的姿态

我想设计出“姿态优美的住宅”。

这样说很容易被理解为单纯设计出一个好看的建筑外观，但在我（S）看来，这样的住宅应该能够吸引旁人的注意，以至于从旁边经过都会“莫名觉得氛围很不错”。

“姿态”这个词在字典中的解释为：站立的状态；存在于某地的某物的状态；人的生活状态，如此等等。可见，“姿态”不仅仅是外观形态，也包括了在某地的存在状态。

设计“姿态优美的住宅”，边界的设立方式尤为关键。

首先讨论建筑内部和外部的边界。我比较倾向的做法不是用一面墙生硬地隔断建筑内外，而是延伸出雨棚、露台之类，形成模糊的边界，给建筑四周的行人带来一种亲近感。

另一个则是住宅用地的边界。用混凝土砖墙围合会破坏氛围；相比之下，利用植物、木格栅等透光通风的材料营造出重叠错落感，实现自然的隔断，会更好一些。

我在自家原本用作停车场的土地上建造了一座小住宅 Kadunoki House，也在里面住了一段时间。当我得知每天上班经过我家门前的人觉得这一带的氛围都变得更好的时候，着实感到非常高兴。

这就是我想要设计出来的住宅吧。

Kadunoki House 草图

实例的细节解读

01 Kaede House（岛田贵史设计）

02 稻口町之家 1、2（德田英和设计）

到前一章为止，我们已经见到了住宅中不同空间内的各种细节。

这一章会通过作者实际参与的住宅案例，

来详细介绍推动设计、展开细节的思考方式。

01 Kaede House

Kaede House 的业主是在加拿大留学时相识相爱的一对夫妇。受此影响，他们还为两个孩子分别取名为枫加、哉大（发音为 kanata）。因此设计时，我的脑海中也浮现出了加拿大国旗上的红色枫叶，于是提议种上枫树作为标志树，并将外墙和屋顶的镀铝锌钢板涂成红色。住宅占地面积 102.61 m^2，总楼面面积仅 81.74 m^2，绝对算不上宽敞，因此我决定将家庭共用的活动空间设在 2 楼，然后一边在脑中想象业主一家悠闲生活的场景，一边进行实际方案的设计。

具体来说，这个方案中并没有使用窗门等来隔开各个房间，而是用家具以及住宅本身的平面格局来自然地切分空间。这样一来，生活在同一屋檐下的一家人既可以彼此感知到对方的存在，又能保证家人之间恰到好处的距离感。

1 楼是厨卫和卧室，相对紧凑，因此设计中特别关注了玄关门廊部分，保证外部的置物空间足够宽敞，必要时可以用来存放喜爱户外活动的家人的装备和工具等。

建筑数据

所 在 地 ● 东京都
家庭组成 ● 夫妇 +2 个孩子
竣工时间 ● 2012 年 7 月
结　　构 ● 二层木结构
占地面积 ● 102.61 m^2（31.1 坪）
建筑面积 ● 48.86 m^2（14.8 坪）
楼面面积 ● 1 楼　39.51 m^2（12.0 坪）
　　　　　 2 楼　42.23 m^2（12.8 坪）
　　　　　 合计　81.74 m^2（24.8 坪）
施　　工 ● 相羽建设株式会社
方案设计 ● 岛田设计室
结构设计 ● H&A 结构研究所
照　　片 ● 牛尾幹太

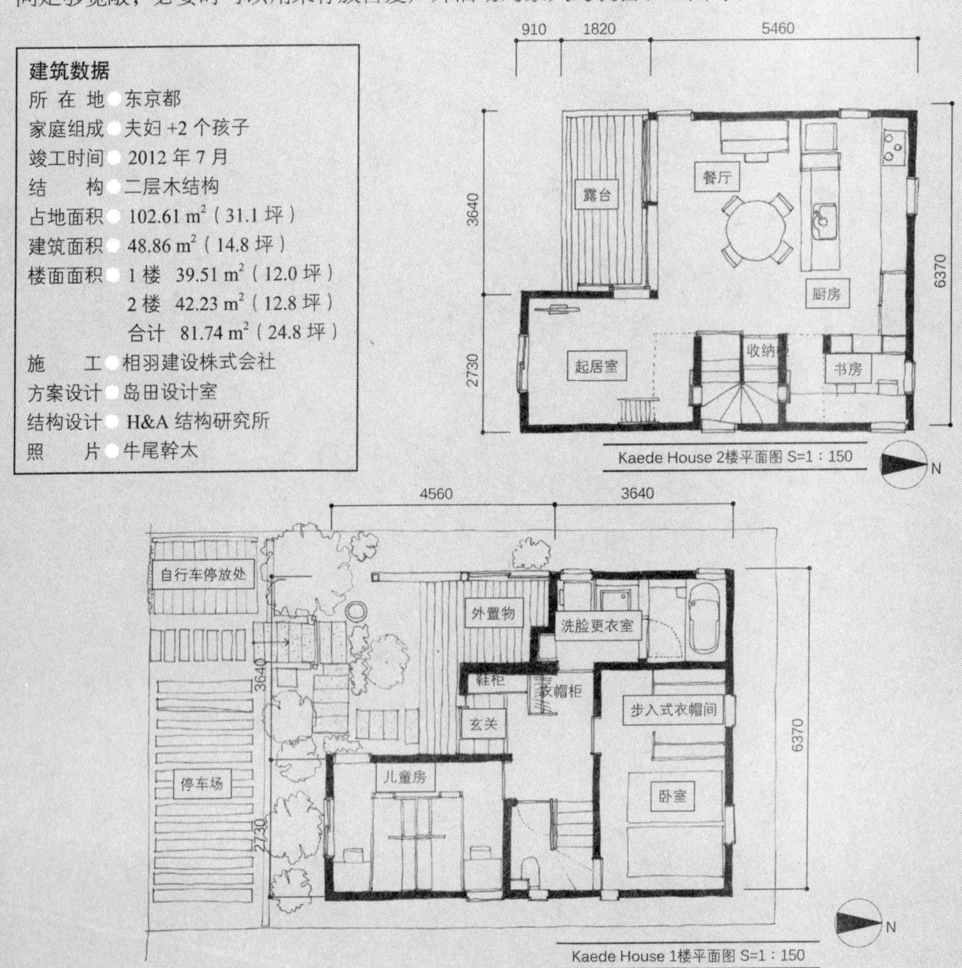

Kaede House 2楼平面图 S=1：150

Kaede House 1楼平面图 S=1：150

以红色镀铝锌钢板为特色的 Kaede House 的外观

2 楼家庭活动室中，并没有用墙壁或窗门来隔开起居室、餐厅、厨房和书房，而是利用家具和住宅原本的平面格局自然切分空间

1 玄关周边的空间利用尤为关键

Kaede House 的玄关门廊将天花板高度控制在 1920 mm，这样门廊部分可以完全避开日晒雨淋，而且不论是自己回家还是客人来访，都能有种被住宅包围的安心感

玄关一旁确保有半室外的置物空间，这样在下雨天存取物品也无须担心被淋湿。制作简单，业余木工也可以完成

玄关四周除了鞋柜，如果还能有一个挂外套之类的衣帽柜，以及一面能够在出门前检查仪容的穿衣镜，就再好不过了。Kaede House 中，镜子安装在衣帽柜的侧面，其他紧凑型空间必备的事物也都配备齐全

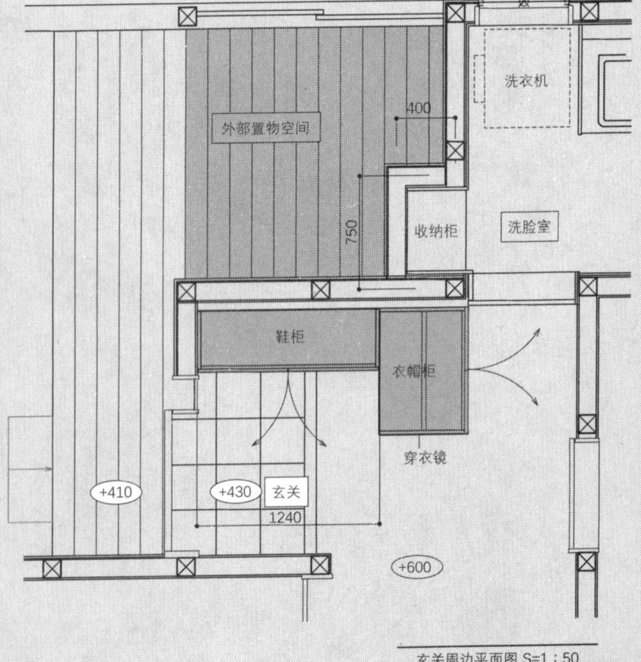

玄关周边平面图 S=1：50

2 将使用频率较高的厨房收纳柜做成开放式

厨房的家具在材料上与起居室、餐厅的家具保持协调，通常会使用清漆涂装的椴木胶合板和椴木单板。厨房一般有较多的收纳空间，为了避免积灰，常会安装开合式或推拉式的柜门。但另一方面，在手很容易够到的地方，可以采用开放的收纳架，将使用频率较高的调味料、餐具等放在其中，拿放也很方便。

第 2 章创意 05 中介绍过的开放式垃圾堆放处

在伸手容易够着的高度上安装开放的收纳架，放上调味料等使用频率较高的物品，会方便不少

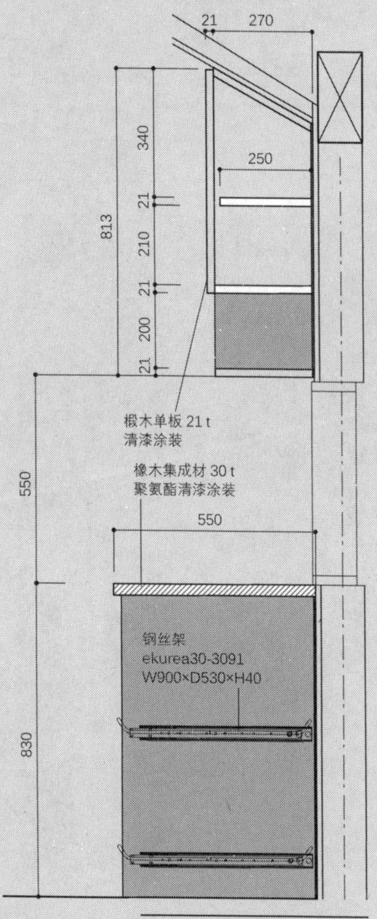

厨房收纳柜剖面图 S=1：20

烹饪过程中需要快速取放炒锅、平底锅之类，因此存放空间采用开放式也会更加便捷（参考第 2 章创意 02）

3 厨房一侧的书房

一边准备菜肴，一边不时看一看在电脑上做作业的孩子。这种设在厨房旁边的书房相当难得。

透过书架中的开口，可以一窥书房的状况（参考第 2 章创意 06）

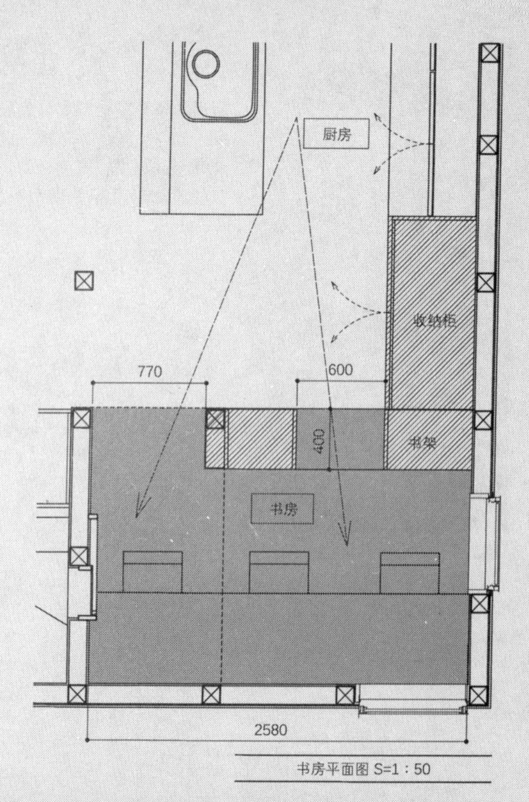

书房平面图 S=1：50

书房和厨房之间利用家具进行适当的隔断，营造出令人安心的空间

给家人之间营造出恰到好处的距离感，也是非常重要的

在和 Kaede House 的业主交流设计想法的时候，对方提到想要一个既能彼此相互感知，又不相互干扰的家庭活动室。为一家人创造出恰到好处的距离感固然很重要，但在面积有限的情况下想实现这一点，仍需要费些精力。因此，我们在 2 楼设计了一个开放式的活动室，能够晒到太阳且视野开阔，带有斜面天花板，在西南角还有一个凸出的露台。起居室和餐厅互为对角关系，处在两个空间的人在对方看来都是若隐若现的。设计完成后，我也带着家人去拜访了几次，大人们在餐厅里享受美酒的时候，孩子们在起居室里玩耍，自然间就形成了一种“恰到好处的距离感”，彼此都十分自在。

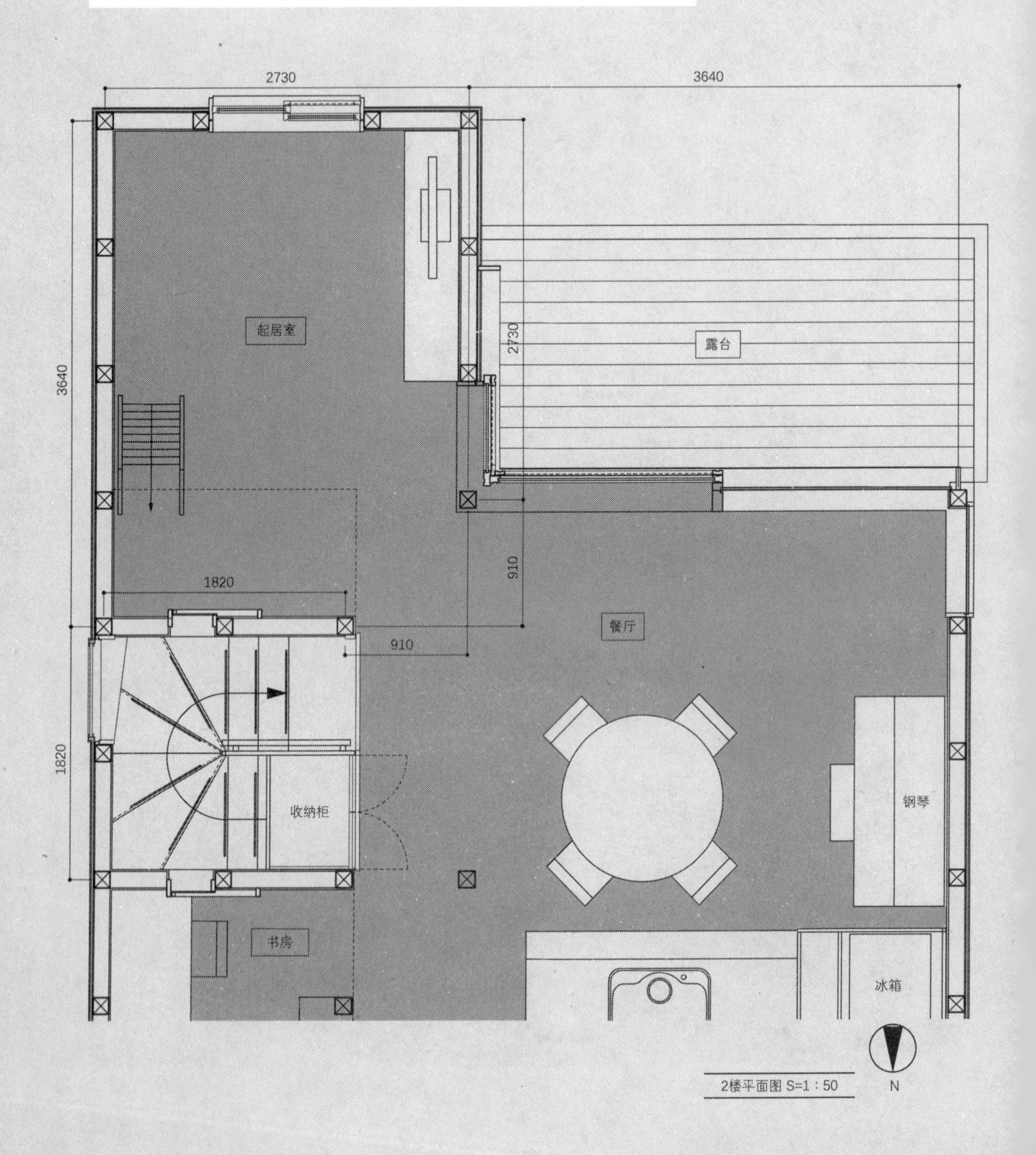

2楼平面图 S=1：50

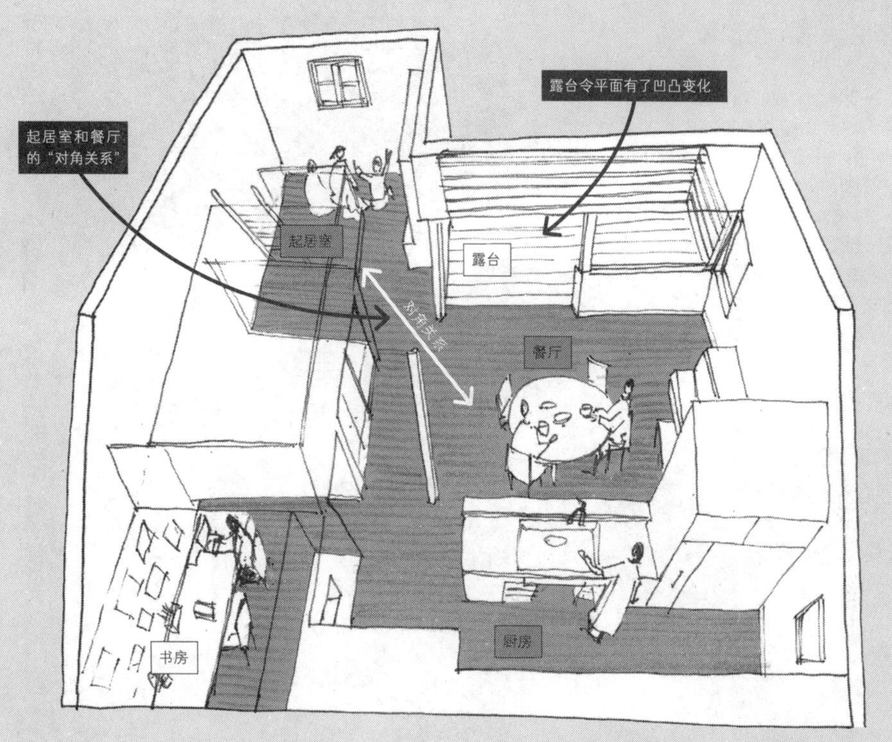

一体式空间中，家人各自所在的区域被自然地划分开

从餐厅望向起居室。由于空间在对角方向上连接，彼此就会在对方眼中若隐若现。如此一来，虽同在一个屋檐下，功能空间却自然区分开来（参照第3章创意01）

5 连接室内外的木质门窗

对于这一重要场所，我们建议安装木质门窗。木质门窗可以自由调整开口的大小和开启方式，日常生活中开合门窗时，也会产生开合铝框门窗时所没有的愉悦感。
顺便提一句，Kaede House 角落上的固定窗，原本在设计图上只开了南侧面，直到上梁后业主看了施工现场，才略带客气地提议说："岛田先生，西边也开个窗，感觉会更好吧……"经过深思熟虑，我们决定改成现在的这个样子，如今想来业主确实言之有理。

餐厅西南角开有固定窗。透过窗户，可以望见种着大棵樱花树的托儿所的迷人庭院

上凹槽部分做了个卷帘盒，这样窗边看起来就会清爽一些

木质门框宽约 1.7 m。门可以移向固定窗一侧，使得房间内部与露台成为一个整体式空间，即实现了室内外相连

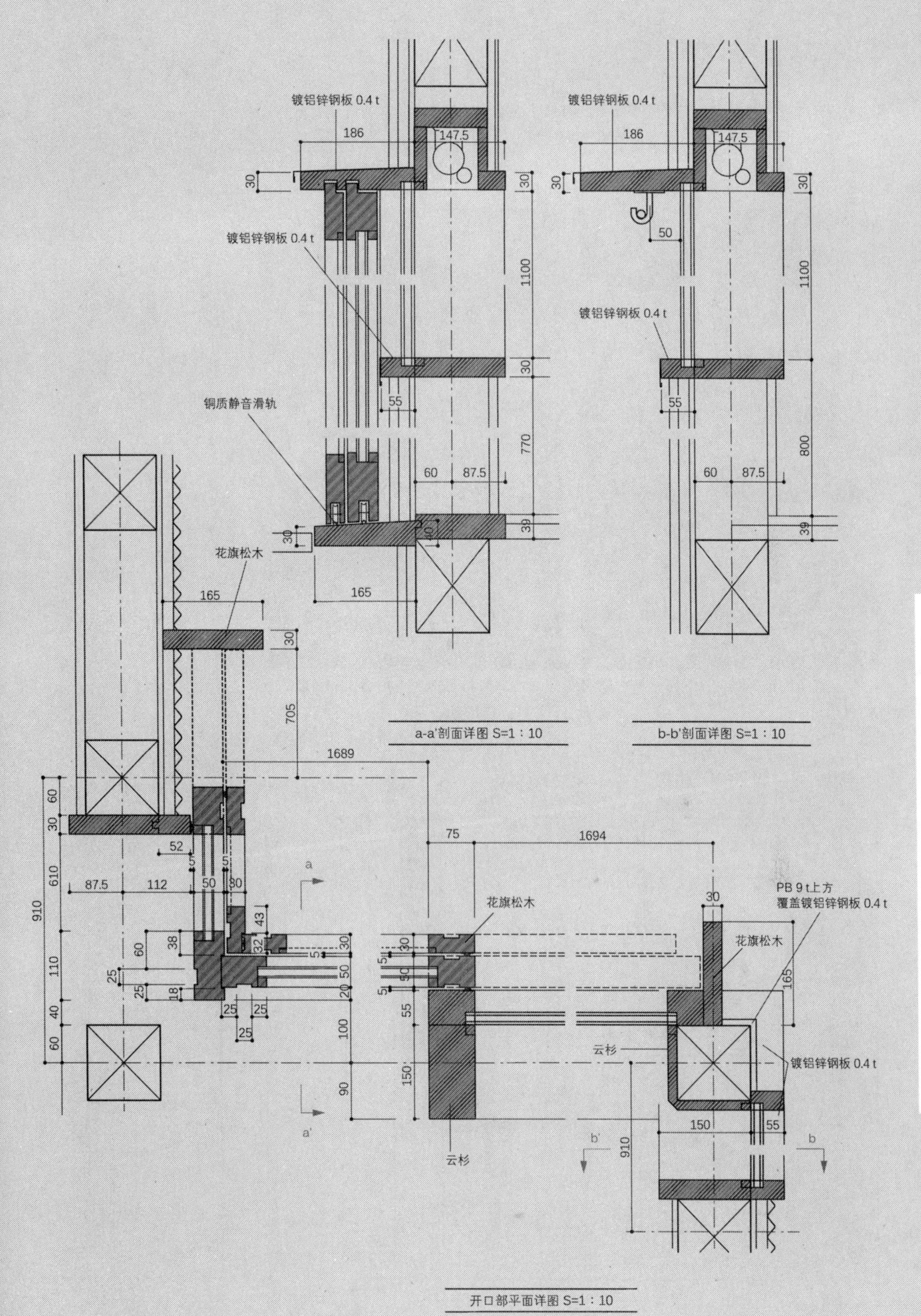
镀铝锌钢板 0.4 t
186
147.5
30
镀铝锌钢板 0.4 t
1100
30
55
铜质静音滑轨
770
60
87.5
39
30
40
165
花旗松木
165
30
705
50
800
a-a'剖面详图 S=1：10
b-b'剖面详图 S=1：10
1689
75
1694
910
52
87.5
112
50
80
花旗松木
PB 9 t上方
覆盖镀铝锌钢板 0.4 t
花旗松木
云杉
镀铝锌钢板 0.4 t
150
55
云杉
开口部平面详图 S=1：10

6 告别乱七八糟的用水区

大部分家庭把洗衣机放在洗脸更衣室，导致干净衣物、毛巾、待洗衣物常常放得乱七八糟。我们在设计中希望能给这些场所留出足够的收纳空间，将用水区收拾得井井有条。

嵌在墙壁中、用来收纳浴巾和贴身衣物的架子

在橡木集成材打造的洗脸台上，配置的是TOTO品牌的SK7洗脸池。这个四边形的洗脸池甚至可以用于清洗孩子的室内鞋

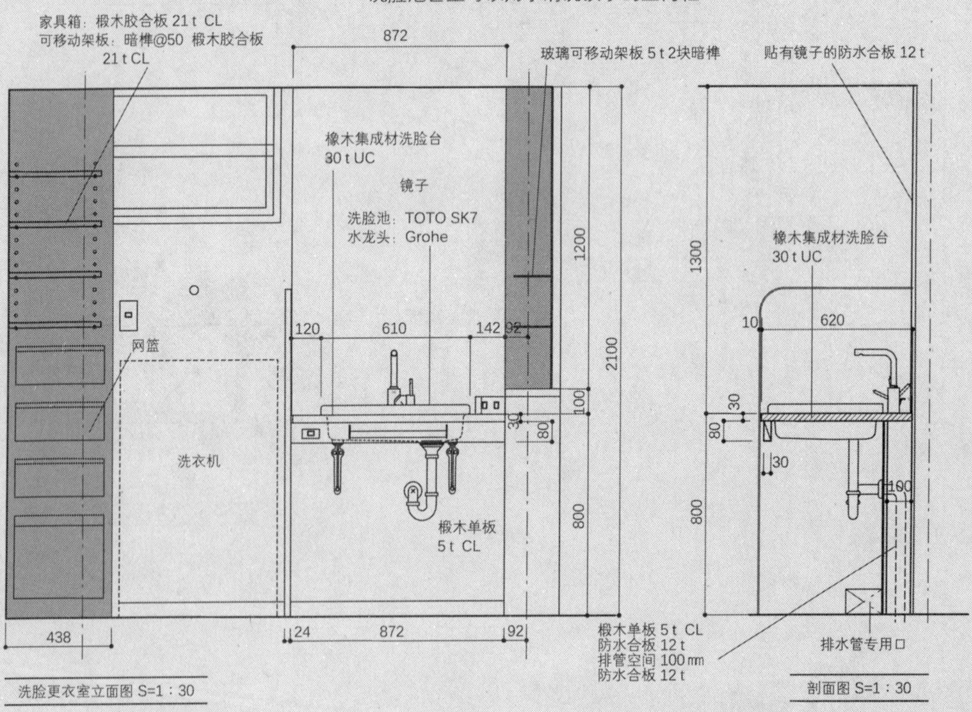

7 灵活运用楼梯间的角角落落

楼梯间作为连接上下层的设施，除了用于通行的空间，上下还各有一些未使用的空间。楼梯下方通常用作卫生间或收纳柜，如果利用好楼梯上方的空间，就能收纳更多的物品。

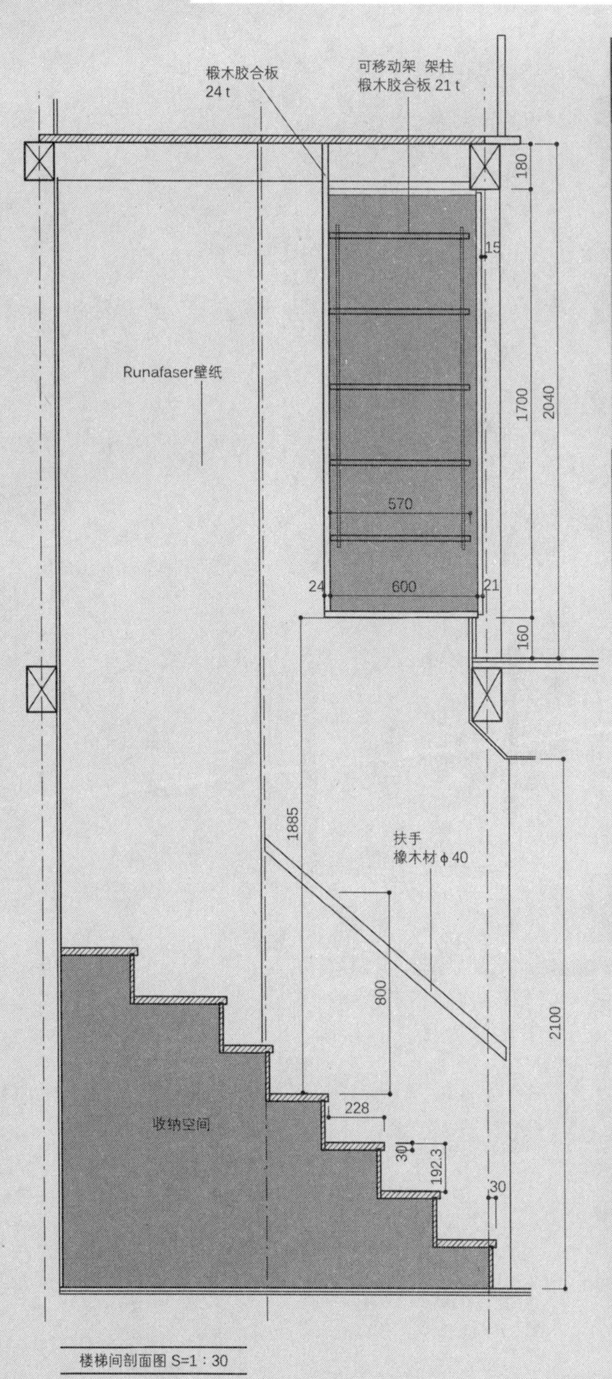

楼梯间剖面图 S=1：30

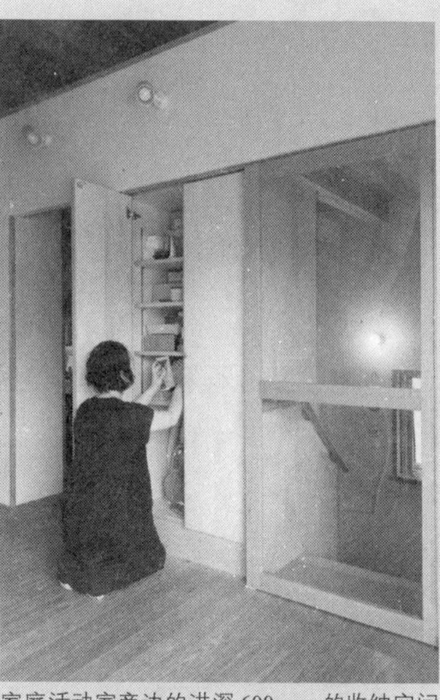
家庭活动室旁边的进深 600 mm 的收纳空间并无凸出部分。在 Kaede House 案例中，这一空间不仅能收纳日用品，还放得下吸尘器等大件物品（参考第 6 章创意 02）

设计时要确认家人上下楼时不会撞到头，在此基础上做出尽可能大的收纳空间

8 连接街区的外构设计

舍弃用高墙围住自家范围的做法，转而通过层叠有序地种上植物、安装木格栅，让住宅和街区之间产生恰到好处的距离感。停车场铺有枕木和砂石，雨水可以由此渗入地下。Kaede House 完成至今已有 4 年，混凝土砖墙也变得郁郁葱葱了。

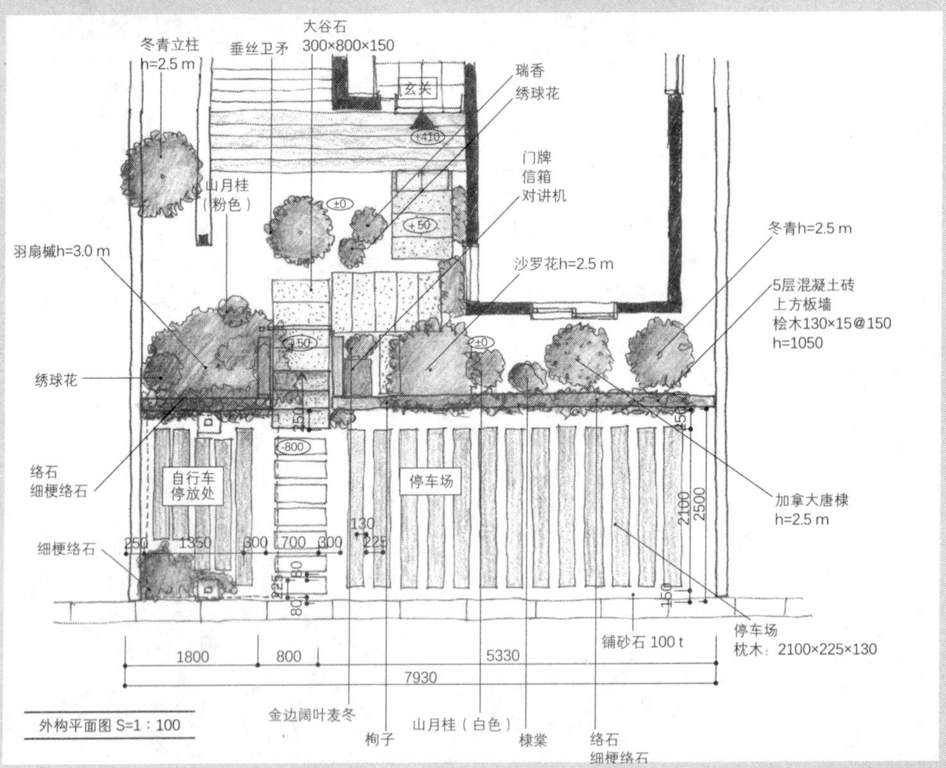

大谷石铺成的过道台阶。视线前方种着垂丝卫矛

虽然空间很小，但在大谷石铺成的转角过道两侧种上合适的植物，令这段路程格外有魅力

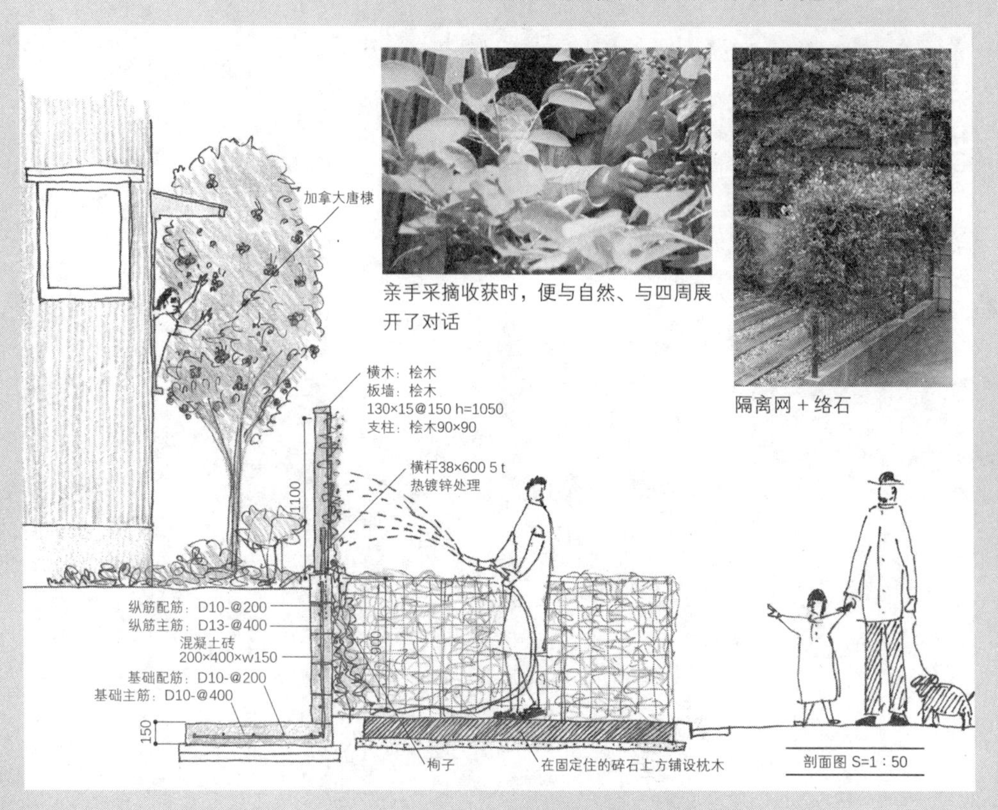

亲手采摘收获时，便与自然、与四周展开了对话

隔离网＋络石

02 稻口町之家 1、2

2020 年开始零能耗住宅（ZEH）将成为设计标准，而这个项目就是一处率先遵循该理念的联排住宅。

所谓的零能耗住宅，就是指住宅生产的能源超出所消耗的。因此除了提高住宅隔热性、气密性，适当减少高耗能的空调、照明、热水等设备的使用，还必须安装太阳能发电系统等能够制造能源的设备。

应要求，稻口町之家 1、2 不仅在达到零能耗住宅标准的同时不失设计感，而且双方还应当能够各自享受生活而互不打扰。

建筑数据

所 在 地　爱知县春日井市
设　　计　德田英和设计事务所
施　　工　和工务店
照　　片　Soa Studio

稻口町之家 1

竣工时间　2013 年 12 月
结　　构　二层木结构
占地面积　126.57 m^2（38.29 坪）
建筑面积　65.52 m^2（19.82 坪）
楼面面积　1 楼 57.66 m^2（17.44 坪）
　　　　　2 楼 57.66 m^2（17.44 坪）
　　　　　合计 115.32 m^2（34.88 坪）

稻口町之家 2

竣工时间　2015 年 12 月
结　　构　二层木结构
占地面积　134.19 m^2（40.59 坪）
建筑面积　68.53 m^2（20.73 坪）
楼面面积　1 楼 60.66 m^2（18.35 坪）
　　　　　2 楼 49.94 m^2（15.11 坪）
　　　　　合计 110.60 m^2（33.46 坪）

稻口町之家 1（右）、稻口町之家 2（左）
项目位于爱知县春日井市，该市是一座名古屋近郊的卫星城市。这里的住宅虽然星星点点分布在乡村中，却处于准防火地区，而且项目所在的基地是如鳗鱼穴一般南北狭长的地块。就外观而言，1 和 2 几乎是一模一样的

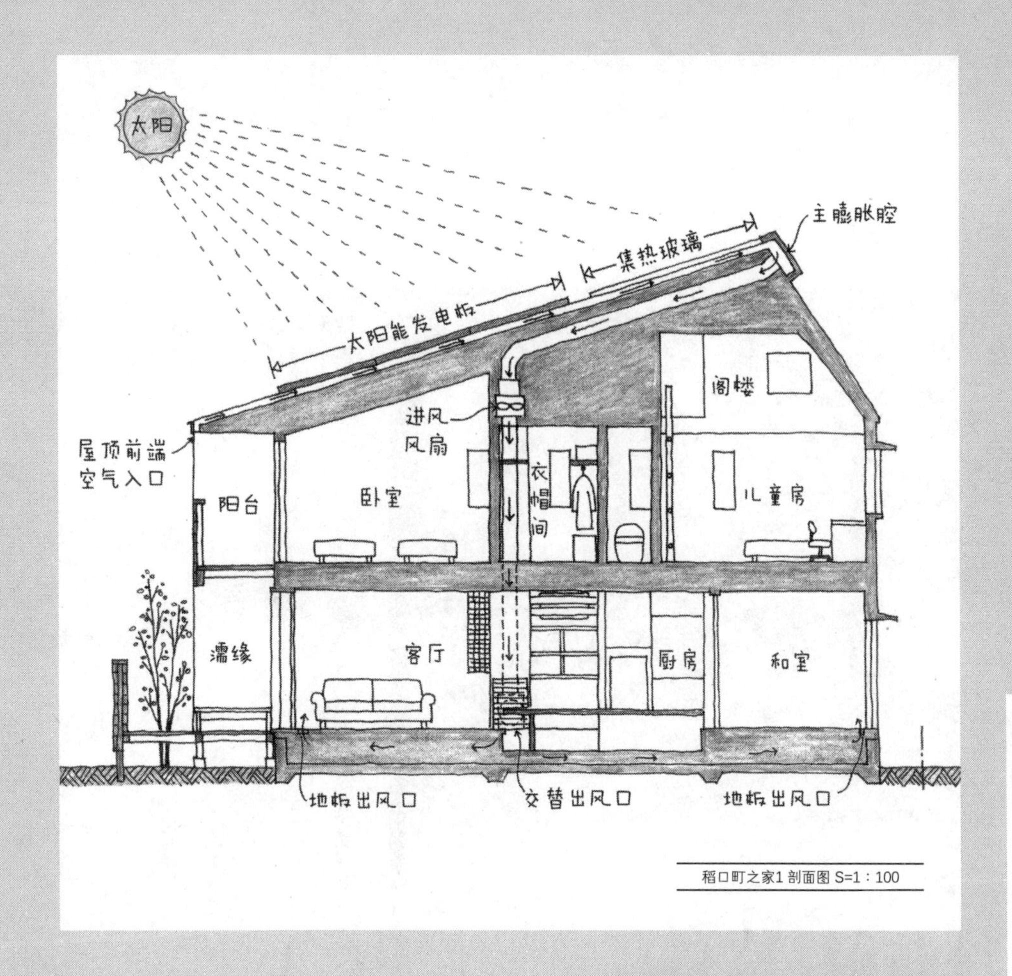

稻口町之家1 剖面图 S=1：100

隔热处理（稻口町之家 1、2 通用）

基础：Phenovaboard 45 mm

墙：现场发泡的聚氨酯泡沫 80 mm

天花板：现场发泡的聚氨酯泡沫 160 mm

开口部：加入铝的树脂复合材料框架（部分为铝框）低能耗双层玻璃

产能：通过名为“微风”的空气集热式太阳能系统提供暖气和热水，太阳能发电系统产能约 4 kW

如上所述，通过对普通处理方式的延伸，住宅满足了零能耗的标准。也正因为被称为“零能耗住宅”，我们并不考虑使用 200 mm 甚至 300 mm 厚的隔热材料，或是在树脂框架里嵌入三层玻璃。而因为空气集热式太阳能受到天气影响，晴天有晴天的效果，雨天有雨天的样子，所以在某种程度上，也创造出让住户切身感受变化的居住环境。

	稻口町之家1	稻口町之家2
建筑所在地	爱知县春日井市（6区域）	
UA値	0.59 W / (m²·K)	0.50 W / (m²·K)
η A値	1.50	1.23
Q値	2.19 W / (m²·K)	1.93 W / (m²·K)
μ 値	0.040	0.035
达成率	116.80%	116.70%
RO	39.20%	44.20%
储热量	170 kJ以上	170 kJ以上
太阳能发电系统	4.19 kW	4.39 kW

※稻口町之家1、2都是被“住宅零能耗推动项目”选中的住宅。

稻口町之家 1/ 享受坐在地板上的乐趣

这个住宅的设计关键就在于“享受坐在地板上的乐趣”。我们最初研究了许多个带有榻榻米起居室的住宅方案，但在与业主反复交流之后，决定融合日式与西式的特征，以“现代日式”为方向进行设计。最终就有了这样一座围绕着下沉式餐厨的住宅。

住宅外立面铺有黑色镀铝锌钢板，设计原型参考了名古屋近郊十分常见的低层长屋住宅（用煤焦油将覆盖着镀锌波纹板的外墙涂成黑色，这一做法源于当地的风俗）

基本设计方案陈述时的透视图

天花板控制在 2.2 m，这样坐在地板上时也能产生较舒适的空间感。不过虽然业主认可了这一优点，还是很难理解这样的设计，因此最终说服他们，也下了一番功夫。好在建造完成时，他们的担心并没有想象中那么严重，令我十分欣慰。而这种不让人察觉到天花板较矮的小技巧，就是将门窗的上高与天花板齐平，二者之间不留一丝墙体。这一做法也是我从前辈身上学到的，在这里只是加以实践罢了

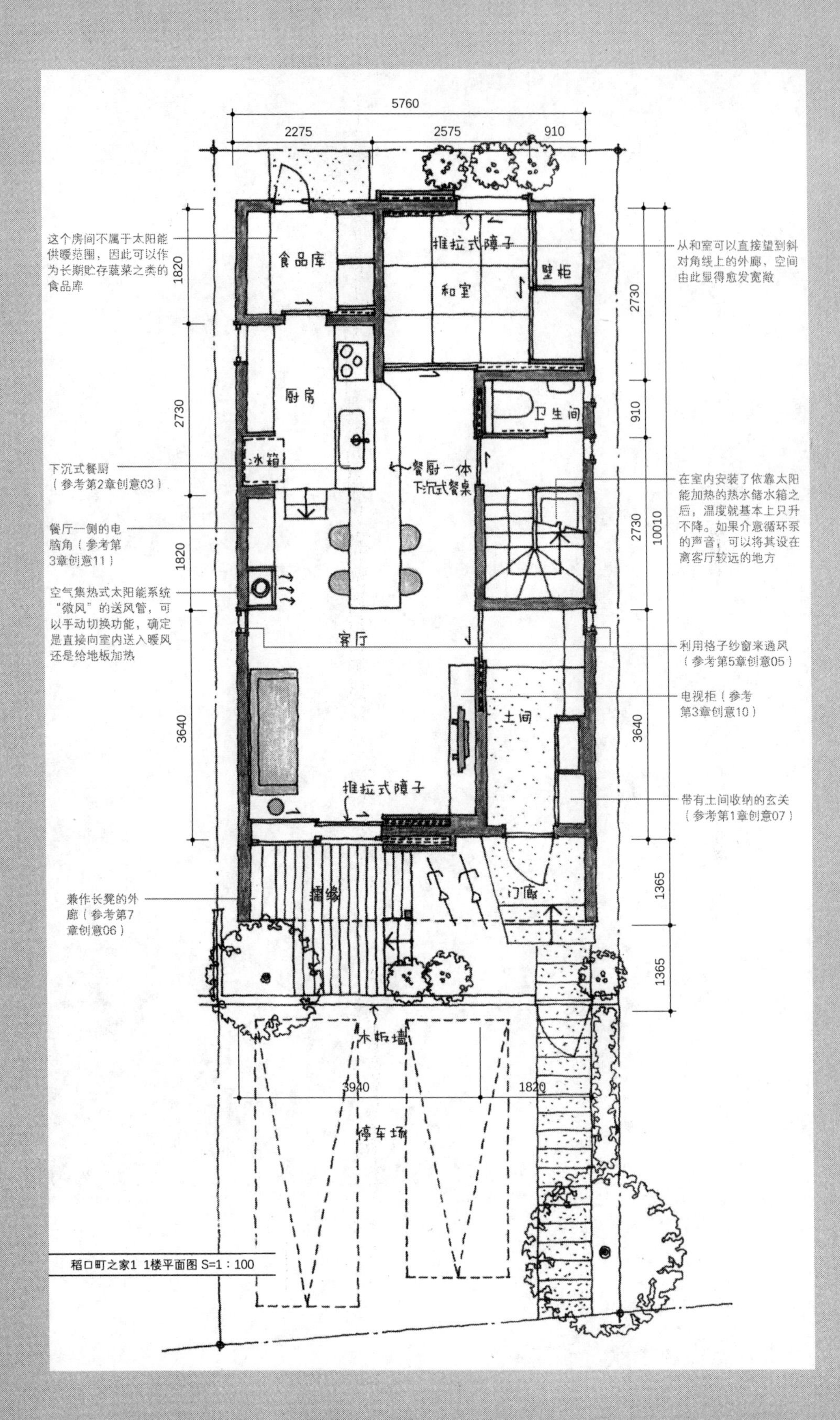

稻口町之家1 1楼平面图 S=1：100

玄关门是 KOSHIYAMA 公司的产品 SUPERIOR。设计上与门窗店常为我们制作的花旗松木门相差无几，也经过了防火认证，隔热性和气密性都很高

玄关土间带有收纳柜，低平面的建筑材料为砂浆，使用抹泥刀抹平

我们选择了较柔软的松木实木地板，手感或踏感都很好，还能通过做浮纹的手法进一步突出表面的纹路。墙壁和天花板刷有德国灰浆，因此在所有房间都能感受到冬暖夏凉

在这个住宅中，考虑到席地而坐时的空间体验，天花板高度比普通住宅矮了约 20 cm，因此整个住宅的容积比较小，空调耗能也相应少了一成。又由于门窗都直抵天花板，进入室内的阳光热量（直接集热）也有不少。可见要实现所谓的零能耗住宅，并不只是依靠设备和建筑材料，设计本身也很重要

互为对角关系的外廊与和室之间视线通畅，因此不会觉得像鳗鱼穴那样狭小，营造出宽敞的感觉

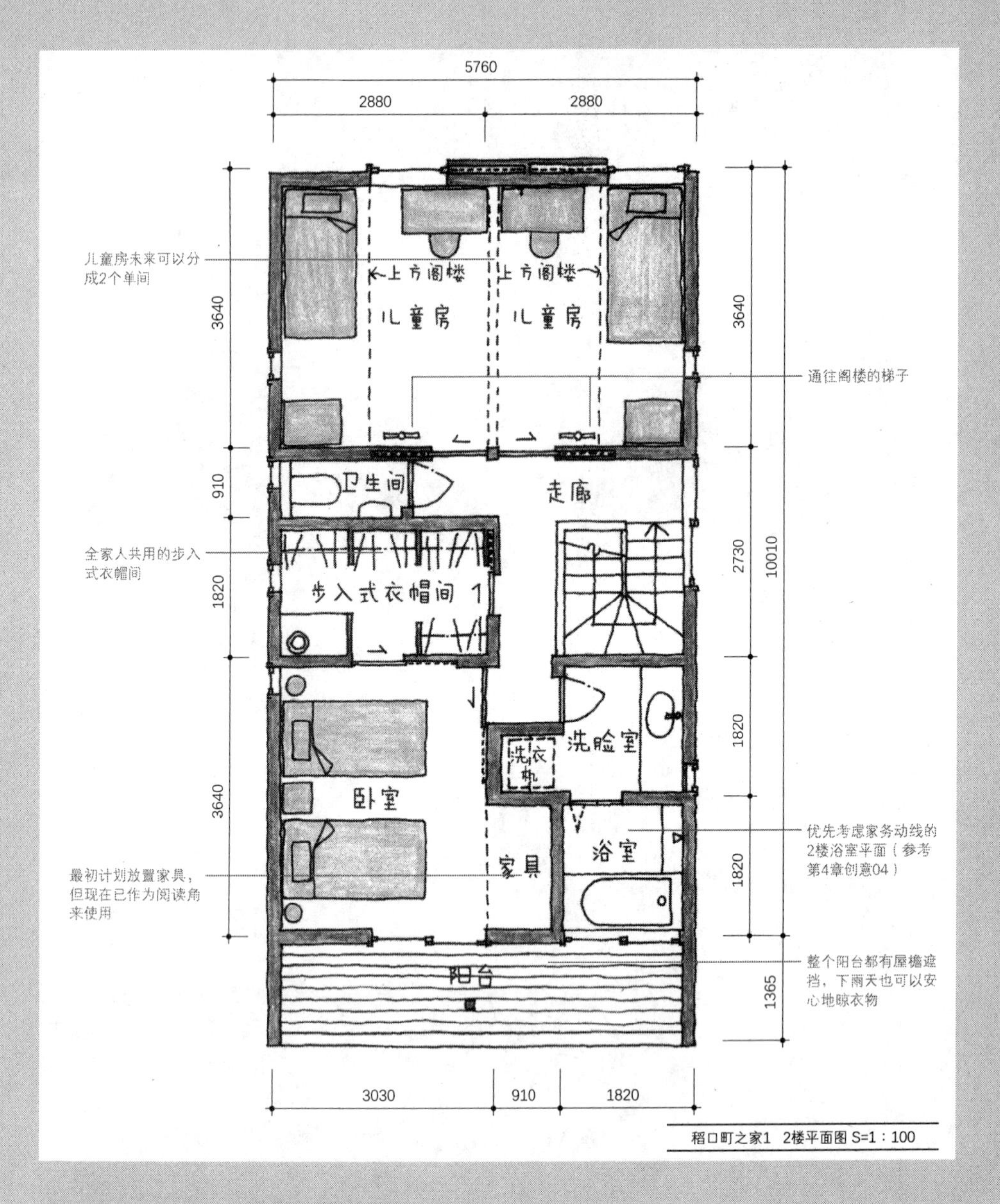

稻口町之家1　2楼平面图 S=1：100

设计过程中一度将洗脸室、浴室和步入式衣帽间互换位置，因为业主曾经表示，如果将衣帽间和阳台连在一起，就可以将收进来的干衣物直接整理存放起来。这里呈现的方案则是将卫浴间设在朝南的位置，这是考虑到明亮整洁的环境能给使用者带来愉悦感。在经过反复讨论之后，我们决定以如上方式进行布置

卧室的天花板为了配合屋顶形态做成了斜面。右侧凹进去的空间最初计划用于放置家具，特意没有安装门或架子。业主住进来之后，将这里用作阅读角，倒也挺合适。作为设计者，有时不经意就会做出过多的设计，但像这样给住户留出一些使用方式上的空白，也很重要

最初设计的儿童房的阁楼，只是简单地铺上地板、设有栏杆而已。但在施工时突然闪出一个念头，就画出了右边这幅草图。有了孩子、大人都想爬上看看的梯子之后，阁楼部分就成了个秘密基地般的隐藏式房间。家中有这样一个有趣的空间不是也很好吗？了解到我们的提议之后，业主也有同感，最终实现了这样的效果。虽说施工过程中临时变更方案很可能引发混乱，在设计中应该尽量避免，但如果确信变动是好的，就应当拿出果断的行动力

稻口町之家 2/ 暖意融融的生活

在计算过零能耗住宅的耗能之后会发现，比起其他取暖方式，热泵空调系统的数值更小。然而，我从小就用煤油灯，总觉得家里应该有一个像壁炉那样可以直接烘暖双手的热源，而且壁炉自身的魅力也会吸引人不由自主地靠近。只是如今考虑到安全性和制作者的问题，壁炉的防护栏变得更高了。而近几年来备受关注的则是颗粒壁炉——外观上类似燃柴壁炉，却几乎不存在烟雾问题。

在稻口町之家 2 项目中，也引入了颗粒壁炉，并采用了空气集热式太阳能系统“微风”，以“暖意融融的生活”为关键词进行设计。

稻口町之家 2 在外观上沿袭了稻口町之家 1

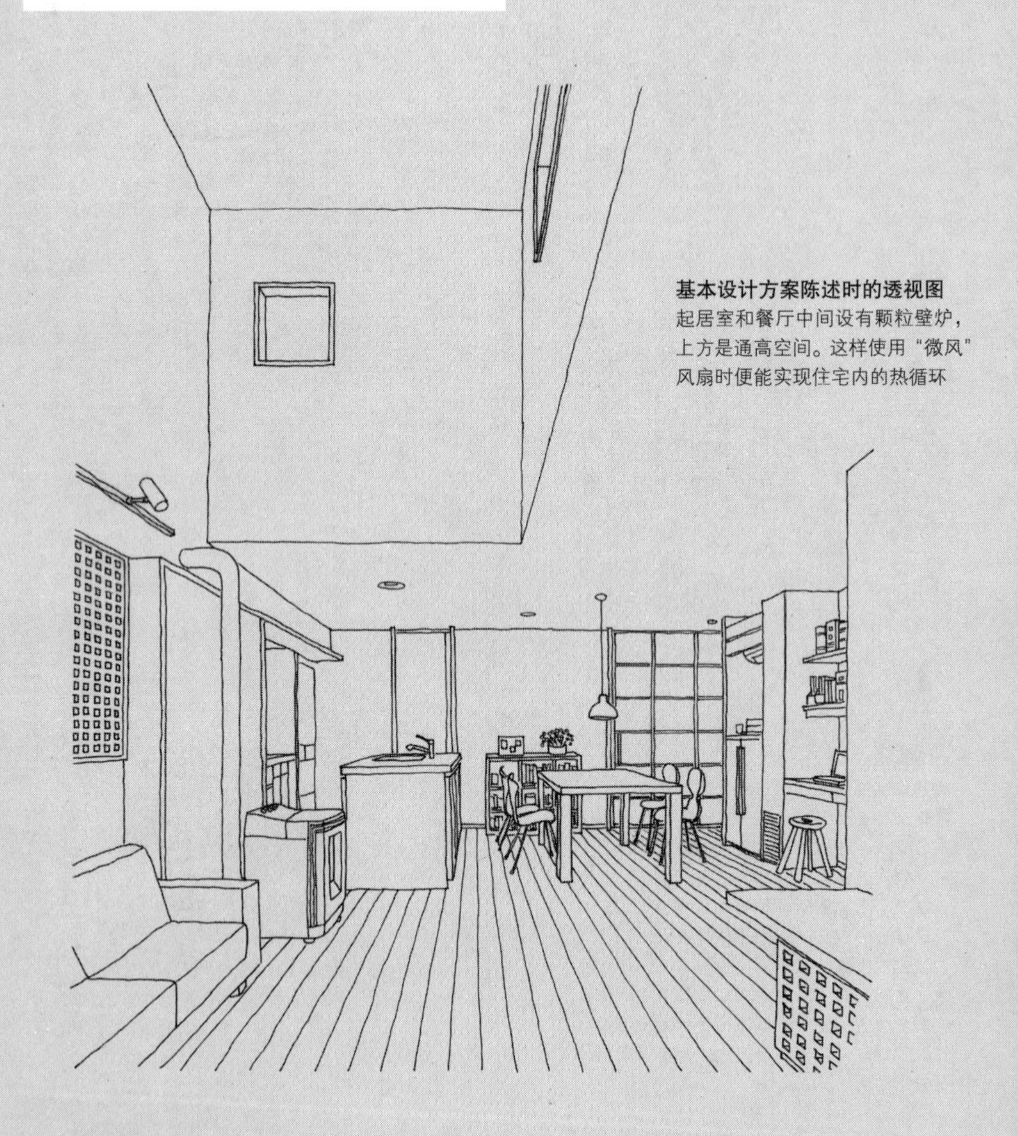

基本设计方案陈述时的透视图

起居室和餐厅中间设有颗粒壁炉，上方是通高空间。这样使用“微风”风扇时便能实现住宅内的热循环

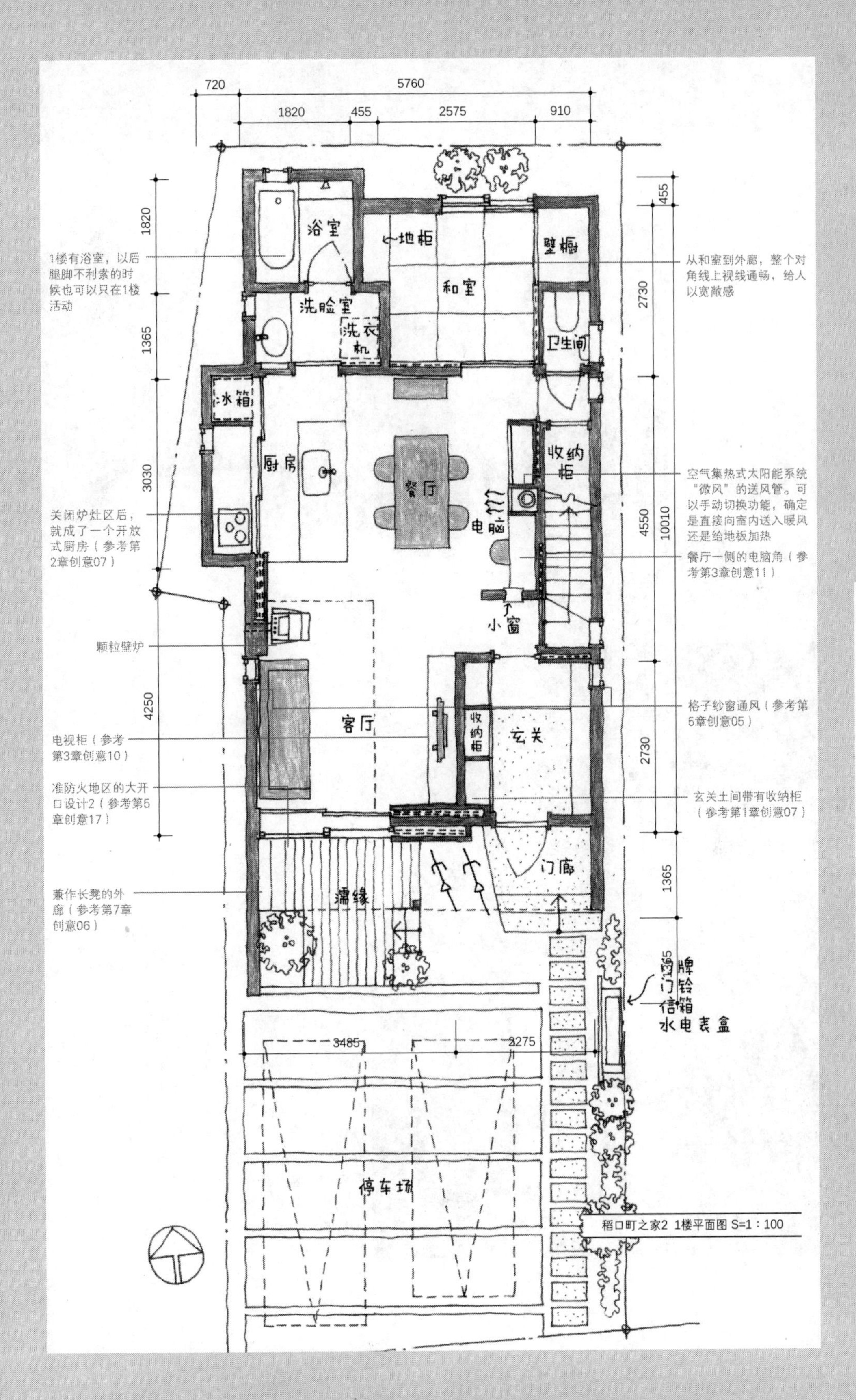

稻口町之家2 1楼平面图 S=1：100

一进玄关，就能见到对面墙上的小窗。透过这个小窗，即使在餐厅旁的电脑角也能一窥玄关的动静

正是由于外廊右侧立有一面防火墙，住宅主要的开口部才能用上宽2.2 m、高2.2 m的全开式窗框。外墙设有门套，除了这两扇玻璃门之外，还能收纳两扇纱门。一般推拉窗外的纱窗都是不动的，但如果是这样的全开式落地窗，在冬天把用不着的纱门收起来之后，整个视野都会变得清爽许多

遮挡住灶台区之后，就呈现为一个开放式厨房。收纳三面移门的门套位于颗粒壁炉后方墙体中。注意：颗粒壁炉后方应当使用不可燃板材

正是卧室储物间内侧的迷你书房里的障子，连接起了卧室与起居室上方的通高空间，颗粒壁炉和“微风”产生的热量才可以在整个住宅中循环

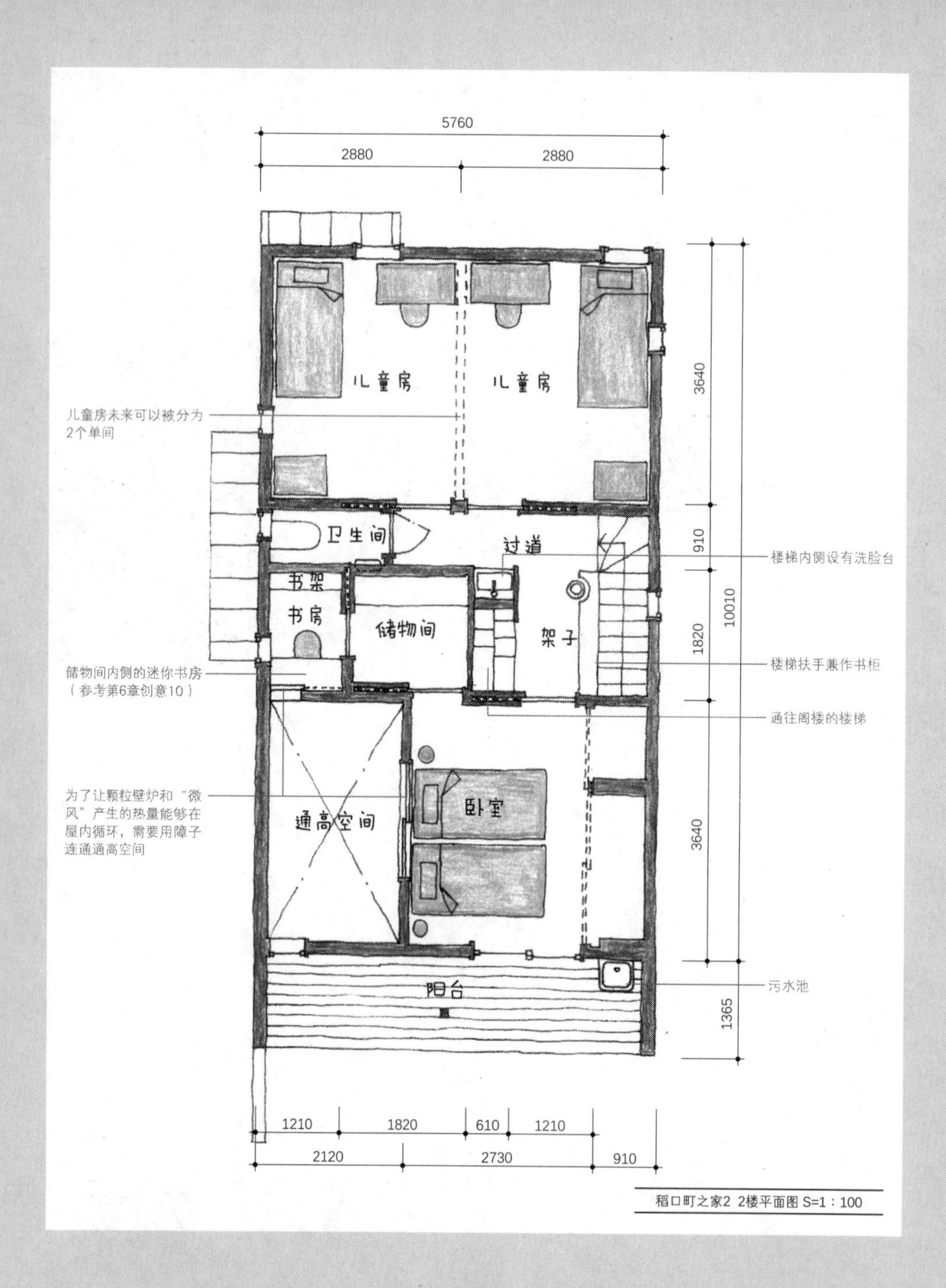

稻口町之家2 2楼平面图 S=1：100

迷你书房。因为与卧室之间隔了一个储物间，所以可以不受打扰地享受一个人的时光。桌前的障子连着起居室上方的通高空间

卧室。左手边的障子连接着起居室上方的通高空间。正对着的两扇门后面，右边是楼梯间，左边是储物间和内侧的迷你书房

儿童房连着通高空间，中央有一根横梁，计划未来分成2个单间。高开窗采用电动开合方式，夏天可以排出室内的热气。门上方小窗的另一侧即为阁楼

楼梯间的扶手直接成了书架。“微风”的送风管和书架之间没有一丝杂物。左边是通往阁楼的踏步：外侧的踏步柜朝向楼梯间开口，内侧的则面向储物间开口并用作为书柜

建筑数据

※仅限本书提及的住宅

岛田设计室

Kadunoki House
东京都小金井市
占地面积●119.36 m^2
总楼面面积●124.83 m^2
竣工●2009年
施工●相羽建设

喜里 House
山梨县北杜市
占地面积●826.72 m^2
总楼面面积●126.01 m^2
竣工●2010年
施工●山口工务店

Hinode House
东京都西多摩郡
占地面积●182.51 m^2
总楼面面积●93.73 m^2
竣工●2011年
施工●相羽建设

Kaede House
东京都小金井市
占地面积●102.61 m^2
总楼面面积●81.74 m^2
竣工●2012年
施工●相羽建设

Bulat House
大阪府丰中市
占地面积●291.23 m^2
总楼面面积●187.88 m^2
竣工●2012年
施工●WOODLIFE CORE

Hidemari House
埼玉县埼玉市
占地面积●118.90 m^2
总楼面面积●110.70 m^2
竣工●2013年
施工●相羽建设

Mizuniwa House
埼玉县富士见野市
占地面积●172.17 m^2
总楼面面积●129.20 m^2
竣工●2013年
施工●相羽建设

Engawa House
埼玉县春日部市
占地面积●258.06 m^2
总楼面面积●99.37 m^2
竣工●2014年
施工●榊住建

Nest House
东京都府中市
占地面积●112.89 m^2
总楼面面积●86.95 m^2
竣工●2015年
施工●相羽建设

Hug House
东京都小金井市
占地面积●78.60 m^2
总楼面面积●62.72 m^2
竣工●2015年
施工●相羽建设

Hedgerow House
埼玉县所泽市
占地面积●393.91 m^2
总楼面面积●217.51 m^2
竣工●2016年（预定）
施工●榊住建

Dannoma House
东京都国分寺市
占地面积●100.85 m^2
总楼面面积●80.58 m^2
竣工●2016年（预定）
施工●大工高野建筑工房

空中月 House
东京都文京区
占地面积●73.29 m^2
总楼面面积●117.23 m^2
竣工●2017年（预定）
施工●创建舍

德田英和设计事务所

常陆太田之家（与N设计室共同设计）
茨城县常陆太田市
占地面积●329.77 m^2
总楼面面积●100.44 m^2
竣工●2008年
施工●新建工舍设计

逗子之家（与N设计室共同设计）
神奈川县逗子市
占地面积●105.03 m^2
总楼面面积●101.52 m^2
竣工●2009年
施工●安池建设工业

日比津之家2
爱知县名古屋市
占地面积●199.79 m^2
总楼面面积●166.87 m^2
竣工●2010年
施工●阿部建设

河津之家
静冈县贺茂郡
占地面积●259.46 m^2
总楼面面积●157.79 m^2
竣工●2013年
施工●鸟泽工务店

稻口町之家1
爱知县春日井市
占地面积●126.57 m^2
总楼面面积●115.32 m^2
竣工●2013年
施工●和工务店

8寸屋顶之家
埼玉县新座市
占地面积●208.29 m^2
总楼面面积●104.01 m^2
竣工●2014年
施工●松荣企画

西镰仓之家
神奈川县镰仓市
占地面积●195.41 m^2
总楼面面积●109.31 m^2
竣工●2014年
施工●安池建设工业

稻口町之家2
爱知县春日井市
占地面积●134.19 m^2
总楼面面积●110.60 m^2
竣工●2015年
施工●和工务店

茨木之家
大阪府茨木市
占地面积●165.56 m^2
总楼面面积●79.50 m^2
竣工●2016年
施工●Tukide工务店

日野台之家
东京都日野市
占地面积●116.89 m^2
总楼面面积●103.78 m^2
竣工●2017年（预定）
施工●相羽建设

译后记

如你所见，这是一本老老实实用案例讲设计的指导书，里面并没有展示什么浮夸的创意，却会告诉你，如何通过改变一处处看似不起眼的日常细节，巧妙营造出舒适宜居的住宅环境。从外檐的高度、玄关的开启方式、水池前的毛巾架、正反两用的软隔断家具到换气扇格栅的布局——如此种种微小的住宅细节，竟都会对使用者的居住体验产生或多或少的影响，可谓小构件里的大乾坤。

同样，回顾全书的翻译过程，如果要用某个关键词来总结，我想最适合的，莫过于“细节”二字了。翻译本就是个精细活儿，而本书大量的图示标注考验的更是细节。比起段落性文字，自己反而常在精简的图示说明文字上花费大量精力，只为了保证材质式样、尺寸、铺设方式等描述得足够准确。事实上，这些图示也恰恰最能体现日本住宅设计的精雕细琢之处：一些在汉语中被笼统概括的构件名称，在日语中却会根据具体部位等细微差异采用不同的命名。而为了传达这样的细节，我在翻译过程中也尽可能做了区分，希望能够对读者有所帮助。

此外，我非常感激在翻译过程中为我提供支持与帮助的亲朋好友，在这里请允许我提及他们的名字：丁怡、张勤、盛卫新、许建春、许也卉、黄海宏。而对于这个译本的瑕疵，还望读者批评指正。

盛洋

2017 年 9 月